U0204608

大型土石方工程
施工技术及案例

编著者　李大华　邵先锋　朱克亮
　　　　廖振修　陈曦鸣　钱朝军
　　　　王安会　李国宁　昂　龙
　　　　宋辰辰　韩　炎　陈　强
审　定　丁克伟

 中国电力出版社
CHINA ELECTRIC POWER PRESS

内 容 提 要

本书共分 9 章，主要内容包括土石方地形数据采集及量算方法、土的性质与分类、施工排水、土方施工、爆破工程、基坑工程、地基处理技术、绿色施工、土石方工程施工案例等，较系统地介绍了土方工程设计、施工中的实用技术、方法和措施，并辅以工程案例，以便学习参考。

本书按照最新颁布的相关工程的设计、施工及验收规范编写，力求新颖、简明、实用，反映我国在土方工程施工领域的最新成果和技术水平。

本书可供从事土木工程施工、监理、质量监督管理的工程技术人员使用，也可供大专院校的师生参考。

图书在版编目（CIP）数据

大型土石方工程施工技术及案例 / 李大华等编著. —北京：中国电力出版社，2018.5（2024.5重印）
ISBN 978-7-5198-1840-1

Ⅰ.①大… Ⅱ.①李… Ⅲ.①土方工程–工程施工②石方工程–工程施工 Ⅳ.①TU751

中国版本图书馆 CIP 数据核字（2018）第 045572 号

出版发行：中国电力出版社
地　　址：北京市东城区北京站西街 19 号（邮政编码 100005）
网　　址：http://www.cepp.sgcc.com.cn
责任编辑：王晓蕾（010-63412610）
责任校对：马　宁
装帧设计：张俊霞
责任印制：杨晓东

印　　刷：中国电力出版社有限公司
版　　次：2018 年 5 月第一版
印　　次：2024 年 5 月北京第四次印刷
开　　本：787 毫米×1092 毫米　16 开本
印　　张：12.75
字　　数：303 千字
定　　价：48.00 元

前　　言

　　土方工程是土木工程施工中主要的工程之一，人类建造的各类工程设施，如房屋、道路、铁道、管道、隧道、桥梁、运河、港口、电站、飞机场等，都必须建立在一定的地基基础之上。由于地基土层的形成年代、生成环境及成分等各不相同，导致其种类多种多样，且不同种类的土，施工受地质、水文、气象等条件影响较大。此外，长期的工程实践经验告诉我们，土方工程的工程量大，特别是随着现代工程项目建设规模的不断扩大，土方工程量亦与之俱增。因此，工程项目正式施工之前，必须对土层进行工程地质勘探，充分了解土的物理力学性质，以便做出合理的工程地质评价，选择合理的土方工程施工方案。

　　土方工程也是建设工程项目施工的先导施工过程，土方施工方案的选择是否科学合理，不仅关系到工程建设各方的经济效益，也关乎施工安全乃至施工场地附近已建工程设施的安全，一旦出现失误，往往会造成重大损失，而且处理也比较困难。

　　鉴于此，本书作者力求揭示土方施工的一般规律，分别从土方工程的理论、设计、施工等环节加以论述，并在书后辅以工程案例作为参考，使读者对于土方工程的施工工序、方法和相关规范（规程）的要求有一个系统了解。全书按照土方工程施工的顺序和特性，分别介绍了地形数据采集及土方工程量计算方法、土的性质与分类、施工排水、土方的开挖和回填、土石方的爆破技术、基坑工程及地基处理技术、土方工程绿色施工技术等内容，并对相关施工过程的技术措施、质量安全等给出了必要的参考数据。

　　本书以最新的施工验收规范、技术规程为依据，突出实用技术，并对各部分内容辅以例题，便于读者学习理解。既可满足工程技术人员的需要，解决工程实际问题，也可以作为高校土木工程等专业学生学习专业知识的参考书。

　　在编写本书的过程中，我们参考和借鉴了有关书籍和资料，得到了不少施工和建设单位的大力支持，许多热心的朋友也给予了很大帮助，在此一并表示衷心感谢。

　　由于土木工程技术发展日新月异，工程建设的形式和地质情况复杂多变，加之作者水平有限，时间仓促，书中难免有欠妥之处，恳请读者提出宝贵意见。

编著者

目　　录

第1章 土石方地形数据采集及量算方法

土石方工程，是指工程建设过程中土石的挖掘、填筑和运输等过程，以及排水、降水、土壁支撑等准备和辅助工程。在建筑工程中，最常见的土石方工程有场地平整、基坑（槽）开挖、地坪填土、路基填筑及基坑回填等。

土石方工程中的土石方量算，是影响工程费用概算及方案选优的重要因素，是工程管理、设计及施工的重要组成部分。土石方量是竖向规划或调整的重要依据，直接关系到工程造价。如何准确、快速地确定土石方工程中的平衡标高、土石方量，是土石方工程中的关键问题。这当中涉及工程场地地形数据的采集方法、土石方量算方法和土方的平衡调配三个方面，下面将分章节详细叙述。

1.1 土石方地形数据采集方法

要保证土石方工程中土石方量计算准确，除了计算模型适用正确外，更重要的是要保证参与计算的"原料"——地形数据能够准确地反映实际的地面起伏状态。能够获取工程现场地形数据的采集方法不少，主要有纸质地形图数字化法、野外数据采集法、航空摄影测量法和三维激光扫描法。这些方法在采集效率、数据精度、经济成本及使用范围等方面各有特点，下面分而述之。

1.1.1 纸质地形图数字化法

纸质地图数字化也称为老图数字化或老图矢量化，即将承载在纸质地图的地形特征信息提取并用数字形式表达和存储。纸质地图数字化的前提，是拥有工程区域的纸质地形图，缺乏对应的数字地形图，同时纸质地形图所表达的地形情况和实际地形有很好的吻合度，即纸质地形图的现势性较好。纸质地形图数字化方法无须进行实地数据采集，相比其他地形数据采集方法而言，效率高，成本低。但其成果精度受原图精度和数字化精度双重影响，在同等比例尺下一般比其他地形数据采集方法要低，在方案选择时要综合考虑。

纸质地图数字化需要借助数字化仪完成。数字化仪又称图数转换器，是一种通过一定量测方式将图形或图像转换成数字信息的装置。根据数字化仪类型的不同，纸质地图数字化有手扶跟踪数字化和扫描数字化两种方式。

手扶跟踪数字化是在随机软件的支持下，直接把数字化仪的感应板当作屏幕，把定标器当作鼠标，对粘贴在感应板上的纸质地图进行坐标采集，原理上和"扫描矢量化"中通过矢量化软件，对扫描生成的数字栅格图像进行矢量化是一致的。不过，手扶跟踪数字化仪是20

世纪 80 年代末出现的一种地图数字化设备，只能对空间坐标进行离散采集，功能较为单一，能够连接数字化仪进行地图数字化的软件也不多。相对而言，工程扫描仪可以把纸质地图上的信息几乎毫无损失地转换为便于计算机存储的栅格图像，在功能越来越强大的矢量化软件和图像处理软件支持下，不仅可以轻松地对地图上的空间坐标进行离散采集，还能够对地图图像进行多种多样的变换处理，从而获取比"手扶跟踪数字化"更丰富的空间及属性信息。因此，纸质图扫描矢量化已经逐步取代手扶跟踪数字化，成为纸质地图数字化的主流方式。

1.1.2 野外数据采集法

要能够准确反映工程期间实际的地面起伏状态，最好的方法就是走出工作室，走到现场，直接对工程现场地物地貌进行空间数据采集，这就是所谓的野外数据采集。传统上，光学经纬仪测量水平角、皮尺或钢尺丈量水平距离和光学水准仪测量高程，是经典的野外数据采集方法，但自从 20 世纪 80 年代中后期电子全站仪、电子水准仪在测绘领域的普及应用及 20 世纪 90 年代中后期 GNSS 卫星定位技术的革命性出现，当前在土方工程中的外业数据采集，经典的外业数据采集方法已经走进故纸堆，几乎已完全被光电导线结合电子水准的光电几何测量定位技术和 GNSS 卫星定位技术所取代了。由于光电几何测量定位技术中所使用的电子全站仪、电子水准仪和 GNSS 卫星定位技术中所使用的 GPS 接收机都能够把外业采集到的空间数据转化为数字存储在采集仪上，因此也叫全数字野外数据采集。

技术进步的步伐是飞快的！当时间跨入 21 世纪，出现了能够快速而高精度获取空间三维点云的三维激光扫描测绘技术，以及以小型或微型无人飞机为搭载平台的倾斜摄影测量技术。相较于光电几何测量定位技术和 GNSS 卫星定位技术逐点式的空间数据采集方式，三维激光扫描技术和倾斜摄影测量技术则可以说是集群式的空间数据采集方式，它们能够在短短几分钟内获得百万数量级的精度在毫米级到分米级区间的所谓"点云"空间数据，快速地对工程现场进行精确的三维建模，从而为诸如土方量算、建筑保护、地质灾害预防等应用快速提供测绘基础数据。

本节将简要介绍光电几何测量定位技术和 GNSS 卫星定位技术在测绘工程中的应用，以及三维激光扫描测绘技术和倾斜摄影测量技术的技术特征和应用场景。

1. 光电几何量测定位技术

根据几何学中的球面坐标知识可知，只需要确定球面上任意一点相对于起始参考面的水平夹角和竖直夹角，再测定出球面半径，就可以唯一确定出空间中任意点的坐标，实现空间定位。传统做法中，我们用光学经纬仪确定水平角，用皮尺或钢尺进行量距，实现地面点位平面坐标数据的采集。再结合水准仪量测出地面两点间高差，进而推算出地面任意点的高程，从而实现工程现场中三维空间信息的数据采集。角度、平距和高差的量测，属于典型的几何量量测，由于采用的是纯光学的采集设备，我们可以把用经纬仪测角、钢尺量距和水准仪测高程统称为光学几何量测定位技术。当前传统的光学度盘测角技术已经被电子测角技术取代，钢尺量距也基本上由光电测距代替，也出现了能够替代传统光学水准仪的电子水准仪用于测量高程。这些基于现代光电技术的量测手段不仅精度高、效率快，相较于传统的光学设备成本也不算高昂，而且后期维护维修都比较便捷，目前已广泛应用在工程测量相关的各个领域。由于量测的几何量没有改变，我们把用电子全站仪量测角度和距离、电子水准仪量测高程统称为光电几何量测定位技术。

（1）电子测角技术。电子全站仪测角采用电子测角的方法，通过光电转换，以光电信号的形式来表达角度测量的结果。不同厂家生产的设备在结构、操作方法上有着一定的差异，但其基本功能、基本原理，以及野外数据采集的程序大致是相同的。电子测角仍然是采用度盘来进行，与光学经纬仪不同的是，电子测角是从度盘上获取电信号，然后根据电信号再转换成角度。根据获取电信号的方式的不同可分为编码度盘测角和光栅度盘测角（测角原理请参考精密仪器、几何量测方面的专业书籍，此处不详述）。

（2）光电测距技术。20 世纪 40 年代，人们研制出了以红外线作为测距介质的光电测距仪（图 1-1）；60 年代，随着激光技术的出现及电子计算机技术的发展，各种类型的电磁波测距仪相继出现；90 年代，又出现了将测距仪和电子经纬仪的功能集成于一体的电子全站仪，除了可自动显示角度、距离数据外，还可以通过仪器内部的微处理器，直接得到地面点的空间坐标。

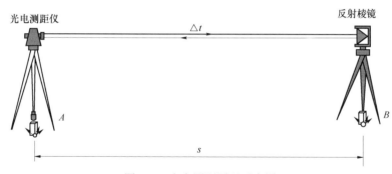

图 1-1　光电测距原理示意图

电磁波测距仪的出现，克服了高精度测距这一测量工程中的瓶颈。与钢尺量距的麻烦和视距测量的低精度相比，电磁波测距具有测程长、精度高、操作简便、自动化程度高的优点。根据测距介质的不同，电磁波测距可分为利用微波作载波的微波测距和利用光波作载波的光电测距。在工程测量中，广泛采用的是利用光电测距原理生产的光电测距仪，利用微波测距原理生产的微波测距仪大多用于军事测绘上。

（3）电子全站仪——电子测角技术与光电测距技术的集成。电子全站仪全称为全站型电子速测仪，是由电子测角、电子测距、电子计算和数据存储等单元组成的三维坐标测量系统，是上述电子测角技术与光电测距技术的集成产品。电子全站仪是能自动显示测量结果，能与外围设备交换信息的多功能测量仪器，较完美地实现了测量和处理过程的电子一体化。

随着计算机技术的不断发展与应用及用户的特殊要求，还出现了防水型、防爆型、计算机型、电动机驱动型等各种类型的全站仪，以及能够自动跟踪测量目标的测量机器人。目前，世界各仪器厂商已生产出各种型号的全站仪，品种越来越多，精度越来越高。常见的进口全站仪品牌有瑞士徕卡（Leica）TPS 系列，美国天宝（Trimble）S 系列，日本尼康（Nikon）

DTM 系列、拓普康（Topocon）GTS 系列、宾得（Pentax）R 系列、索佳（SOKKIA）SET 系列；我国生产的全站仪品牌有广州南方测绘科技股份有限公司的 NTS 系列、广东科力达仪器有限公司的 KTS 系列、北京博飞仪器股份有限公司的 BTS 系列、苏州一光仪器有限公司 RTS 系列等（见图 1–2）。国产品牌的电子全站仪和进口品牌的全站仪相比，在实现的测量功能上基本没有什么差别，有的甚至更符合国内测绘工作者的工作习惯。全站仪的使用可以分为观测前的准备工作、基本测量工作（角度测量、距离测量）和专门测量工作（坐标测量、坐标放样、导线测量、交会定点等）。由于电子全站仪的核心功能都是测角测距，不同品牌不同型号的全站仪在使用方法上大同小异。

瑞士莱卡（Leica）TPS系列 　　　美国天宝（Trimble）S系列 　　　日本拓普康（Topcon）GTS系列

中国广州南方NTS系列 　　　　中国广东科力达KTS系列 　　　　中国北京博飞BTS系列

图 1–2　常见进口、国产全站仪品牌

由于电子全站仪具有极高的测角精度和测距精度，且机载程序提供了强大的测量程序，测量结果以数字文件形式存储在仪器中，可以方便地传输到计算机当中，形成内外业一体化数字化测绘作业，其在测绘领域已经得到非常广泛的应用，是事实上的测绘工作标准配置仪器设备之一。当然，电子全站仪的工程应用范围已不仅局限于测绘工程，其在大型工业生产设备和构件的安装调试、船体设计施工、大桥水坝的变形观测、地质灾害监测及体育竞技等领域中都得到了广泛应用。全站仪的应用具有以下特点：① 在地形测量过程中，可以将控制测量和地形测量同时进行。② 在施工放样测量中，可以将设计好的管线、道路、工程建筑的位置测设到地面上，实现三维坐标快速施工放样。③ 在变形观测中，可以对建筑（构筑）物的变形、地质灾害等进行实时动态监测。④ 在控制测量中，导线测量、前方交会、后方交会等程序功能，操作简单、速度快、精度高，其他程序测量功能方便、实用、应用广泛。⑤ 在同一个测站点，可以完成全部测量的基本内容，包括角度测量、距离测量、高差测量；实现数据的存储和传输。⑥ 通过传输设备，可以将全站仪与计算机、绘图机相连，形成内外一体的测绘系统，从而大大提高地形图测绘的质量和效率。

（4）电子水准仪。当前测量高差经典的方法是几何水准测量，其使用的仪器是水准仪，其原理是借助于水平视线获取竖立在两点上的标尺读数，从而测定两立尺间的高差。光学水准仪长期以来一直是水准测量的主要仪器，其结构简单，且有可靠的精度保证。但人工观测记录、作业强度大，满足不了数字化和自动化的测量要求。随着测量技术的发展，光学水准仪正在被电子水准仪所替代。

电子水准仪（又称数字水准仪）是在水准仪望远镜光路中增加了分光镜和光电探测器（CCD阵列）等部件，采用条形码分划水准尺和图像处理电子系统构成光、机、电及信息存储与处理的一体化水准测量系统。电子水准仪具有读数客观和精度高、速度快、效率高等特点。

1）电子水准仪测量原理。电子水准仪须配套使用的是条形编码水准尺，通常由玻璃纤维或铟钢制成，其外形类似于一般商品外包装上印制的条纹码。在电子水准仪中装置有行阵传感器（CCD阵列），它可识别水准标尺上的条形编码。电子水准仪摄入条形编码后，经处理器转变为相应的数字，再通过信号转换和数据化，在显示屏上直接显示中丝读数和视距，如图1-3所示。

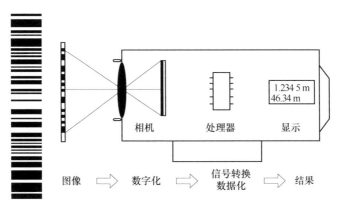

图1-3　电子水准测量原理图

2）电子水准仪的观测精度。电子水准仪的观测精度高，如瑞士徕卡公司开发的NA2000型电子水准仪的分辨率为0.1mm，每千米往返测的高差中误差为2.0mm；DNA03型电子水准仪（图1-4）的分辨率为0.01mm，每千米往返测得高差中误差为0.3mm，是当前最高精度的电子水准仪品牌之一。

3）电子水准仪的应用。由于电子水准仪的优点显著，目前已经广泛应用于大地测量、工程测量、工业测量等领域。电子水准仪除了用于线路水准测量和面水准测量之外，在施工和变形监测中也得到广泛应用。当前我国在高速铁路的施工建设中，线下工程的沉降监测网采用二等水准精度等级标准，

图1-4　徕卡电子水准仪DNA03

其所采用的水准测量设备广泛采用了高精度的电子水准仪。

2. GNSS 卫星定位技术

GNSS 的全称是全球导航卫星系统（Global Navigation Satellite System），泛指所有的全球卫星导航系统及区域和增强系统。GNSS 卫星定位技术利用包括美国的 GPS、俄罗斯的 GLONASS、欧洲的 GALILEO、中国的北斗卫星导航系统（BDS），美国的 WAAS（广域增强系统）、欧洲的 EGNOS（欧洲静地导航重叠系统）和日本的 MSAS（多功能运输卫星增强系统）等卫星导航系统中的一个或多个系统进行导航定位，并同时提供卫星的完备性检验信息（Integrity Checking）和足够的导航安全性告警信息。

GNSS 卫星定位技术不但可以用于军事上各兵种和武器的导航定位，在民用上也具有广泛的应用。如智能交通系统中的车辆导航、车辆管理和救援；民用飞机、船只的导航及姿态测量；气象观测中的大气参数测试；电力和通信系统中的时间控制；地震和地球板块运动检测，等等。在测绘领域，如大地测量、城市和矿山控制测量、建构筑物变形监测及水下地形测量等方面也得到广泛的应用。与传统测绘方法相比，GNSS 卫星定位技术具有定位速度快、成本低、不受天气影响、点间无须通视、不用建标等优点，而且仪器设备小巧轻便，操作简单便捷。GNSS 卫星定位技术引发了测绘技术的一场革命，使得测绘领域步入了一个崭新的时代。

表 1-1 是几种常用 GPS 定位方式的精度比较。从表中可以看出，应用经典静态测量、快速静态测量能够满足从高精度大地控制测量到普通工程控制测量建网的精度要求。而实时动态（RTK）、网络 RTK 则能满足地形图测绘、工程点放样测量的精度要求，常规差分 GPS、事后差分 GPS 和广域差分 GPS 能满足诸如土地动态监测的精度要求。

表 1-1 几种常用 GPS 定位方式精度比较

定位技术名称	精度（m）	作用距离（km）	观测时间（min）
经典静态	±0.001～±0.005	1～3000	＞60
快速静态	±0.01～±0.05	<20	5～20
常规差分 GPS	±0.50～±10.00	<200	实时
事后差分 GPS	±0.50～±10.00	<200	单历元
广域差分 GPS	±0.50～±3.00	<1500	实时
实时动态（RTK）	±0.01～±0.05	<15	实时
网络 RTK	±0.01～±0.10	<100	实时
精密单点	±0.01～±0.50	全球	实时

（1）GPS 定位技术在工程控制测量中的应用。利用 GPS 技术进行工程控制测量有如下优点：第一，不要求通视，这样避免了常规控制测量点位选取的局限条件；第二，没有常规三角网（锁）布设时要求近似等边及精度估算偏低时应加测对角线或增设起始边等烦琐要求，只要使用的 GPS 仪器精度与控制测量精度相匹配，控制点位的选取符合 GPS 点位选取要求，那么所布设的 GPS 网精度就完全能够满足相应规程要求。

由于 GPS 定位技术的不断改进和完善，其测绘精度、测绘速度和经济效益都大大地优于常规控制测量技术。目前，常规静态测量、快速静态测量、RTK 测量已经逐步取代常规的测量方式，成为工程控制测量的主要手段。边长大于 15km 的长距离 GPS 基线向量，适宜采取常规静态测量方式。边长在 10~15km 的 GPS 基线向量，如果观测时刻的卫星很多，外部观测条件好，可以采用快速静态 GPS 测量模式；如果是在平原开阔地区，可以尝试 RTK 模式；边长小于 5km 的一、二级控制网的基线，优先采用 RTK 测量模式，如果设备条件不能满足要求，可以采用快速静态定位方法。边长为 5~10km 的二、三、四等基本控制网的 GPS 基线向量，优先采用 GPS 快速静态测量模式；设备条件许可和外部观测环境合适，可以使用 RTK 测量模式。

（2）GPS 定位技术在地形图测绘及施工放样中的应用。GPS RTK 测量使量测精度、作业效率、实时性达到了最佳的融合，为地形图碎部测量和工程施工放样提供了一种崭新的测量模式。与电子全站仪相比，采用 RTK 测量模式进行碎部测量速度快，作业效率高。同全站仪一样，RTK 测量单点的时间需要几秒到几十秒，但是，它不要求通视，不需要频繁换站，减少了全站仪频繁换站所花的时间，而且可以多个流动站同时工作。

（3）GPS 定位技术在土地利用变更调查和动态监测中的应用。当前我国经济快速发展，土地利用的形式将发生一系列的变化，随时摸清土地利用形式的变化，进行土地利用变更登记，将是我国各级土地管理部门的一项重要的和经常性的工作。土地调查中，通常对应不同的位置精度要求，在采用 GPS 测量模式上，可以使用精密单点、常规差分 GPS、PPK、广域差分 GPS 等方式。这些 GPS 测量模式，可成倍地提高土地利用变更调查和动态监测速度，其精度和可靠性得到极大的改善，克服了传统方法的种种弊端，省时省工，适用于各种各样复杂的变更情况，真正地实现了动态监测的实时性和数字化，保证了土地利用数据的现势性。在土地调查中，如果定位精度要求不高，优先采用单点定位模式。如果定位精度要求达到米级，可以采用广域差分 GPS 模式；如果附近已经建立常规差分参考站并能够接收到差分信号，也可以采用常规差分 GPS。如果没有广域差分信号接收设备，可以在调查地区附近的已知点上，建立常规差分参考站，采用常规差分或 PPK 模式。如果是局部地区的精密土地划界，可以采用 RTK 测量系统。近几年，许多部门应用 GPS 技术进行了多项土地调查活动。如科技人员在四川攀枝花、内蒙古包头、四川乐山、北京郊区等地进行了土地调查试验，其几何精度完全可以满足土地利用变更调查和动态监测的要求，并且方便、快速、实时。

3. 三维激光扫描测绘技术

三维激光扫描测绘技术是一种全自动高精度数字化的三维立体扫描技术，它是相继于 GNSS 卫星定位技术之后出现的又一项高新测绘技术。三维激光扫描测绘技术可以实现对各种大型的、复杂的、标准或非标准的实体或实景三维数据的采集和处理，然后快速建立出目标物体的三维立体模型及点、线、面、立体模型等各种制图综合的数据（图 1-5）。利用地面三维激光扫描的技术进行测绘工作时，可以应用在任何复杂的地形地貌中进行扫描测绘的操作，也可应用在不受光线影响的扫描测绘工作当中。传统的大地测量方法，如三角测量方法、导线测量方法、定位测量都是基于点的测量，而三维激光扫描是基于三维立体面的数据采集测量。三维激光扫描系统是一种集合了多种高新技术的新型空间信息数据获取手段，它由三维激光扫描仪、扫描仪旋转平台、数码相机、软件控制平台、数据处理平台及电源和其他的附件共同构成。三维激光扫描获得的原始数据称为点云数据。点云数据是大量扫描后生成离散点的整体集合。三维激光扫描数据经过简单的点云数据处理就可以直接使用，无须经过费时费力的数据后处理，并且不需要与被测物体直接接触，所以可以在很多复杂环境下应用。三维激光扫描数据可以和定位系统联合使用，使测绘产品生产的过程更加高效。

图 1-5　三维激光扫描仪测量实景图

三维激光扫描仪种类繁多，按其工作原理可分为脉冲式三维激光扫描仪和相位式三维激光扫描仪。脉冲式三维激光扫描仪是通过测量激光脉冲从发出经被测物体表面再返回所用的时间，从而计算目标物体与测站之间的距离。相位式三维激光扫描仪主动发射一束不间断的整数波长的激光，通过计算发射激光波长与从被测物体表面反射回来的激光波长的相位差，进而计算和记录目标物体与测站之间的距离。两者相比较而言，脉冲式三维激光扫描仪的可测量距离大，而相位式三维激光扫描仪的测量精度高。若按有效扫描距离分类，则三维激光扫描仪可分为表 1-2 所示的三种类型。

表 1-2　　　　　　　　　　　三维激光扫描仪分类（按有效扫描距离）

类型	扫描距离	用　途
短距离型	<3m	扫描电子、机械部件等微小物体
中距离型	3~30m	扫描大型物体或室内扫描
长距离型	>30m	建筑物测绘、工程测量、地形测绘等长距离扫描

最近几年，三维激光扫描技术不断发展并日渐成熟。三维激光扫描仪的巨大优势就在于可以快速扫描被测物体，无须反射棱镜即可直接获得高精度的扫描点云数据，从而高效地对真实世界进行三维建模和虚拟重现。三维激光扫描技术及应用已经成为当前研究的热点之一，并在文物数字化保护、土木工程、工业测量、自然灾害调查、数字城市地形可视化、城乡规划等领域有广泛的应用。

4. 倾斜摄影测量测绘技术

近年来国际地理信息领域将传统航空摄影技术和数字地面采集技术结合起来，发展了一种称为机载多角度倾斜摄影的高新技术，简称倾斜摄影技术。通过在同一飞行平台上搭载多台或多种传感器同时从多个角度采集地面影像（图 1-6），克服了传统航空摄影技术只能从垂直角度进行拍摄的局限性，能够更加真实地反映地物的实际情况，弥补了正射影像的不足。相对于正射影像，倾斜影像能让用户从多个角度观察物体，更加真实地反映了地物的实际情况，极大地弥补了基于正射影像分析应用的不足，通过配套软件的应用，可直接利用成果影像进行包括高度、长度、面积、角度、坡度等属性的量测，扩展了倾斜摄影技术在行业中的应用，针对各种三维数字城市应用，利用航空摄影大规模成图的特点，加上从倾斜影像批量提取及贴纹理的方式，能够有效地降低城市三维建模成本。

图 1-6　倾斜摄影测量场景图

（1）倾斜摄影测量模型生成方式。倾斜摄影获取的倾斜影像经过影像加工处理，通过专用测绘软件可以生产倾斜摄影模型。模型有两种成果数据：一种是单体对象化的模型，一种是非单体化的模型数据。单体化的模型成果数据，利用倾斜影像的丰富可视细节，结合现有的三维线框模型（或者其他方式生产的白模型），通过纹理映射，生产三维模型。这种模型数据是对象化的模型，单独的建筑物可以删除、修改及替换，其纹理也可以修改，尤其是建筑物底色这种时常变动的信息，这种模型就能体现出它的优势。国内比较有代表性的公司如天际航、东方道尔等均可以生产该类型的模型。非单体化的模型成果数据（以下简称"倾斜模型"），这种模型采用全自动化的生产方式，模型生产周期短、成本低，获得倾斜影像后，经过匀光匀色等步骤，通过专业的自动化建模软件生产三维模型（图 1-7）。这种全自动化的生产方式减少了建模的成本，模型的生产效率大幅提高。目前国内比较有代表性的专业软件系统有上海埃弗艾代理的 Smart3DCapure、华正及 Airbus 代理的 Street Factory 等。

图 1-7　Smart3DCapure 三维场景构建

（2）倾斜摄影测量应用领域。相对于二维地图，在智慧城市的管理体系中，倾斜摄影模型能让用户从多个角度观察地物，更加真实地反映地物的实际情况，弥补基于二维地图及传统虚拟三维模型应用的不足，在新一代城市空间数据基础设施建设中有着巨大的发展潜力。随着我国城市化进程的快速推进，精细化的三维城市模型作为城市规划、建设、管理和信息化的基础数据，得到了日益广泛的应用，并逐渐成为城市空间数据框架的重要内容。然而，传统的航空和卫星遥感手段主要针对城市建筑顶部进行模型重建，而对侧面的三维重建一直缺少有效的解决手段。倾斜摄影技术的发展，可以有效解决这一难题，将静态的、基于立体像对和点特征的传统摄影测量技术推向了一个新的高度，即动态的、基于多视影像和对象特征的实时摄影测量技术。倾斜摄影三维数据可为智慧城市、规划、国土、测绘、军事、灾害应急、农业、林业、水利、旅游、电力、油田等多种行业提供二、三维一体化的数据来源，通过 GIS 平台软件对其进行深度应用开发，为各类行业用户提供完整、系统的解决方案与服务。

1.1.3　地形数据采集方法的比较

通过上述地形数据采集方法的描述可以知道，要获取工程现场的土石方地形数据，可以有多种方法。表 1–3 从数据精度、采集速度、经济成本等方面对各种数据采集方法及各自特性进行了简要比较。

表 1–3　　　　　　　　　　　　　　　地形数据采集方法及各自特性一览表

采集方式	数据精度	采集速度	经济成本	数据更新	应用范围
地形图手扶跟踪数字化	比较低（图上精度 0.2~0.4mm）	耗时	低	老图数字化，新图更新采用野外采集	国家范围内中小比例尺地形图数据获取
地形图扫描数字化	比较低（图上精度 0.1~0.3mm）	较快	较低		
光电几何量测定位	很高（厘米级）	耗时	很高	困难	小范围区域
GNSS 卫星定位	较高（厘米~米级）	较快	较高	较困难	小范围区域
三维激光扫描	很高（厘米级）	较快	很高	容易	高分辨率、各种范围
倾斜摄影测量	较高（厘米~米级）	较快	较高	周期性	大工程项目，国家范围的数据收集

由表 1–3 可知，地形数据的各种采集方法都有各自的优点、缺点和适用范围，因此选择土石方地形数据采集的方法，要从目的需求、精度要求、设备条件、经费条件等方面综合考虑。一般而言，土石方工程的项目现场都不会很大，相对于土石方的填方、挖方、清运等工程费用而言，现场地形数据采集测绘费用是比较低的。因此为了保证土石方量计算的准确性，当前一般采用 GNSS 卫星定位技术中的 RTK 方法进行全数字野外地形数据采集，可以较高效率地一次性采集平面和高程数据。在无法接收卫星信号或卫星信号被严重遮挡的现场，则较多采用电子全站仪采集平面和高程数据。如果工程现场的地形数据采集除了供计算土石方量应用外，还需要提供现场三维场景，以便为将来的三维规划设计提供数据支持，则也可采用三维激光扫描测绘技术或倾斜摄影测量技术，这两种方法都能快速高效地对现场进行真三维数字化建模。

1.2 土石方量算方法

土石方工程量的计算，就是求取设计高程与自然地面高程之间填、挖土石方的体积。设计面有水平面、斜面，而自然地形则是千变万化的不规则面，绝对准确无误地计算出土石方工程量一般来说既不可能也无必要。只要保证工程现场地形数据有足够的采集密度，能够很好地表达工程现场的地形地面特征，在此基础上按照自然地形的变化选取合适的特征点，将自然地形在某一方向上的变化简化为相似的折线变化，再求出折线与设计线之间的面积，然后乘以高度（或距离），即可求得体积。土石方工程现场是不规则的，要得到精确的计算结果很困难。一般情况下，都将其假设或划分成为一定的几何形状，并采用具有一定精度而又和实际情况近似的方法进行计算。下面对一些常用的土石方计算方法进行介绍。

1.2.1 断面法（截面法）

在土石方量计算的多种算法中，断面计算法（又称为截面法）是最传统的算法，适用于下面三种情况：① 高差变化比较大、地形起伏变化较大，自然地面复杂的地区；② 挖直深度较大，截面又不规则的地区；③ 道路等带状地形。断面法计算方法较为简单方便，便于检核，是土石方计算的常用方法之一。

1. 计算原理

断面法的工作原理是在地形图上或碎部测量的平面图上，按一定的间距将场地划分为若干个相互平行的横截面，量出各横断面之间的距离，按照设计高程与地面线所组成的断面图，计算每条断面线所围成的面积，再由两端横断面的平均面积乘以两端横截面之间的距离求出土方量。用公式表示为

$$V = \frac{A_1 + A_2}{2} L \qquad (1-1)$$

式中　V——相邻两横截面间土方量；

　A_1、A_2——横截面面积；

　　L——两横截面间距。

公式成立的条件是横截面面积 A_1、A_2 的填挖性质必须是相同的，即都为填方或挖方。若 A_1、A_2 填挖性质不同，即一端为挖方，另一端为填方，计算结果会失真。此外，应用断面法计算土石方量时还应注意所取两横截面要尽可能平行。若两横截面不平行，计算结果将会产生较大偏差。

2. 计算步骤

（1）划分横截面。根据地形图、竖向布置图或现场勘测，将要计算的场地划分为若干个横截面 AA'、BB'、CC'等，使横截面尽量垂直等高线或建筑物边长；横截面间距可不等，一般取 10m 或 20m，最大不宜超过 100m。按比例绘制每个横截面的自然地面和设计地面的轮

廓线。自然地面轮廓线与设计地面轮廓线之间的面积，即为挖方或填方的横截面（见图1-8）。

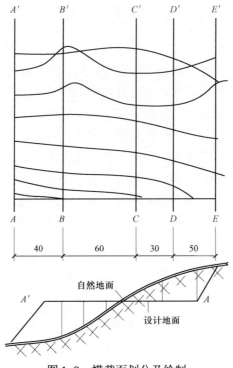

图 1-8 横截面划分及绘制

（2）计算横截面面积。按表1-4中面积计算公式，计算每个横截面的挖方或填方截面积。

表 1-4   常用横截面计算公式

项次	图　　　示	面积计算公式
1		$A = h(b + nh)$
2		$A = h\left(b + \dfrac{m+n}{2}h\right)$
3		$A = \dfrac{h_1 + h_2}{2}b + nh_1h_2$

项次	图　示	面积计算公式
4	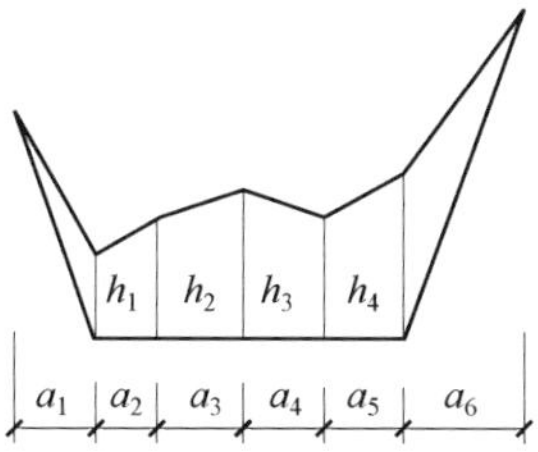	$A = \dfrac{a_1 + a_2}{2}h_1 + \dfrac{a_2 + a_3}{2}h_2 + \dfrac{a_3 + a_4}{2}h_3 + \dfrac{a_4 + a_5}{2}h_4 + \cdots$
5	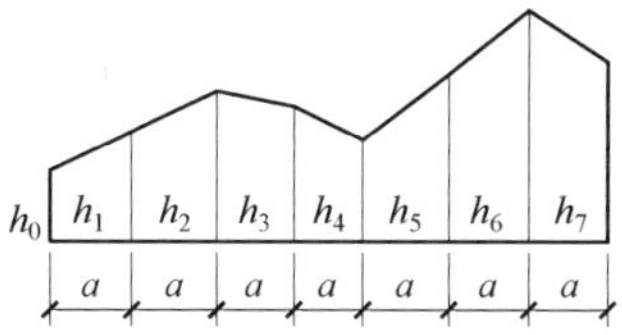	$A = \dfrac{a}{2}(h_0 + h + h_7)$ $h = h_1 + \cdots + h_6$

也可根据量取的特征点坐标值计算横截面面积。事先以高程为 X，水平距离为 Y 轴，且选 X 轴通过起始点，建立好截面坐标系，用水平仪或全站仪测得各截面的特征点坐标值。根据下面面积计算公式可计算出截面面积。

$$A = \frac{1}{2}\sum_{i=1}^{n} x_i(y_{i+1} - y_{i-1}) \tag{1-2}$$

或

$$A = \frac{1}{2}\sum_{i=1}^{n} y_i(x_{i+1} - x_{i-1}) \tag{1-3}$$

式中　x_i，y_i——多边形顶点坐标，i=1，2，…，n，当 i=1 时，$i-1$ 取 n，当 i=n 时，i+1 取 1。

（3）计算并汇总土石方量。根据横截面面积计算土方工程量，并如表 1-5 所示进行土石方量汇总。

表 1-5　　　　　　　　　　　　　土　石　方　量　汇　总　表

截面	填方面积	挖方面积	截面间距	填方体积	挖方体积
AA'	S_A^T	S_A^W	d_A	V_A^T	V_A^W
BB'	S_B^T	S_B^W	d_B	V_B^T	V_B^W
CC'	S_C^T	S_C^W	d_C	V_C^T	V_C^W
合计					

3. 计算示例：基坑、沟槽、路堤土石方量计算

（1）基坑土石方量。按立体几何中的拟柱体（由两个平行平面做上、下底的一种多面体）体积计算，先计算上、下底两个面的面积 F_1、F_2，再计算其体积。如图 1-9 所示的拟四棱柱，计算公式为

$$V = h(F_1 + 4F_0 + F_2) / 6 \qquad (1-4)$$

或

$$V = h(a + mh)(b + mh) + m^2 h^3 / 3 \qquad (1-5)$$

式中　　h——开挖深度；

　F_1、F_2——上、下两个面的面积；

　　F_0——F_1 与 F_2 之间的中截面面积（m²）；

　a、b——底面的长度和宽度；

　　m——放坡系数。

（2）沟槽、路堤的土石方量。沿其长度方向分段（截面相同的不分段）计算，先计算截面面积，再求长度、累计各段计算土石方量（图 1–10）可按下式计算

$$V_i = h(F_1 + 4F_0 + F_2) / 6 \qquad V = \sum_{i=1}^{n} V_i \qquad (1-6)$$

式中　　V_i——第 i 段的体积（m³）；

　F_1、F_2——第 i 段的两端面积（m²）；

　　L_i——第 i 段的长度（m）。

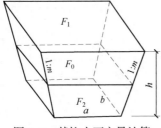
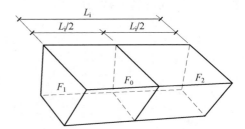

图 1–9　基坑土石方量计算　　　　　图 1–10　沟槽、路堤土石方量计算

1.2.2　等高线法

当地面的坡度变化较大、地面起伏较多时，可以采用等高线法估算土石方量。在地形图等高线精度较高时更为合适。等高线法可以计算任两条等高线之间的土石方量，但一般情况下计算时所选等高线必须闭合，如等高线不闭合，可以先离散化等高线后再进行计算。等高线法计算土石方量的准确性取决于地形图上等高线的绘制精度，而一般地形图上等高线的绘制精度都不太高，尤其是扫描矢量化后得到的地形图数据。因此等高线法一般适用于对精度要求不高的工程量概算。

1. 计算原理

等高线法的基本原理是:两条等高线所围面积可算（如在地形图上用求积仪跟踪等高线分别求出它们所包围的面积），两条等高线之间的高差已知，其体积等于相邻等高线各自围起的面积之和的平均值乘上两条等高线间的高差，由此得到各个等高线间的土石方量。然后再求出全部相邻的等高线围起的总体积之和，即为所求工程土石方的总方量。

$$V = \frac{A_1 + A_2}{2} h \qquad (1-7)$$

式中 A_1、A_2 ——相邻两等高线围起来的水平面积；

h ——相邻两等高线的高差。

2. 计算步骤

（1）计算等高线包围区域面积。在纸质地形图上用求积仪跟踪等高线分别求出它们所包围的面积 A_1、A_2…

（2）计算相邻等高线所围区域填挖体积。分别将相邻两条等高线所围面积的平均值乘以等高距，就是此两等高线平面间的土石方量，再求和即得总方量。

如图 1-11 所示，地形图等高距为 1m，要求平整场地后的设计高程为 33.5m。先在图中内插设计高程 55m 的等高线（图中虚线），在分别求出 33.5m、34m、35m、36m、37m 五条等高线所围成的面积 $A_{33.5}$、A_{34}、A_{35}、A_{36}、A_{37}，即可算出每层土石方量为

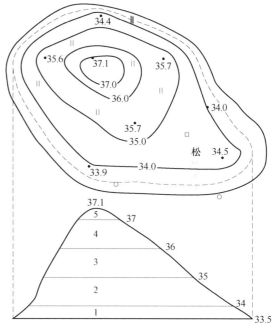

$$V_1 = \frac{1}{2}(A_{33.5} + A_{34}) \times 1$$

$$V_2 = \frac{1}{2}(A_{34} + A_{35}) \times 1$$

$$\vdots$$

$$V_5 = \frac{1}{3} A_{37} \times 0.1$$

总方量为

$$\sum V_W = V_{33.5} + V_{34} + V_{35} + V_{36} + V_{37}$$

图 1-11 等高线法求土石方

1.2.3 方格网法

方格网法是一种常用的土石方工程量计算方法，其主要的特点是化整为零：将整个区域平面用多个整齐排列的小方格划分（方格划分得越小，计算精度越高，但计算量也越大），先计算单个方格网的土石方填挖量，然后将所有方格网的填挖量累计得出总的填挖量。方格网法通常适用于平坦及高差不大、地形平缓的地区。

1. 计算原理

根据地形复杂程度、地形图比例尺及精度要求，将工程场地划分成边长为 10～50m 的方格，在水平面上形成方格网，分别测出各方格网四个顶点的高程，根据地面高程和设计高程计算各个格网挖填深度及土方量，最后汇总格网挖填土方量和边坡土方量，即为场地平整总土方量。

2. 计算步骤

（1）在地形图上绘方格网。在地形图上拟建场地内绘制方格网。方格网的大小取决于地形复杂程度，地形图比例尺大小，以及土方概算的精度要求。如在设计阶段采用 1:500 的地形图时，根据地形复杂情况，一般边长为 10m 或 20m。方格网绘制完后，根据地形图上的等高线，用内插法求出每一方格顶点的地面高程，并注记在相应方格顶点的右上方。

（2）计算设计高程。先将每一方格顶点的高程加起来除以 4，得到各方格的平均高程，再把每个方格的平均高程相加除以方格总数，就得到设计高程 H。从计算设计高程的过程可以看出，角点 $A1$、$D1$、$D4$、$C6$、$A6$ 的高程只参加一次计算，边点 $B1$、$C1$、$D2$、$D3$、$C5$ …高程参加两次计算，拐点 $C4$ 的高程参加三次计算，中点 $B2$、$C2$、$C3$ …高程参加四次计算，因此，设计高程的计算公式为

$$H_{设} = \frac{\sum H_角 + 2\sum H_边 + 3\sum H_拐 + 4\sum H_中}{4n} \tag{1-8}$$

式中 n——方格总数；

$H_角$、$H_边$、$H_拐$、$H_中$——角点、边点、拐点和中点的高程。

将图 1-12 中各点高程代入上式，求出设计高程为 54.4m。在地形图中内插绘出 54.4m 等高线（图中虚线），即为不填不挖的边界线，也称为零线。

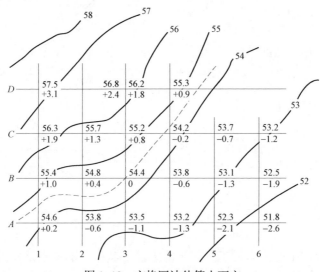

图 1-12　方格网法估算土石方

采用式（1-8）得到的设计平面能使挖方量与填方量平衡，但不能保证总的土石方工程量最小。应用最小二乘法的原理，可找到既满足挖填平衡，又满足总的土石方量最小这两个条件的最佳设计平面，但计算过程比较复杂。实际工程中，对计算所得的设计标高，还应考虑以下因素进行调整。

1）考虑土的最终可松性，需相应提高设计标高，以达到土石方量的实际平衡。

2）考虑建设项目的生产工艺、场地泄水坡度等要求，相应提高或降低设计标高。

3）根据经济比较结果，如采用场外取土或弃土的施工方案，则应考虑因此引起的土石方

量的变化，将设计标高进行调整。

（3）计算挖、填高度。根据设计高程和方格顶点的高程，可以计算出每一方格顶点的挖、填高度，即

$$挖、填高度\ h=地面高程-设计高程 \tag{1-9}$$

将图 1-12 中各方格顶点的挖、填高度写于相应方格顶点的左上方。正号为挖深，负号为填高。

（4）计算挖、填土方量。挖、填土方量可按角点、边点、拐点和中点分别按下式列表计算。

$$\left.\begin{array}{l} 角点\quad 挖（填）方高度\times\dfrac{1}{4}方格面积 \\[2mm] 边点\quad 挖（填）方高度\times\dfrac{2}{4}方格面积 \\[2mm] 拐点\quad 挖（填）方高度\times\dfrac{3}{4}方格面积 \\[2mm] 中点\quad 挖（填）方高度\times1方格面积 \end{array}\right\} \tag{1-10}$$

计算时，按方格线依次计算挖、填方量，然后再计算挖方量和填方量总和。图 1-13 中土石方量计算如下（方格边长为 15m×15m）

$$A\quad V_{\mathrm{W}}=\frac{1}{4}\times225\times0.2=+11.25\mathrm{m}^3$$

$$V_{\mathrm{T}}=\frac{1}{4}\times225\times(-2.6)+\frac{2}{4}\times225\times(-0.6-1.1-1.3-2.1)=-720\mathrm{m}^3$$

$$B\quad V_{\mathrm{W}}=\frac{2}{4}\times225\times1.0+225\times0.4=+202.5\mathrm{m}^3$$

$$V_{\mathrm{T}}=225\times(0-0.6-1.3)+\frac{2}{4}\times225\times(-1.9)=-641.25\mathrm{m}^3$$

$$C\quad V_{\mathrm{W}}=\frac{2}{4}\times225\times1.9+225\times(1.3+0.8)=+686.25\mathrm{m}^3$$

$$V_{\mathrm{T}}=\frac{3}{4}\times225\times(-0.2)+\frac{2}{4}\times225\times(-0.7)+\frac{1}{4}\times225\times(-1.2)=-180\mathrm{m}^3$$

$$D\quad V_{\mathrm{W}}=\frac{1}{4}\times225\times(3.1+0.9)+\frac{2}{4}\times225\times(2.4+1.8)=+697.5\mathrm{m}^3$$

总挖方量为： $\sum V_{\mathrm{W}}\approx+1598\mathrm{m}^3$

总填方量为： $\sum V_{\mathrm{T}}\approx-1541\mathrm{m}^3$

从计算结果可以看出，挖方量和填方量基本相等，满足"挖填平衡"的要求。

1.2.4 数字地面模型（DTM）法

20 世纪 50 年代，美国麻省理工学院的 Chaires.L.Miller 教授首次提出了数字地面模型（Digital Terrain Model，DTM）这一概念。它是指表示地面起伏形态和地表景观的一系列离散

点或规则点的坐标数值集合的总称。DTM 是计算机数字化的表现地形表面的特征（图 1-13），包括了高程、地质、土壤类型等地表特征，这些特征都可以作为特征值来建立模型。在一定区域范围内规则网格点或三角网点的平面坐标（X，Y）和其他物性质的数据集合。在土方计算时，一般情况下建立 DTM 是利用高程数据作为特征值，采用的地表特征就是这一坐标点的高程，这种把高程数据作为特征值的 DTM 也叫作数字高程模型（Digital Elevation Model，DEM）。DTM 模型不仅可以应用于各种工程规划、地形分析，也可以精准地计算土石方工程量。它与传统的二维平面计算土方的方法结合使用，在三维空间相关的问题分析时发挥着重要作用。

图 1-13　数字地面模型（DTM）示意图

1. 计算原理

提取由测量得出地貌特征点的坐标值（X，Y，Z），用大量的离散点表示连续的地形，再与设计高程结合，通过生成规则或不规则的图面来计算每个图面围合出的棱柱中的土方量。实际工作中常用的图面几何图形是三角网。项目范围内每个三棱柱的填挖方量相加累积后，即可得到总土方工程量和填挖方分界限。三棱柱体上表面用斜平面拟合，下表面均为水平面或参考面（图 1-14），计算公式为

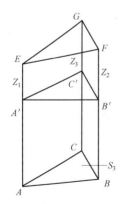

图 1-14　三棱柱土方量计算示意图

$$V_3 = \frac{Z_1 + Z_2 + Z_3}{3} S_3 \qquad (1-11)$$

式中　Z_1、Z_2、Z_3——三角形角点填挖高差；

S_3——三棱柱底面积。

DTM 土石方量计算是利用约束三角网计算给定标高下的土地平整填挖方工程量，实质上就是利用三角网中三角形的用地平整与土方量均衡计算三角点的坐标信息（X，Y，Z），求出以给定标高平面为水平切割面，约束三角网所描述的地标模型与该切割面之间封闭区域的体积，即为所需计算的土石方量。其中挖方量是指封闭区域内切割面以上的部分，填方量就是封闭区域内切割面以下的部分。其实也可以把 DTM 看作是一个空间曲面，自然地形模型和设计地形模型就是两

个空间的曲面，运用计算机软件自动处理这两个空间曲面相交后产生的交集空间，也可以用一个铅垂面对自然地形的曲面和设计地形的曲面进行切割，土石方填挖量就是计算出来的夹在两个切割下来的曲面间的空间体积。

DTM 计算土石方量的前提是要能够用数学算法构建出能够模拟实际地面的曲面模型，当前主要的方法为基于规则格网的 Grid 方法和基于不规则三角网的 TIN 方法。Grid 规则格网的构建与上面"方格网法"中方格网的构建思路是一致的，只是在对高程点的内插拟合方面有更多的考虑（此处略去，感兴趣的读者可以参考"数字地面模型"或"地理信息系统原理"相关内容）。相较于与 Grid 规则格网，基于不规则三角网的 TIN 方法可以充分利用实测地形碎部点、特征点进行三角构网，网中的点和线的分布密度和结构完全可以与地表的特征相协调，直接利用原始资料作为网格结点，不改变原始数据和精度，能够插入地性线以保存原有关键的地形特征，可以很好地适应复杂、不规则地形，从而精确构建出地面模型（图 1–15）。在相同数据质量数据源下，基于不规则三角网的 TIN 方法计算的土石方量有更高的精确度。

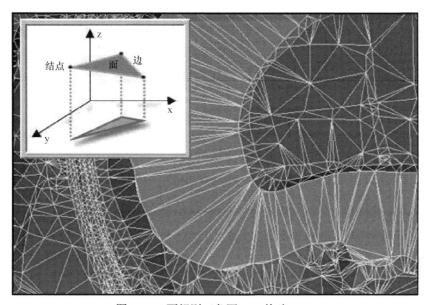

图 1–15　不规则三角网 TIN 构建 DTM

（1）不规则三角网的构建。TIN 不规则三角网中的三角形是狄洛尼（Delaunay）三角形，需要由一定的算法构建。一般采用两级建网方式构建。第一步，进行包括地形特征点在内的散点初级构网。一般来说，传统的 TIN 生成算法主要有边扩展法、点插入法、递归分割法等（算法较为复杂，感兴趣的读者可以参考"数字地面模型"或"地理信息系统原理"相关内容，此处略去）。第二步，根据地形特征信息对初级三角网进行网形调整。

（2）不规则三角网的调整。

1）地性线的特点及处理方法。所谓地性线就是指能充分表达地形形状的特征线。地性线不应通过 TIN 中的任何一个三角形的内部，否则三角形就会"进入"或"悬空"于地面，与实际地形不符，产生的数字地面模型（DTM）就会出错。当地性线与一般地形点一道参加完初级构网后，再用地形特征信息检查地性线是否成为初级三角网的边，若是，则不再做调整；否则，按图 1-16 做出调整。总之要务必保证 TIN 所表达的数字地面模型与实际地形相符。

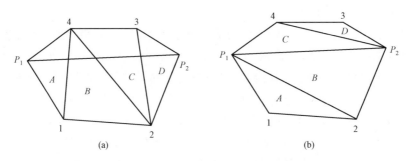

图 1-16 在 TIN 建模过程中对地性线的处理
（a）调整前；（b）调整后

如图 1-16（a）所示，P_1P_2 为地性线，它直接插入了三角形内部，使得建立的 TIN 偏离了实际地形，因此需要对地性线 P_1P_2 穿过的三角网进行重新调整处理。图 1-16（b）是处理后的图形，即以地性线为三角边，向两侧扩展，使其符合实际地形。

2）地物对构网的影响及处理方法。等高线在遭遇房屋、道路等地物时需要断开，这样在地形图生成 TIN 时，除了要考虑地性线的影响之外，更应该顾及地物的影响。一般方法是：首先，按处理地形结构线的类似方法调整网形；然后，用垂线法判别闭合特征线影响区域内的三角形重心是否落在多边形内，若是，则消去该三角形（在程序中标记该三角形记录），否则保留该三角形。

3）陡坎的地形特点及处理方法。遭遇陡坎时，地形会发生突变。陡坎处的地形特征表现为：在水平面上同一位置的点有两个高程且高差比较大；坎上、坎下两个相邻三角形共享由两相邻陡坎点连接而成的边。当构造 TIN 时，只有顾及陡坎地形的影响，才能较准确地反映出实际地形。 对陡坎的处理如图 1-17 所示。

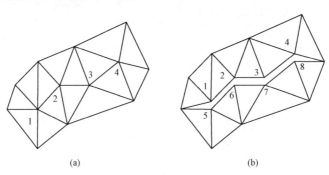

图 1-17 对陡坎的处理
（a）调整前；（b）调整后

如图 1-17（a）所示，点 1～4 为实际测量的陡坎上的点，每个点其实有两个高程值，不符合实际的地形特征。在调整时将各点沿坎下方向平移 1mm，得到了 5～8 各点，其高程值根据地形图量取的坎下比高计算得到。将所有的坎上、坎下点合并连接成一闭合折线，并分别扩充连接三角形，即得到调整后的图 1-17（b）。

2. 计算步骤

基于不规则三角网 TIN 计算土石方量的步骤和方格网法一样并不复杂，主要步骤有：导入地形数据、构建三角网、计算填挖平衡高程、统计填挖方量。但除第一步之外其余三步都涉及大量的数据计算，必须借助计算机软件进行。目前能用 TIN 方法计算土石方的软件有不少，如纬地公路设计软件、鸿业土石方量算软件、南方 CASS 数字地形图成图软件等，其操作步骤大同小异。此处以南方 CASS 数字地形图成图软件 9.0 为例说明基于不规则三角网 TIN 计算土石方量的操作步骤。

（1）导入地形数据。按照 CASS 软件数据格式要求，导入地形数据文件，如图 1-18 所示。

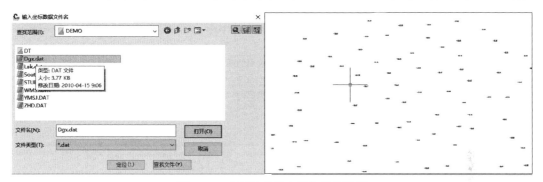

图 1-18　CASS 软件中导入地形数据

（2）构建 TIN 三角网。地形数据导入软件后，单击菜单项"等高线→建立 DTM"，选择对应数据文件，设置相应参数选项，构建三角网（图 1-19）。

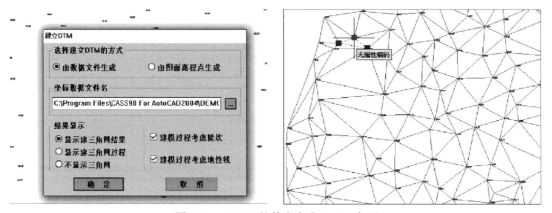

图 1-19　CASS 软件中生成 TIN 三角网

（3）计算填挖方平衡高程。土石方工程一般都要按照"填挖平衡"原则，计算填挖平衡设计高程。在 CASS 软件中，也提供了相应的计算功能项。单击菜单项"工程应用→区域土方量平衡→坐标文件"，根据软件命令行提示选择区域范围边界线（用 Pline 线画出），选择对应数据文件，根据实际情况输入边界差值间隔距离（默认 20m，根据需要可设置 5m、10m 等），软件即可自动计算出填挖平衡高程，同时计算出填挖土石方量，如图 1-20 所示。

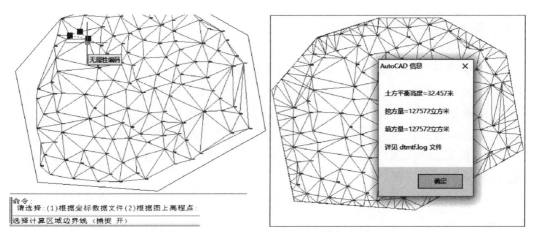

图 1-20 CASS 软件中填挖方平衡高程计算

（4）统计填挖方量。CASS 软件在计算土石方平衡高程过程中自动化程度非常高，在给出填挖平衡高程的同时，也把填挖方量统计计算出来了，并形成了相应的报表（图 1-21）。如果不需要计算填挖方平衡高程，而希望指定设置标高，从软件"工程应用→DTM 法土方计算"菜单项中，选择对应的计算方法即可。

三角网法土石方计算

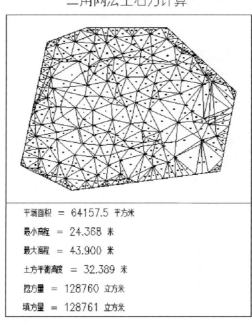

图 1-21 CASS 软件中三角网土石方计算报表

1.2.5 各种计算方法适用场景比较

综合上述土石方量计算方法的特点，并结合目前实际工程常用的几种商用土石方计算软件，结合多种地形进行模拟计算。表 1-6 统计出各类方法计算土石方量的适用范围和可能达到的精度，以便于工程技术人员计算参考。

表 1-6

表 1-6   各类土方计算方法精度统计

计算方法 \ 地形类型	线状工程	地形变化平缓低丘陵、平原	地形破碎或梯田场地	丘陵和山地	设计面不规则或破碎
断面法	3%~5%				
等高线法				6%~8%	
方格网法		1%~3%	5%~8%	3%~5%	5%~6%
三角网法		1%~2%	2%~3%	1%~3%	2%~4%

从表 1-6 可以看出，方格网法和 TIN 法适用地形最广。当地形场地为地形变化平缓低丘陵、平原时，方格网法和 TIN 法精度基本相当，在其他地形场地 TIN 法明显要比方格网法精度高。

1.3 土 方 调 配

1.3.1 土方调配原则、步骤与方法

土方工程量计算完成后，即可研究土方的调整工作。土方调整，就是对挖土的利用、堆弃和填土的取得之间关系进行综合协调的处理。好的土方调整方案，应该是保证填土质量的前提下，土方施工最方便，费用最低。土方调配原则、步骤与方法见表 1-7。土方平衡与运距见表 1-8。

表 1-7   土方调配原则、步骤与方法表

调配原则	步骤、方法
（1）填、挖方基本平衡，减少运土。 （2）填、挖土方量与运距的乘积之和应尽可能小，以使总的运费降至最低。 （3）好土应用于回填质量要求高的区域。 （4）调配应与地下构筑物的施工相配合，地下设施的挖土应留土用以再填土。 （5）选择恰当的调配方向及路线，避免对流与乱流现象，同时便于调配、机械化施工	（1）划分调配区。在平面图上划出挖、填区的分界线，并在挖区和填区划出若干调配区，确定调配区的大小和位置。 （2）计算各调配区的土方量，并标示于图上。 （3）计算每对调配区的平均运距，即挖方区土方重心至填方区重心的距离，并将每一距离标于表 1-8（土方平衡与运距表）中。 （4）确定最优调配方案。先用最小元素法确定初始方案，再用位势法进行检查，看总的运输量 $s = \sum_{i=1}^{m}\sum_{j=1}^{m}(L_{ij}X_{ij})$ 是否为最小值，否则用闭回路法进行调整。 式中 L_{ij}——各调配区之间的平均运距（m）； X_{ij}——各调配区的土方量（m³）。 （5）绘制土方调配图，根据以上结果，标出调配方向、土方数量及运距

表 1–8　　　　　　　　　　　　土方平衡与运距表

填方区 / 挖方区	T_1	T_2	…	T_j	…	T_n	挖方量（m^3）
W_1	X_{11} L_{11}	X_{13} L_{12}	…	X_{1j} L_{1j}	…	X_{1n} L_{1n}	W_1
W_2	X_{22} L_{21}	X_{22} L_{22}	…	X_{2j} L_{2j}	…	X_{2n} L_{2n}	W_2
…	…	…	…	…	…	…	…
W_i	X_{i1} L_{i1}	X_{i2} L_{i2}	…	X_{ij} L_{ij}	…	X_{in} L_{in}	W_i
…	…	…	…	…	…	…	…
W_m	X_{ml} L_{ml}	X_{m2} L_{m2}	…	X_{mj} L_{mj}	…	X_{mn} L_{mn}	W_m
填方量（m^3）	t_1	t_2	…	t_j	…	t_n	$\sum_{i=1}^{m} W_i = \sum_{i=1}^{n} T_i$

注：1. L_{11}、L_{12}、…、L_{ij}——挖、填方之间的平均运距。

2. X_{11}、X_{12}、…、X_{ij}——调配土方量。

1.3.2　案例

【例 1–1】矩形广场各调配区的土方量如图 1–22 所示，相互之间的平均运距见表 1–9，试求最优土方调配方案。

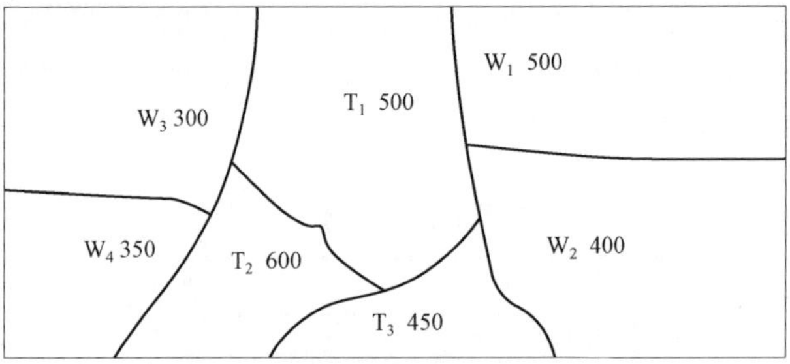

图 1–22　各调配区的土方量（m^3）

解（1）先将图 1–22 中的数值标注在填、挖方平衡及运距表 1–9 中。

（2）采用最小元素法编初始调配方案，即根据对应于最小的 L_{ij} 取最大的 X_{ij} 值的原则调配。

土方初始调配方案见表 1–10。

$$S_1=200m^3\times100m+250m^3\times150m+50m^3\times90m+400m^3\times40m+300m^3\times80m+350m^3\times50m=119\,500m^3\cdot m$$

表 1-9　　　　　　　　　　　填、挖方平衡及运距表　　　　　　　　　（单位：m）

填方区＼挖方区	T_1	T_2	T_3	挖方量（m³）
W_1	100	150	90	500
W_2	140	90	40	400
W_3	80	130	110	300
W_4	130	50	80	350
填方量（m³）	500	600	450	1550 / 1550

表 1-10　　　　　　　　　　　土 方 初 始 调 配 方 案　　　　　　　　（单位：m）

填方区＼挖方区	T_1	T_2	T_3	挖方量（m³）
W_1	200 ／ 100	250 ／ 150	50 ／ 90	500
W_2	140	90	400 ／ 40	400
W_3	300 ／ 80	130	110	300
W_4	130	350 ／ 50	80	350
填方量（m³）	500	600	450	1550 / 1550

（3）用位势法检验。

1）求假想运距 L'_{ij} 可利用运距对角线相等的"退化"原理，求未分配土方空格的假想运距 L'_{ij}。求假想运距时，即先找出四个方格中有三个分配了土方的，再求未分配土方空格的 L'_{ij}。假想运距等于对角线上分配了土方的运距之和减去第三个分配了土方的方格的运距，如该例题中 x_{12}、x_{13}、x_{22}、x_{23} 对应的四个方格中，$L'_{22}=150m+40m-90m=100m$ 依次类推，其他未分配土方的空格的假想运距也可计算出来，见表 1-11。

2）计算检验数 λ_{ij}。无调配土方方格的检验数

$$\lambda_{ij}=L_{ij}-L'_{ij}$$

若所有 $\lambda_{ij}\geq 0$ 则方案最优，若有 $\lambda_{ij}<0$ 则方案不是最优。

检验结果见表 1-11。从中可以知道 $\lambda_{22}=-10<0$，故初始方案不是最优。

表 1-11　　　　　　　　　　　检 验 数 的 计 算　　　　　　　　　　（单位：m）

填方区 ＼ 挖方区	T₁		T₂		T₃	
W₁	√	100	√	150	√	90
W₂	50/90	140	100/-10	90	√	40
W₃	√	80	130/0	130	70/40	110
W₄	0/130	130	√	50	-10/90	80

注：表中 50/90 分别表示假想运距和检验数，其他含义相同。

（4）用闭回路法调整。

1）找出 X_{22} 的闭回路：从 X_{22} 空格出发，沿水平或竖直方向前进，遇到有适当数字的空格作 90°的转弯，然后依次继续前进，再回到出发点形成一条闭回路，如表 1-10 中形成的闭回路。

2）从 X_{22} 出发沿闭回路前进，在各奇数次转角点的数字中挑出一个最小的（例题中在 400m³、250m³ 中取 250m³）将其调到 X_{22} 空格中。

3）将 250m³ 填入 X_{22} 空格中，其他奇数次转角上减去 250m³，偶数次转角上数字加 250m³，形成新的方案，见表 1-12。

表 1-12　　　　　　　　　　　土 方 新 调 配 方 案　　　　　　　　　　（单位：m）

填方区 ＼ 挖方区	T₁		T₂		T₃		挖方量（m³）
W₁	200	100		150	300	90	500
W₂		140	250	90	150	40	400
W₃	300	80		130		110	300
W₄		130	350	50		80	350
填方量（m³）	500		600		450		1550 / 1550

（5）再用位势法检验从表 1-13 可知，所有的 $\lambda_{ij} \geq 0$，故新方案为最优。 调配后的总运输量为

S=200m³×100m+300m³×90m+250m³×90m+150m³×40m+300m³×80m+350m³×50m=117 000m³·m

挖方区 填方区	T_1		T_2		T_3	
W_1	√	100	140/10	150	√	90
W_2	50/90	140	√	90	√	40
W_3	√	80	120/10	130	70/40	110
W_4	10/120	130	√	50	0/80	80

表 1-13　　　　　　　　　检 验 数 的 计 算　　　　　　　　（单位：m）

注：表中 50/90 分别表示假想运距和检验数，其他含义相同。

（6）土方量调配去向如图 1-23 所示。

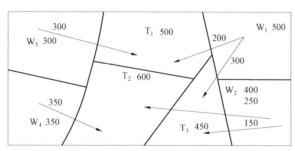

图 1-23　土方量（m³）调配去向

第2章 土的性质与分类

土由固相（颗粒）、液相（水）和气相（气体）三相组成，土的三相结构如图2-1所示。土中颗粒的大小、成分及三相之间的比例关系，反映出土的不同性质，如干、湿，密、松，硬、软，等等。因此，土的三相组成决定了土的物理性质、力学性质。

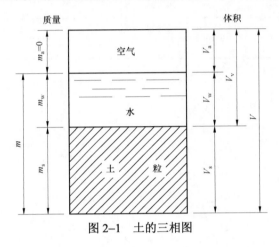

图 2-1 土的三相图

2.1 土 的 性 质

2.1.1 土的物理性质

土的物理性质指标见表2-1。

表 2-1   土 的 物 理 性 质 指 标

指标名称	符号	单位	物理意义	表达式	附注
密度	ρ	kg/m³ 或 g/cm³	土在天然状态下，单位体积土的质量	$\rho = \dfrac{m}{V}$	试验方法（一般用环刀法）直接测定。一般为 1.6~2.0t/m³
相对密度（比重）	d		土的质量（或重量）与同体积4℃时纯净水的质量之比	$d = \dfrac{m_s}{V_s \times \rho_w}$	试验方法（用比重瓶法）侧定。一般黏性土为 2.7~2.75；砂土为 2.65~2.69
干密度	ρ_d	kg/m³ 或 g/cm³	土的单位体积内土粒的质量	$\rho_d = \dfrac{m_s}{V}$	试验方法测定后计算求得。一般土为 1.3~1.8t/m³

指标名称	符号	单位	物理意义	表达式	附注
含水率	w	%	土中水的质量（m_w）与颗粒质量（m_s）之比	$w=\dfrac{m_w}{m_s}\times100\%$	试验方法（烘干法）测定。土的含水率一般为 20%～60%
饱和密度	ρ_{sat}	kg/m³ 或 g/cm³	土中孔隙完全被水充满，处于饱和状态时，单位体积土的质量	$\rho_{sat}=\dfrac{m_s+V_v\times\rho_v}{V}$	计算求得。一般土 为 1300～2300kg/m³
孔隙比	e		土中孔隙体积（V_v）与土粒体积之（V_s）比	$e=\dfrac{V_v}{V_s}$	计算求得。一般黏性土为 0.5～1.2；砂土为 0.3～0.9
孔隙率	n	%	土中孔隙体积与总体积之比	$n=\dfrac{V_v}{V}\times100\%$	计算求得。一般黏性土为 30%～60%；砂土为 25%～45%
饱和度	S_r	%	土中孔隙水的体积与孔隙体积之比	$S_r=\dfrac{V_w}{V_v}\times100\%$	计算求得。一般土为 0～0.1；孔隙全部为水所充填 $S_r=1$ 的土称为饱和土；$S_r\geq0.8$ 的土也可认为是饱和土

表中符号含义如图 2-1 所示。

2.1.2 土的力学性质指标

1. 压缩系数

土的压缩性通常用压缩系数（或压缩模量）来表示，其值由原状土的压缩试验确定。

压缩系数按下式计算

$$\alpha=1000\times\frac{e_1-e_2}{p_1-p_2} \tag{2-1}$$

式中　1000——单位换算系数；

　　　α ——土的压缩系数（MPa⁻¹）；

　p_1、p_2——固结压力（MPa）；

　e_1、e_2——相对应的 p_1、p_2 时的孔隙比。

评价地基压缩性时，按 p_1 为 100kPa，p_2 为 200kPa。相应的压缩系数值以 $\alpha_{1\sim2}$ 划分为低、中、高压缩性，并应按以下规定进行评价。

（1）当 $\alpha_{1\sim2}<0.1$MPa⁻¹ 时，为低压缩性土。

（2）当 0.1MPa⁻¹$\leq\alpha_{1\sim2}<0.5$MPa⁻¹ 时，为中压缩性土。

（3）当 $\alpha_{1\sim2}\geq0.5$MPa⁻¹ 时，为高压缩性土。

地基土压缩性和建筑物荷载的大小，将会直接影响地基沉降量的大小，因此，一般应选择低压缩性土作为地基，而高压缩性土则需经过处理后，才能作为地基。

2. 压缩模量

工程上常用室内试验，求压缩模量 E_s 作为土的压缩性指标。压缩模量按下式计算

$$E_s=(1+e_0)/\alpha \tag{2-2}$$

式中　E_s——土的压缩模量（MPa）；

e_0——土的天然（自重压力下）孔隙比；

α——从土的自重应力至土的自重加附加应力段的压缩系数（MPa^{-1}）。

用压缩模量划分压缩性等级和评价土的压缩性，可按表2-2规定进行。

表2-2   地基土按E_s值划分压缩性等级的规定

室内压缩模量 E_s（MPa）	压缩等级	室内压缩模量 E_s（MPa）	压缩等级
<2.0	特高压缩性	7.5~11.0	中压缩性
2.0~4.0	易高压缩性	11.0~15.0	中低压缩性
4.0~7.5	中高压缩性	>15.0	低压缩性

3. 土的抗剪强度

土的抗剪强度是指土在外力作用下抵抗剪切破坏的极限强度。土的抗剪强度可以用室内直剪、原位直剪、三轴剪切试验、十字板剪切试验、野外标准贯入、静力触探、动力触探等试验方法进行测定。它是评价地基承载力、边坡稳定性、计算土压力的重要指标。

（1）抗剪强度计算。土的抗剪强度可按下列式子计算。

对于砂土 $\qquad\qquad\qquad\qquad \tau = \sigma \tan\varphi \qquad\qquad\qquad\qquad$ （2-3）

对于黏性土 $\qquad\qquad\qquad \tau = \sigma \tan\varphi + c \qquad\qquad\qquad$ （2-4）

式中　　τ——土的抗剪强度（kPa）；

σ——剪切面上的法向应力（kPa）；

φ——土的内摩擦角（°），剪切试验法向应力与剪应力曲线的切线倾斜角；

c——土的黏聚力（kPa），剪切试验中土的法向应力为零时的抗剪强度，砂土 c =0。

（2）土的内摩擦角 φ 和黏聚力 c 的求法：同一土样，切取不少于4个环刀进行不同垂直压力作用下的剪力试验后，绘制抗剪强度 τ 与法向应力 σ 的相关直线，直线交 τ 轴的截距即为土的黏聚力 c，直线的倾斜角即为土的内摩擦角 φ，如图2-2所示。

砂土的内摩擦角一般是随土的粒度变细而变小；砾砂、粗砂、中砂的 φ 值为 32°～40°；细砂、粉砂的 φ 值为 28°～36°；砂土的黏聚力 c 很小，可以忽略不计。

黏性土的内摩擦角 φ 的变化范围为 0°～36°，而黏聚力一般为 10～100kPa，坚硬黏土其值更高。

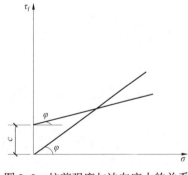

图2-2　抗剪强度与法向应力的关系

4. 地基土的强度和承载力

地基是指建筑物下面支承基础承受上部结构荷载的土体或岩体。地基上的强度问题，实质上就是土的抗剪强度问题。土的抗剪强度与法向应力 σ、土的内摩擦角 φ 和内聚力三者有关。

地基承受荷载的能力称为地基承载力。地基承载力是地基土在基础的形状、尺寸、埋深及加载条件等外部因素确定下的固有属性，并与地基的变形相适应。依据《建筑地基基础设计规范》（GB 50007—2011），地基承载力特征值可由载荷试验或其他原位测试、公式计算并结合工程实践经验等方法综合确定。

2.1.3　土的工程性质

1. 土的可松性

自然状态下的土，经过开挖以后，其体积因松散而增加，后虽经回填压实，仍不能恢复到原体积，这种性质称为土的可松性。土的可松性是用可松性系数来表示的。自然状态土经开挖后的松散体积与原自然状态下的体积之比，称为最初可松性系数 K_s，土经回填压实后的体积与原自然状态下的体积之比，称为最终可松性系数 K'_s。它们的求法如下面二式

$$K_s = \frac{V_2}{V_1} \tag{2-5}$$

$$K'_s = \frac{V_3}{V_1} \tag{2-6}$$

式中　K_s——土的最初可松性系数；

　　　K'_s——土的最终可松性系数；

　　　V_1——土在自然状态下的体积（m³）；

　　　V_2——土经开挖后的松散体积（m³）；

　　　V_3——土经回填压实后的体积（m³）。

土的可松性是一个非常重要的工程性质。它对于场地平整，土方调配、开挖、运输和回填，以及土方挖掘机械和运输机械的生产效率、机械数量的选定等，都有很大影响。例如，土方开挖后的运输量，要考虑土的最初可松性系数 K_s；借土回填时，就需要考虑土的最终可松性系数 K'_s。

【例2–1】某土方工程需回填 1000m³ 土，而现场已无土回填，必须另外取土，所选回填土的最初可松性系数 K_s=1.24，最终可松性系数 K'_s= 1.05，问需取多少土？

解：已知需回填的土方量（回填压实后的体积）为 V_3 = 1000m³

且 K_s=1.24，K'_s=1.05

则需开挖土自然状态下的体积 $V_1 = \dfrac{V_3}{K'_s} = \dfrac{1000\text{m}^3}{1.05} = 952.38\text{m}^3$

开挖后需运输的土体积 $V_2 = V_1 \times K_s = 952.38\text{m}^3 \times 1.24 = 1180.95\text{m}^3$

由于土的可松性，土经开挖后，土壤的结构遭到破坏，地基的抗剪能力有所下降，所以，一般情况下不允许用回填土做地基。

各类土的可松性系数参考值见表2–3。

表2–3　　　　　　　　　　各类土的可松性系数参考值

土的类别	土的可松性	
	K_s	K'_s
一类土（种植土除外）	1.08～1.17	1.01～1.03

土的类别	土的可松性	
	K_s	K'_s
一类土（种植土、泥炭）	1.20～1.30	1.03～1.04
二类土	1.14～1.28	1.02～1.05
三类土	1.24～1.30	1.04～1.07
四类土（泥灰岩、蛋白石除外）	1.26～1.32	1.06～1.09
四类土（泥灰岩、蛋白石）	1.33～1，37	1.11～1.15
五～七类土	1.30～1.45	1.10～1.20
八类土	1.45～1.50	1.20～1.30

2. 土的渗透性

土体孔隙中的自由水在重力作用下会透过土体而运动，这种土体被水透过的性质称为土的渗透性。表征土的渗透性指标为渗透系数 K，在各向同性介质中，它定义为单位水力梯度下单位流量。一般通过室内渗透试验或现场抽水或压水试验确定。土渗透系数的大小对土方工程中施工降水与排水的影响较大，施工时应加以注意。

渗透系数 K 按下列公式计算

$$K = \frac{Q}{AI} = \frac{u}{I} \qquad (2-7)$$

式中　K——渗透系数（cm/s 或 m/d）；

　　　Q——单位时间内渗透通过的水量（cm³/s 或 m³/d）；

　　　A——通过水量的总横截面积（cm² 或 m²）；

　　　u——渗透水流的速度（cm/s 或 m/d）；

　　　I——水力坡度（高水位 h_1 与低水位 h_2 之差与渗透距离 s 的比值）；

$$I = \frac{h_1 - h_2}{s} = \frac{h}{s}$$

土的渗透系数参考值见表 2-4。

表 2-4　　　　　　　　　　土的渗透系数 K 参考值

名称	渗透系数 K（m/d）	名称	渗透系数 K（m/d）
黏土	<0.005	中砂	5.0～20
粉质黏土	0.005～0.1	均值中砂	25～50
粉土	0.1～0.5	粗砂	20～50
黄土	0.25～0.5	圆砾	50～100
粉砂	0.5～1.0	卵石	100～500
细砂	1.0～5.0	无填充物卵石	500～1000

3. 土的含水率

土的含水率是指土中所含的水与土的固体颗粒质量之比的百分率（用质量分数表示符号为 w）其计算公式如下

$$w = \frac{m_w}{m_s} \times 100\% \qquad (2-8)$$

式中　w——水的质量分数（%）；

　　　m_w——土中水的质量，为含水土的质量与烘干后的土质量之差；

　　　m_s——土中固体颗粒的质量，为烘干后的土质量。

土的含水率与土方边坡的稳定性及回填土的质量有直接关系。各类土都存在一个最佳含水率，当土的含水率处于最佳时，回填土的密实度最大。

4. 土的压缩性

取土回填，经运输、填压以后，均会压缩，一般土的压缩性以土的压缩率表示，见表2-5。

表2-5　　　　　　　　　　　土的压缩率 P 的参考值

土的类别	土的名称	土的压缩率 （%）	每立方米松散土压实后的体积（m³）
一～二类土	种植土	20	0.80
	一般土	10	0.90
	砂土	5	0.95
三类土	天然湿度黄土	12 ～17	0.85
	一般土	5	0.95
	干燥坚实黄土	5～7	0.94

一般可按填方截面增加10%～20%方数考虑。

5. 土石的休止角

土石的休止角，是指在某一状态下的岩土体可以稳定的坡度，一般岩土的坡度见表2-6。

表2-6　　　　　　　　　　土 石 的 休 止 角

土的名称	干土		湿润土		潮湿土	
	角度（°）	高度与底宽比	角度（°）	高度与底宽比	角度（°）	高度与底宽比
砾石	40	1:1.25	40	1:1.25	35	1:1.50
卵石	35	1:1.50	45	1:1.00	25	1:2.75
粗砂	30	1:1.75	35	1:1.50	27	1:2.00
中砂	28	1:2.00	35	1:1.50	25	1:2.25
细砂	25	1:2.25	30	1:1.75	20	1:2.75
重黏土	45	1:1.00	35	1:1.50	15	1:3.75
粉质黏土、轻黏土	50	1:1.75	40	1:1.25	30	1:1.75
粉土	40	1:1.25	30	1:1.75	20	1:2.75
腐殖土	40	1:1.25	35	1:1.50	25	1:2.25
填方的土	35	1:1.50	45	1:1.00	27	1:2.00

2.2 土 的 分 类

2.2.1 地基土的分类

根据现行《建筑地基基础设计规范》（GB 50007—2011）标准规定，将承受建筑荷载的地基岩土划分为岩石、碎石土、砂土、粉土、黏性土和人工填土等几种。

（1）岩石的分类。岩石为颗粒间的牢固连接，呈整体或具有节理裂隙的岩体。作为建筑物地基，除应确定岩石的地质名称外，尚应按坚硬程度和完整程度划分。

岩石的坚硬程度可根据岩块的饱和单轴抗压强度 f_{rk} 的大小来划分，表2-7将其划分为坚硬岩、较硬岩、较软岩、软岩和极软岩。岩石根据风化程度可分为未风化、微风化、中风化、强风化和全风化。

表 2-7   岩石坚硬程度的划分

坚硬程度类别	坚硬岩	较硬岩	较软岩	软岩	极软岩
饱和单轴抗压强度标准值 f_{rk}（MPa）	$f_{rk}>60$	$60≥f_{rk}>30$	$30≥f_{rk}>15$	$15≥f_{rk}>5$	$f_{rk}≤5$

注：完整性指数为岩体纵波波速与岩块纵波波速之比的平方。选定岩体、岩块测定波速时应有代表性。

（2）碎石土的分类。粒径大于2mm的颗粒含量（质量分数）超过全重50%的土称为碎石土。碎石土可根据粒径分组含量和颗粒形状划分为漂石、块石、卵石、碎石、圆砾和角砾，详见表2-8。

表 2-8   碎石土的分类

分类名称	颗粒形状	颗粒级配
漂石	圆形及亚圆形为主	粒径大于200mm的颗粒含量超过全重50%
块石	棱角形为主	
卵石	圆形及亚圆形为主	粒径大于20mm的颗粒含量超过全重50%
碎石	棱角形为主	
圆砾	圆形及亚圆形为主	粒径大于2mm的颗粒含量超过全重50%
角砾	棱角形为主	

注：分类时应根据粒径组含量栏从上到下以最先符合者确定。

（3）砂土的分类。根据粒径的大小不同，砂土可分为五类，详见表2-9。

（4）黏性土的分类。可根据塑性指数 I_p 划分：黏性土为塑性指数 $I_p>17$ 的土；塑性指数 $I_p≤10$ 的土为粉土；$10<I_p≤17$ 的土为粉质黏土。

（5）粉土。粉土是指介于砂土与黏性土之间，其塑性指数 $I_p≤10$ 且粒径大于0.05mm的颗粒含量不超过全重 50%的土。

表 2-9   砂 土 分 类

分类名称	颗粒级配
砾砂	粒径大于 2mm 的颗粒含量占全重 25%~50%
粗砂	粒径大于 0.5mm 的颗粒含量超过全重 50%
中砂	粒径大于 0.25mm 的颗粒含量超过全重 50%
细砂	粒径大于 0.075mm 的颗粒含量超过全重 85%
粉砂	粒径大于 0.075mm 的颗粒含量不超过全重 50%

注：分类时应根据其粒径分组由大到小以最先符合者确定。

（6）人工填土。人工填土根据其组成和成因的不同，可分为素填土、压实填土、杂填土和冲填土。素填土是由碎石土、砂土、粉土、黏性土等组成的填土。经过压实或夯实的素填土为压实填土。杂填土是指含有建筑垃圾、工业废料和生活垃圾等杂物的填土。冲填土是由水力冲填泥砂形成的填土。

2.2.2 土的工程分类

土的工程分类是按照土的开挖难易程度划分的。我国现行劳动定额和预算定额将土分为八类，其中前面四类为土，后面四类为石，详见表 2-10。

表 2-10   土 的 工 程 分 类

土的分类	土的级别	包括的内容	坚实系数 f	密度（t/m³）	开挖工具及方法
一类土（松软土）	I	砂土、粉土、冲击砂土层、疏松的种植土、淤泥（泥炭）	0.5~0.6	0.6~1.5	用锹、锄头挖掘
二类土（普通土）	II	粉质黏土，潮湿的黄土，夹有碎石、卵石的砂，种植土，粉土，填土	0.6~0.8	1.1~1.6	用锹、锄头挖掘，少许用镐翻松
三类土（坚土）	III	软黏土及中等密实黏土，重粉质黏土，砾石土，干黄土及夹有卵石、碎石的黄土、粉质黏土，压实的填土	0.8~1.0	1.75~1.9	主要用镐，少许用锹、锄头挖掘，部分用撬棍
四类土（砂砾坚土）	IV	坚硬密实的黏性土或黄土，含碎石、卵石的黏性土或黄土，天然级配砂石，软泥灰岩	1.0~1.5	1.9	先用镐、撬棍，后用锹挖掘，部分用楔子及大锤
五类土（软石）	V~VI	硬质黏土、中密的页岩、泥灰岩、白垩土，胶结不紧的砾岩，软的石灰岩	1.5~4.0	1.1~2.7	用镐或撬棍、大锤挖掘，部分使用爆破方法
六类土（次坚石）	VII~IX	泥岩、砂岩、砾岩、坚实的页岩、泥灰岩、密实的石灰岩、风化花岗岩、片麻岩	4.0~10.0	2.2~2.9	用爆破方法开挖，部分用风镐
七类土（坚石）	X~XIII	大理石，辉绿岩，玢岩，粗、中粒花岗岩，坚实的白云岩、砂岩、砾岩、片麻岩、石灰岩，微风化安山岩，玄武岩	10.0~18.0	2.5~3.1	用爆破方法开挖

土的分类	土的级别	包括的内容	坚实系数 f	密度（t/m³）	开挖工具及方法
八类土 （特坚石）	XIV～XVI	安山岩、玄武岩、花岗片麻岩、坚实的细粒花岗岩、闪长岩、石英岩、辉长岩、 辉绿岩、玢岩、角闪岩	18.0～25.0以上	2.7～3.3	用爆破方法开挖

注：1. 土的级别相当于一般 16 级土石级别。

2. 坚实系数 f 相当于普氏强度系数。

2.3 土的现场鉴别方法

2.3.1 碎石土、砂土的现场鉴别方法

碎石土、砂土的现场鉴别方法见表 2-11。

表 2-11 　　　　　　　　　碎石土、砂土的现场鉴别方法

类别	土的名称	观察颗粒粗细	干燥时的状态及强度	潮湿时用手拍击状态	黏着程度
碎石土	卵（碎）石	一半以上颗粒超过 20mm	颗粒完全分散	表面无变化	无黏着感觉
	圆（角）砾	一半以上颗粒超过 2mm（小高粱粒大小）	颗粒完全分散	表面无变化	无黏着感觉
砂土	砾砂	约有 1/4 以上的颗粒超过 2mm（小高粱粒大小）	颗粒完全分散	表面无变化	无黏着感觉
	粗砂	约有一半以上的颗粒超过 0.5mm（细小米粒大小）	颗粒完全分散，但有个别的胶结在一起	表面无变化	无黏着感觉
	中砂	约有一半以上的颗粒超过 0.25mm（白菜籽粒大小）	颗粒基本分散，局部胶结，但一碰即散	表面偶有水印	无黏着感觉
	细砂	大部分颗粒与粗豆米粉（>0.074mm）近似	颗粒大部分分散，少量胶结，部分稍加碰撞即散	表面有水印（翻浆）	偶有轻微黏着感觉
	粉砂	大部分颗粒与大小米粉近似	颗粒少部分分散，大部分胶结，稍加压力可分散	表面有显著的翻浆现象	有轻微黏着感觉

2.3.2 黏性土的现场鉴别方法

黏性土的现场鉴别方法见表 2-12。黏性土和粉土的稠度鉴别方法见表 2-13。黏性土的潮湿程度鉴别方法见表 2-14。新近沉积黏性土的现场鉴别方法见表 2-15。

表 2-12 　　　　　　　　　　黏性土的现场鉴别方法

| 土的名称 | 潮湿时用刀切 | 湿土用手捻摸时的感觉 | 土的状态 | | 湿土捻条情况 |
			干土	湿土	
黏土	切面光滑,有黏刀阻力	有滑腻感,感觉不到有砂粒,水分较大,很黏手	土块坚硬,用锤才能打碎	易黏着物体,干燥后不易剥去	塑性大,能搓成直径小于 0.5mm 的长条(长度不短于手掌),手持一端不易断裂
粉质黏土	稍有光滑面,切面平整	稍有滑腻感,有黏滞感,感觉到有少量砂粒	土块用力可压碎	能黏着物体,干燥后较易剥去	有塑性,能搓成直径为 2~3mm 的土条
粉土	无光滑面,切面稍粗糙	有轻微黏滞感或无黏滞感,感觉到有较多砂粒、粗糙	土块用手捏或抛扔时易碎	不易黏着物体,干燥后一碰就掉	塑性小,能搓成直径为 2~3mm 的短条
砂土	无光滑面,切面粗糙	无黏滞感,感觉到全是砂粒、粗糙	松散	不能黏着物体	无塑性,不能搓成土条

表 2-13 　　　　　　　　　　黏性土和粉土的稠度鉴别方法

稠度状态	鉴别方法
坚硬	人工小钻钻探时很费力,几乎钻不进去,钻头取出的土样用手捏不动,加力不能使土变形,只能碎裂
硬塑	人工小钻钻探时较费力,钻头取出的土样用手捏时,只有用较大的力才略有变形并即碎裂松散
可塑	钻头取出的土样,手指稍微用力就能按入土中,土可捏成各种形状
软塑	可以把土捏成各种形状,手指按入土中毫不费力,钻头取出的土样还能成形
流塑	钻进很容易,钻头不易取出土样,取出的土已不能成形,放在手中也不易成块

表 2-14 　　　　　　　　　　黏性土的潮湿程度鉴别方法

土的潮湿程度	鉴别方法
稍湿的	经过扰动的土不易捏成团,易碎成粉末,放在手中不湿手,但感觉凉,而且感觉是湿土
很湿的	经过扰动的土能捏成各种形状,放在手中会湿手,在土面上滴水能慢慢渗入土中
饱和的	滴水不能渗入土中,可以看出孔隙中的水发亮

表 2-15 　　　　　　　　　　新近沉积黏性土的现场鉴别方法

沉积环境	颜色	结构性	含有物
河漫滩和山前洪、冲积扇(锥)的表层,古河道,已填塞的湖、塘、沟谷、河道泛滥区	颜色较深而暗,呈褐、暗黄或灰色,含有机物较多的带灰黑色	结构性差,用手扰动原状土时极易变软,塑性较低的土还有振动析水现象	在完整的沉积黏性土剖面中,无原生的粒状结核体,但可能含有圆形及亚圆形的钙质结核体(如姜结石)或贝壳等,在城镇附近可能含有少量碎砖、陶片或朽木等人类活动的遗物

2.3.3 　人工填土、淤泥、黄土、泥炭的现场鉴别方法

人工填土、淤泥、黄土、泥炭(腐殖土)的现场鉴别方法见表 2-16。

表 2-16　　　　　　　　　　人工填土、淤泥、黄土、泥炭的现场鉴别方法

土的名称	观察颜色	夹杂物质	形状（构造）	浸入水中的现象	湿土搓条情况	干燥后强度
人工填土	无固定颜色	砖瓦碎块、垃圾、炉灰等	夹杂物显露于外，构造无规律	大部分在水中变为稀软泥炭，其余部分为碎瓦、炉渣，可在水中单独出现	一般能搓成直径3mm 土条，但易断，遇有杂质甚多时，不能搓条	干燥后部分杂质脱落，故无定形，稍微施加压力即行破碎
淤泥	灰黑色有臭味	池、沼中有半腐朽的细小动植物遗体，如草根、小螺壳等	经仔细观察，可以发现有夹杂物，其构造常呈层状，但有时不明显	外观无明显变化，在水面出现气泡	一般淤泥质土接近于粉土，故能搓成直径3mm 土条（长至少30mm）容易断裂	干燥后体积显著收缩，强度不大，锤击时呈粉末状，用手指能捻碎
黄土	黄、褐两色的混合色	有白色粉末出现在纹理之中	夹杂物的常清晰显见，构造上有垂直大孔（肉眼可见）	即行崩散而分成散的颗粒集团，在水面上出现很多白色液体	搓条情况与正常的粉质黏土类似	一般黄土相当于粉质黏土，干燥后的强度很高，手指不易捻碎
泥炭	深灰或黑色	有半腐朽的动植物遗体，其含量（质量分数）超过60%	夹杂物有时可见构造无规律	极易崩碎，变为稀软泥炭，其余部分为植物根、动物残体、渣滓悬浮于水中	一般能搓成直径为1～3mm 土条，但残渣甚多时，仅能搓成直径3mm 以上的土条	干燥后大量收缩，部分杂质脱落，故有时无定形

2.4　特　殊　土

我国地质条件很复杂，常见的特殊土有湿陷性黄土、淤泥、膨胀土、季节性冻土、多年冻土、盐渍土等。

湿陷性黄土分布在甘肃、陕西、河南及山西和青海部分地区。有可见的大孔，含水率低，多分布在气候干燥地区。该土粉质含量多，孔隙比大于 1，遇水则沉陷，故称湿陷性土。在工程中除干燥车间外，通常要进行处理，消除湿陷性后才可作为天然地基。

淤泥及淤泥质土分布于沿海、沿湖地区，灰黑色，含有机质，孔隙比 1～2.7，抗剪强度变化幅度较大，地基承载力 30～100kPa，房屋沉降以数十厘米计，属高压缩性低强度的饱和软黏土。深基坑支护稳定性问题极为重要。

泥炭及泥炭化土为含腐化植物极高的不均匀性高压缩性土，含水率 100%～300%，密度很小，固体物质较少，几乎没有承载力，透水性尚好，排水较易，我国云贵山区有少量分布。

膨胀土分布于我国云南、广西、湖北、河南、安徽等十余省、直辖市、自治区。在膨胀土出露于地表的地方房屋损坏率大，尤以坡地房屋的损坏为最。

膨胀土有膨胀收缩性质，其主要因素是土中含有蒙脱石矿物，在无水补给或者没有水分转移的条件，它的性质不会发挥，即使有所发挥，也不会对建筑物造成危害。然而若外部条件发生改变，如施工供水、破坏植被、挖填方、气候干湿交替等都足以破坏土中水原有的平衡状态，使水分蒸发、转移，造成房屋上升、下降、水平移动等现象，由此引起房屋的损坏。治理原则在于控制影响内因的外部条件，如增加基础埋置深度，及时封闭裸露边坡，集中排

水都是有效的措施。

多年冻土及季节性冻土主要位于寒冷地区。冻深以上土层因土温低于 0℃，土中水结冰，冰的膨胀使土产生膨胀。待春天来临，土温上升，土中冰融，又造成土的融沉。常见的春天翻浆就是冰融现象造成的。除砂土的冻胀较小外，由于黏性土内黏粒矿物的吸附能力，具有转移水分的作用，凡地下水位离冻深线 2m 以内的土层都可能因水不断向低温转移而得到补给，产生强弱不等的冻胀现象。所以冻土并非土的本身具有的性质，而是气温变化在土中引起的水的物理变化造成的现象。防治措施最好的方法只有两条：一是将基础埋在冻深线以下；二是采用架空层或其他措施隔断一切热源、冷源对土的现状的影响。后者是在冻结深度较大或多年冻土区很有效的办法。

同理，在设计施工中由于对土的冻胀现象未加注意也可能造成人为冻害。如冷藏库未设架空层造成库内低温传给地基，引起冻害；冬季施工基坑开挖后未及时保温，造成基土冻胀等。

盐渍土：土中易溶盐超过 0.5%时即属盐渍土。常见的盐类为氯盐、碳酸盐和硫酸盐等，它对混凝土有侵蚀性。为防止腐蚀常在基础四周加涂沥青层。

可溶盐浸水后可溶解，硫酸盐吸水还有膨胀性。青海格尔木地区采用岩盐铺路，是在压实情况下进行的。

总之，土的分类可帮助我们根据其属性及时采取相应的措施。但是，土的成因复杂、地区性很强，分类可解决大部分设计施工问题，也制定了相应的规范。应当注意，还存在许多特殊问题，这就需要经过试验研究。例如，软土的性质有共性，但各地很不相同，不能照搬照抄。最好的方法是吸收当地成功的经验和失败的教训，根据工程要求加以深化。遇到疑难问题应由专门从事岩土工程的技术专家解决。

第3章 施 工 排 水

在土石方工程施工过程中，特别是在基坑开挖和基础施工时，会遇到大量的地表水和地下水，如不及时排除，就有可能造成土壁塌方、施工条件恶化；水浸入地基，还会降低地基的承载力，造成上部结构的不均匀沉降。因此，在施工过程中，施工排水是一个非常重要的环节。常用的施工排水可分为明排水法和人工降低地下水位法两种。

3.1 明 排 水 法

3.1.1 地表水明排水法

场地开挖常会遇到地表滞水大量渗入，造成场地浸水，破坏边坡稳定，影响施工正 常进行，因此必须做好现场场地的排水、截水，做到有组织排水。在施工时，一般应注意以几点。

（1）在现场应根据实际情况，修设临时或永久性排水沟、防洪沟或挡水堤。为节省费用，现场内外原有自然排水系统应尽可能保留或适当加以整修、疏导、改造，为己所用。

（2）基坑开挖过程中，应在地表流水的上游一侧设排水沟、散水沟或截水挡土堤，防止地表水流入基坑。

（3）施工现场道路两侧应设排水沟，一般排水沟截面尺寸不小于 500mm×500mm，沟底坡度为 2%～8%。

（4）在有条件时，先修建正式工程主干排水设施和管网，以方便排除地面滞水和基坑井点抽出的地下水。

（5）湿陷性黄土地区，应防止基坑受水浸泡，造成地基下陷，现场必须设置临时或永久性的排洪防水设施，以防基坑受水浸泡，造成地基下陷。现场的储水构筑物、排水沟等均应有防漏水措施，并与建筑物保持一定的安全距离。安全距离：一般在非自重湿陷性黄土地区应不小于12m，在自重湿陷性黄土地区应不小于20m；搅拌站设置离建筑物应不小于10m。建筑物的四周，非自重湿陷性黄土地区在15m以内，对自重湿陷性黄土地区在25m以内不应设有集水井。需要浇水的建筑材料，宜堆放在距基坑5m之外，并严防水流入基坑内。

3.1.2 地下水明排水法（集水井降水法）

在基坑（槽）开挖过程中，经常会遇到地下水问题。由于地下水的存在，土方开挖困难，边坡容易塌方，而且会导致地基被水浸泡，扰动地基土，造成工程竣工后建筑物的不均匀沉降，甚至使建筑物开裂或破坏。因此，基坑（槽）开挖施工中，应根据工程地质和地下水文情况，采取措施有效地降低地下水位，以保证工程质量和工程的顺利进行。

开挖基坑（槽）时降低地下水位的方法很多，一般可分为集水井降水法（又称明排水）和井点降水法两大类，其中以集水井降水法为施工中应用最为广泛、简单、经济的方法，各种井点降水主要应用于大面积深基坑降水。

1. 集水井与明沟

集水井降水法，其做法是在开挖基坑的一侧、两侧或四侧，或在基坑中部设置排水明沟，在四角或每隔 20～40m 处设一集水井，使地下水流汇集于集水井内，再用水泵将地下水排出基坑外，如图 3-1 所示。

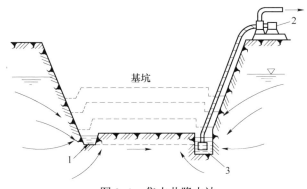

图 3-1　集水井降水法
1—排水沟；2—水泵；3—集水井

集水井截面为（0.6m×0.6m）～（0.8m×0.8m）；井壁用木方、木板支撑加固。基底以下井底应填以 200mm 厚碎石或卵石，水泵抽水龙头应包以滤网，防止泥砂进入水泵。抽水应连续进行，直至基础施工完毕，回填土后才停止。

排水沟深度应始终保持比挖土面低 0.4～0.5m；集水井应比排水沟低 0.5～1.0m，或深于抽水泵进水阀的高度，并随基坑的挖深而加深，保持水流畅通，使地下水位低于开挖基坑底 0.5m。

一侧排水沟应设在地下水的上游。一般小面积基坑排水沟深 0.3～0.6m，底宽应不小于 0.2～0.3m，水沟的边坡为 1.1～1.5，沟底设有 0.2%～0.5% 的纵坡。较大面积基坑排水，常用排水沟截面尺寸可参考表 3-1。

表 3-1　　　　　　　　　　　　基坑（槽）排水沟常用截面

图　示	基坑面积（m²）	截面符号	粉质黏土			黏土		
			地下水位以下的深度（m）					
			4	4～8	8～12	4	4～8	8～12
	5000 以下	a	0.5	0.7	0.9	0.4	0.5	0.6
		b	0.5	0.7	0.9	0.4	0.5	0.6
		c	0.3	0.3	0.3	0.2	0.3	0.3

图 示	基坑面积（m²）	截面符号	粉质黏土			黏土		
			地下水位以下的深度（m）					
			4	4～8	8～12	4	4～8	8～12
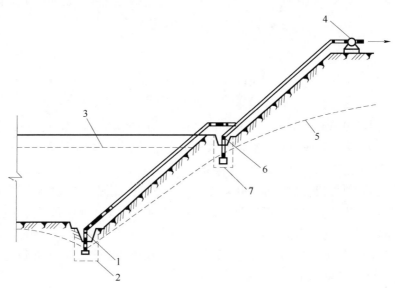	5000～10 000	a	0.8	1.0	1.2	0.5	0.7	0.9
		b	0.8	1.0	1.2	0.5	0.7	0.9
		c	0.3	0.4	0.4	0.3	0.3	0.3
	10 000 以上	a	1.0	1.2	1.5	0.6	0.8	1.0
		b	1.0	1.2	1.5	0.6	0.8	1.0
		c	0.4	0.4	0.5	0.3	0.3	0.4

本方法施工方便，设备简单，降水费用低，管理维护较易，应用最多。适用于土质情况较好、地下水不多、一般基础及中等面积基础群和建（构）筑物基坑（槽、沟）的排水。

当基坑开挖土层由多种土组成，其中部夹有透水性强的砂类土时，为避免上层地下水冲刷基坑下部边坡，造成塌方，可采用分层明沟排水的办法，即在基坑边坡上设置2～3层明沟及相应的集水井，分层阻截并排除上部土层中的地下水，如图3-2所示。

图3-2　分层明沟排水法

1—底层排水沟；2—底层集水井；3—原地下水位；4—水泵；5—降低后地下水位；
6—二层排水沟；7—二层集水井

在场地狭窄、地下水很大的情况下，设置明沟比较困难，可在基础底板四周设置暗沟（又称盲沟）排水。挖土时先挖排水沟，随挖随加深，形成连通基坑内外的暗沟排水系统，以控制地下水位，挖至基础底板标高后做成暗沟。

暗沟的底宽一般为300～500mm，深500～700mm。沟底采用混凝土找坡，坡度不小于5%；沟内用卵石外裹中、粗砂填满，以保持地下水渗流通畅；沟上，基础垫层底铺油毡隔离。

2. 集水井施工和维护

为防止排水沟和集水井在使用过程中出现渗透现象，施工中可在底部浇筑素混凝土垫层，在沟两侧采用水泥砂浆护壁。土方施工过程中，应注意定期清理排水沟中淤泥，以防止排水沟堵塞。另外还要定期观测排水沟是否出现裂缝，及时修补，避免渗漏。

3. 排水机具的选用

在基坑施工中，排水用的水泵主要有离心泵、潜水泵和软轴水泵等。选用水泵时，一般取水泵的排水量为基坑涌水量的 $1.5 \sim 2$ 倍。当基坑涌水量 $Q < 20\text{m}^3/\text{d}$ 时，可用隔膜式泵或潜水泵；当基坑涌水量 $Q = 20 \sim 60\text{m}^3/\text{d}$，可用隔膜式泵、离心泵或潜水泵；当基坑涌水量 $Q > 60\text{m}^3/\text{d}$，多用离心泵。

3.2　人工降低地下水位（井点降水法）

在地下水丰富的土层中开挖基坑时，如采用一般的集水井排水方法，常会出现严重的翻浆、冒泥、流砂现象，不仅使基坑无法挖深，而且还会造成大量水土流失，边坡失稳或附近地面塌陷，严重时还会影响邻近建筑物的安全。在此这种情况下，一般应采用人工降低地下水位的方法施工，即井点降水法。

常用的各种井点降水法，是在基坑开挖前，沿基坑的四周或一侧、二侧埋设一定数量深于坑底的井点滤水管或管井，以总管连接或直接与抽水设备连接从中抽水，使地下水位降低到基坑底 $0.5 \sim 1.0\text{m}$ 以下，以便在无水干燥的条件下开挖土方和进行基础施工，避免大量涌水、冒泥、翻浆；在粉细砂、粉土地层中开挖基坑时，采用井点法降低地下水位，可防止流砂现象的发生；此外，井点降水还可大大改善施工操作条件，提高工效，加快工程进度。但井点降水设备一次性投资较高，运转费用较大，施工中应合理地选择和布置井点降水设备，并适当地安排工期，以减少作业时间，降低排水费用。

井点降水方法有轻型井点、喷射井点、电渗井点、管井井点、深井井点、无砂混凝土管井点及小沉井井点等。可根据土的种类、透水层位置及厚度、土层的渗透系数、水的补给源、井点布置形式、要求降水深度、工程特点、场地及设备条件，以及施工技术水平等情况，做出技术经济和节能比较后确定，选用一种或两种，或井点与明排综合使用。表 3–2 为各种井点适用的土层渗透系数和降水深度情况，可供选用参考。

表 3–2　　　　　　　　　　各种井点的适用范围

项　　次	井点类别	土层渗透系数（m/d）	降低水位深度（m）
1	单层轻型井点	0.5～80	3～6
2	多层轻型井点	0.1～80	6～9
3	喷射井点	0.1～50	8～20
4	电渗井点	<0.1	5～6
5	深井井点	10～80	>15
6	管井井点	20～200	3～5

3.2.1　轻型井点

轻型井点是在基坑的四周或一侧埋设直径较细的井点管,沉入深于基坑底的含水层内,井点管的上端通过连接弯管与集水总管连接,集水总管再与真空泵和离心泵相连。启动抽水设备,地下水便在真空泵吸力的作用下,经滤水管进入井点管和集水总管,排除空气后,由离心泵的排水管排出,使地下水位降到基坑底以下,如图 3-3 所示。该方法的优点是机具简单、使用灵活、装拆方便,降水效果好,可防止流砂现象发生,提高边坡稳定性,费用较低等;但需配置一套井点设备,特别适于土层中含有大量的细砂和粉砂等情况下使用。

1. 主要机具设备

轻型井点系统主要机具设备由井点管、连接管、集水总管及抽水设备等组成。

井点管采用直径 38～55mm 的钢管(或镀锌钢管),长度 5～7m,管下端配有滤管和管尖,其构造如图 3-4 所示。滤管直径常与井点管相同,长度一般为 0.9～1.7m。管壁上由梅花形钻,钻直径为 10～18mm 的孔,管壁外包两层滤网,内层为细滤网,采用 30～50 孔/cm² 网眼的黄铜丝布、生丝布或尼龙丝布;外层为粗滤网,采用 3～10 孔/cm² 网眼的铁丝布或尼龙丝布或棕树皮。为避免滤孔淤塞,在管壁与滤网间用铁丝绕成螺旋状隔开,滤网外面再围一层 8 号粗铁丝保护层。滤管下端有一个锥形的铸铁头。井点管的上端用弯管与总管相连。

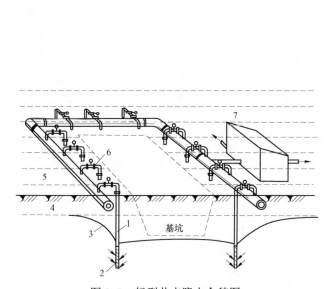

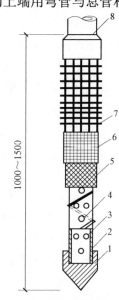

图 3-3　轻型井点降水全貌图

1—井点管;2—滤管;3—降低后的地下水位线;4—原地下水位线;5—集水总管;6—连接弯管;7—水泵房

图 3-4　滤管构造图

1—铸铁头;2—钢管;3—滤孔;4—缠绕的塑料管;5—细滤网;6—粗滤网;7—粗铁丝保护网;8—井点管

连接管用塑料透明管、橡胶管或钢管制成,直径为 38～55mm,每个连接管均宜装设阀门,以便检修井点。集水总管一般用直径为 75～100mm 的钢管分节连接,每节长 4m,一般每隔 0.8～1.6m 设一个连接井点管的接头。

轻型井点根据抽水机组类型不同,分为真空泵轻型井点、射流泵轻型井点和隔膜泵轻型井点三种,其中前面两种井点应用最普遍。

真空泵轻型井点由一台真空泵、三台(一台备用)离心式泵和一台气水分离器组成一套抽水机组,如图3-5所示。这种设备形成真空度高(67~80MPa),带井点数多(60~70根),降水深度较大(5.5~6.0m);但设备较复杂,易出故障,维修管理困难,耗电量大,适于重要的较大规模的工程降水。

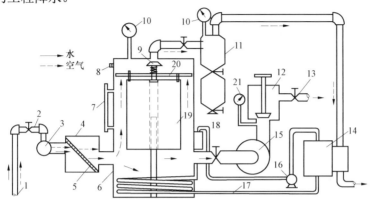

图3-5 真空泵轻型井点设备工作简图

1—井点管;2—连接弯管;3—总管;4—过滤箱;5—过滤网;6—水气分离器;7—水位表;8—真空调节阀;9—阀门;
10—真空表;11—副水气分离器;12—压力箱;13—出水箱;14—真空泵;15—离心泵;16—冷却泵;17—冷却水管;
18—冷却水箱;19—浮筒;20—挡水布;21—压力表

射流泵轻型井点设备由离心泵、射流泵(射流器)、水箱等组成,如图3-6所示。系由高压水泵供给工作水,经射流泵后产生真空,引射地下水流。其设备构造简单,易于加工制造,效率较高,降水深度较大(可达9m),操作维修方便,经久耐用,耗能少,费用低,应用趋广,是一种有发展前途的降水设备。

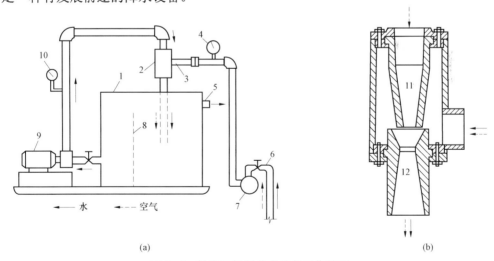

(a)　　　　　　　　　　　　　　　　　(b)

图3-6 射流泵轻型井点设备工作简图

(a)总图;(b)射流泵剖面图

1—循环水箱;2—射流泵;3—进水管;4—真空表;5—泄水口;6—井点管;7—总管;
8—隔板;9—离心泵;10—压力表;11—喷嘴;12—喉管

隔膜泵轻型井点分为真空型、压力型和真空压力型三种。前两者由真空泵、隔膜泵、气液分离器等组成;真空压力型隔膜泵则兼有前两者特性,可一机代三机。其设备也较简单,易于操作维修,耗能较少,费用较低,但形成真空度低(56～64MPa),所带井点较少(20～30根),降水深度为4.7～5.1m,适于降水深度不大的一般性工程采用。

三种轻型井点配用功率、井点根数和集水管长度参见表3–3。

表3–3　　　　　　　各种轻型井点配用功率、井点根数和总管长度参考表

轻型井点类别	配用功率(kW)	井点根数(根)	总管长度(m)
真空泵轻型井点	18.5～22.0	80～100	96～120
射流泵轻型井点	7.5	30～50	40～60
隔膜泵轻型井点	3.0	50	60

2. 井点布置

(1)平面布置。井点的平面布置应根据基坑平面形状及其大小、地质和水文情况、工程性质、降水深度等而定。

当基坑(或沟槽)宽度小于6m,且降水深度不超过5m时,可采用单排井点,将井点布置在地下水流的上游一侧,其两端的延伸长度一般不宜小于基坑(槽)的宽度,如图3–7所示。

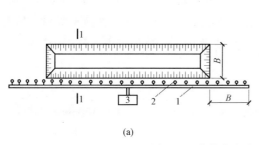

图3–7　单排井点布置图

(a)平面布置;(b)高程布置

1—总管;2—井点管;3—抽水设备

如当基坑宽度大于6m,或土质不良,渗透系数较大时,宜采用双排井点。

当基坑面积较大时,宜采用环行井点布置(图3–8);有时了为施工方便,挖土运输设备出入道可不封闭,留在地下水下游方向。井点管距离基坑壁约1m,间距一般为0.8～1.6m。靠近河流处与总管四角部位,井点应适当加密。

(2)高程布置。集水总管标高应尽量接近地下水位线并沿抽水水流方向有0.25%～0.5%的上仰坡度,水泵轴心与总管齐平。井点管的埋置深度应根据降水深度及储水层所在位置决定,但滤水管必须埋入含水层内,并且比基坑(槽)底深0.9～1.2m。

轻型井点的降水深度一般不大于6m,因此,井点的埋置深度应加以注意。井点的埋置深度H可按下式计算

$$H \geqslant H_1 + h + iL \qquad (3-1)$$

式中 H ——井点管的埋置深度（m）；

H_1 ——井点管埋设面至基坑底面的距离（m）；

H ——基坑中央最深挖掘面至降水曲线最高点的安全距离（m），一般为 0.5～1.0m，人工开挖取下限，机械开挖取上限；

L ——井点管中心至基坑中心的短边距离（m）；

i ——降水曲线坡度，与土层渗透系数、地下水流量等因素有关，根据扬水试验和工程实测确定：对单排布置可取 1/4～1/5；双排布置可取 1/7～1/8；环状布置取 1/8～1/10。

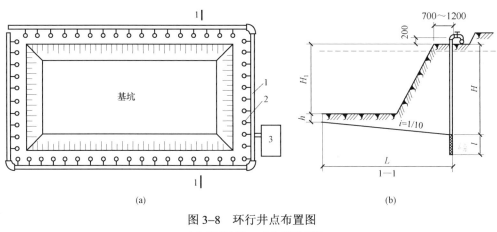

图 3-8 环行井点布置图

（a）平面布置；（b）高程布置

1—总管；2—井点管；3—抽水设备

井点应露出地面高度，一般取 0.2～0.3m。

实际工程中，井点管多为长度一定的标准管，通常根据给定的井点管长度来验算 h，验算公式如下

$$h = h' - 0.2 - H_1 - iL$$

式中 h' ——井点管长度（m）；

0.2——井点管露出地面长度（m）；

若 $h \geqslant 0.5～1.0$m，则可以满足使用要求。

一套抽水设备的总管长度一般不大于 100～120m。当主管过长时，可采用多套抽水设备；井点系统可以分段，各段长度应大致相等，宜在拐角处分段，以减少弯头数量，提高抽吸能力；分段宜设阀门，以免管内水流紊乱，影响降水效果。

真空泵由于考虑水头损失，一般降低地下水深度只有 5.5～6m。当一级轻型井点不能满足降水深度要求时，可采用明沟排水与井点相结合的方法，将总管安装在原有地下水位线以下，或采用二级轻型井点排水（降水深度可达 6～9m），即先挖去第一级井点排干的土，然后再在坑内布置埋设第二级井点（图 3-9），以增加降水深度。抽水设备宜布置在地下水的上游，并设在总管的中部。

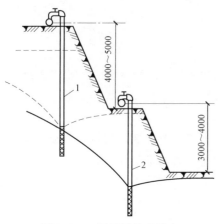

图 3-9　二级轻型井点降水
1—第一层井点管；2—第二层井点管

3. 井点施工工艺程序

放线定位→铺设总管→冲孔→安装井点管、填砂砾滤料、上部填黏土密封→用连接弯管将井点管与总管接通→安装抽水设备与总管连通→安装集水箱和排水管→开动真空泵排气、再开动离心水泵抽水→测量观测井中地下水位变化。

4. 井点管埋设

井点管埋设方法，可根据土质情况、场地和施工条件，选择适用的成孔机具和方法。常用的井点管成孔方法有水冲法、射水法、套管法、套管水冲法等，其工艺方法基本都是用高压水冲刷土体，用冲管扰动土体助冲，将土层冲成圆孔后埋设井点管，只是冲管构造有所不同。

所有井点管在地面以下 0.5～1.0m 的深度内，用黏土填实，以防漏气。井点管埋设完毕，应接通总管与抽水设备，接头要严密，并进行试抽水，检查有无漏气、淤塞，以及出水是否正常等情况。如有异常情况，应检修好方可使用。

5. 井点管使用

井点管使用时，应保证连续不断地抽水，并备用双电源，以防断电。一般在抽水 3～5d 后水位降落，漏斗基本趋于稳定。正常出水规律是"先大后小，先浑后清"。如不上水，或水一直较浑，或出现清后又浑等情况，应立即检查纠正。真空度是判断井点系统良好与否的尺度，应经常观测，一般应不低于 55.3～66.7kPa。如真空度不够，通常是管路漏气所致，应及时修好。井点管淤塞，可通过听管内水流声，手触管壁感受振动，夏冬季时期手摸管子冷热、潮干等简便方法进行检查。如井点管淤塞太多，严重影响降水效果时，应逐个用高压水反冲洗井点管或拔出井点管重新埋设。

地下构筑物竣工并进行回填土后，方可拆除井点系统，拔出可借助于倒链或杠杆式起重机，所留孔洞用砂或土堵塞。对地基有防渗要求时，地面下 2m 范围内应用黏土填实。

井点降水时，应对水位降低区域内的建筑物进行沉陷观测，发现沉陷或水平位移过大时，应及时采取防护技术措施。

6. 轻型井点计算

轻型井点计算的主要内容包括根据确定的井点系统的平面和竖向布置图，计算井点系统涌水量，计算确定井点管数量与间距，校核水位降低数值，选择抽水设备和井点管的布置等。井点计算由于受水文地质和井点设备等多种因素的影响，计算的结果只是近似的，重要工程的计算结果应经现场试验进行修正。

（1）涌水量计算。井点系统涌水量是以法国水力学家裘布依的水井理论为依据的。水井根据其井底是否达到不透水层分为完整井和非完整井；井底达到不透水层的称为完整井，井底达不到不透水层的称为非完整井。根据地下水有无压力又分为：布置在两层不透水层之间充满水的含水层内、地下水有一定压力的称为承压井；凡水井布置在无压力的含水层内的，称无压井。其中以无压完整井的理论较为完善，应用较普遍。

无压完整井井点（环形井点系统）涌水量计算 [图 3–10（a）] 无压完整井涌水量可用下式计算

$$Q = 1.366K \frac{(2H-s)s}{\lg(R+x_o) - \lg x_o} \tag{3-2}$$

式中 Q ——井点系统总涌水量（m³/d）；

  K ——渗透系数（m/d）；

  H ——含水层厚度（m）；

  s ——水位降低值（m）；

  R ——抽水影响半径（m）；

  x_o ——基坑假象半径（m）。

无压非完整井井点系统涌水量计算 [图 3–10（b）]，仍可采用式（3–2），但式中 H 应换成有效带深度 H_0，H_0 系经验数值可由表 3–4 查得。

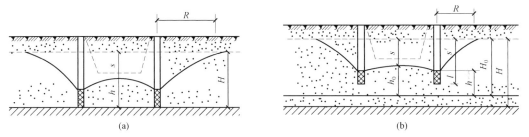

图 3–10 无压完整井与无压非完整井涌水量计算简图

（a）无压完整井；（b）无压非完整井

表 3–4 H_0 值

$s'/(s'+l)$	0.2	0.3	0.5	0.8
H_0	1.3 $(s'+l)$	1.5 $(s'+l)$	1.7 $(s'+l)$	1.84 $(s'+l)$

注：$s'/(s'+l)$ 的中间值可采用插入法求 H_0。

计算涌水量时，需要预先确定 x_0、R、K 值。

1）基坑假想半径 x_0 的计算（又称引用半径）。对矩形基坑，其长度与宽度之比不大于 5 时，可将不规则平面形状化成一个假想半径为的圆井进行计算

$$x_0 = \sqrt{\frac{A}{\pi}} \tag{3-3}$$

式中 A ——基坑的平面面积（m²）；

  π ——圆周率，取 3.14。

2）渗透系数 K 的确定。渗透系数 K 值确定是否准确，对计算结果影响很大，一般可根据地质报告提供的数值或参考表 2–8 所列的 K 值。K 值的确定也可用现场抽水试验或通过实验室测定，对于重大工程，宜采用现场抽水试验以获得较准确的值。

3）抽水影响半径 R 的计算。抽水影响半径 R，一般做现场井点抽水试验确定。井点系统抽水后地下水受到影响而形成降落曲线，降落曲线稳定时的影响半径即为计算用的抽水影响半径 R，可按下式计算

$$R = 1.95s\sqrt{HK}$$ （3-4）

式中　s、H、K、R——意义均与前相同。

（2）确定井点管数量与间距。

1）井点管需要根数计算。井点管需要根数 n 可按下式计算

$$n = m\frac{Q}{q}$$ （3-5）

式中　q——单根井点管出水量（m^3/d），按下式求得

$$q = 65\pi dl^3\sqrt{K}$$ （3-6）

　　　　d——滤管直径（m）；

　　　　l——滤管长度（m）；

　　　　K——渗透系数（m/d）；

　　　　m——井点备用系数，考虑堵塞等因素，一般取 $m = 1.1$。

2）井点管间距计算。可根据井点系统布置方式按下式计算

$$D = \frac{2(L+B)}{n-1}$$ （3-7）

式中　L、B——矩形井点系统的长度和宽度（m）。

求出的管距应大于 $15d$（如井点管太密，会影响抽水效果），并应符合总管接头的间距（0.8m、1.2m、1.6m）。

（3）抽水设备的确定。一般按涌水量、渗透系数、井点管数量与间距、降水深度及需用水泵功率等综合数据来选定水泵的型号（包括流量、扬程、吸程等）。

【例3-1】某基坑工程，基底的平面尺寸为40m×20m，底面标高为-7.00m（地面标高为±0.00）。已知地下水位面标高为-3.00m，土层渗透系数 k=15m/d，-15m 以下为不透水层，基坑边坡坡度为1:0.5。采用轻型井点降水，其井管长度为6m，滤管长度为1m，管径为38mm；总管直径为100mm，每节长4m，与井点管接口的间距为1m。井点管距基坑的边缘为1m。试进行降水设计。

解　（1）井点的布置。

1）平面布置。基坑宽度为 20 m（大于 6 m），深度为 7 m（大于 5 m），且面积较大，故宜采用环形布置。

2）高程（竖向）布置。

$$h_1 = h' - 0.2 - H_1 - iL$$
$$= 6 - 0.2 - 7 - 0.1 \times \left(\frac{20}{2} + 7 \times 0.5 + 1\right)$$
$$= -2.65\text{m} < 0.5\text{m}$$

不满足要求，井点高程布置如图 3-11 所示。

若采用降低总管埋设面的办法，先将基坑开挖至标高为-3.00 m 处，再埋设井点，井点高程布置如图 3-12 所示。

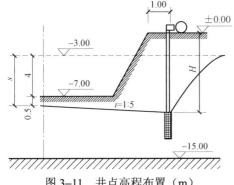
图 3-11　井点高程布置（m）

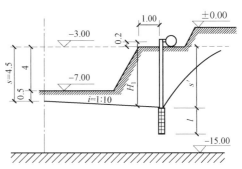
图 3-12　降低埋设面后的井点高程布置（m）

此时有

$$h_1 = h' - 0.2 - H_1 - iL$$

$$= 6 - 0.2 - (7-3) - 0.1 \times \left(\frac{20}{2} + 4 \times 0.5 + 1 \right)$$

$$= 0.5\text{m}$$

满足要求。

（2）涌水量计算。

1）判断井型。取滤管长度 $l = 1\text{m}$，则滤管底可达到的深度为

$$3 + 4 + 0.5 + 0.1 \times \left(\frac{20}{2} + 4 \times 0.5 + 1 \right) + 1 = 9.8\text{m} < 15\text{m}$$

未达到不透水层，此井为无压非完整井。

2）计算抽水有效影响深度。单井井点管中心处水位降落值

$$s' = 6 - 0.2 = 5.8\text{m}$$

$$\frac{s'}{s'+l} = \frac{5.8}{5.8+1} = 0.85$$

经查表 3-4 知

$$H_0 = 1.84（s'+l）= 1.84 \times （5.8+1）= 12.51\text{m} > H_{水} = 15-3 = 12\text{m}$$

H 为潜水含水层厚度，故按实际情况取 $H_0 = H_{水} = 12\text{m}$。

3）计算井点系统的假想半径。井点管包围的面积

$$F = 46 \times 26 = 1196\text{m}^2$$

且长宽比小于或等于 5，所以

$$x_0 = \left(\frac{F}{\pi} \right)^{\frac{1}{2}} = \left(\frac{1196}{\pi} \right)^{\frac{1}{2}} = 19.51（\text{m}）$$

4）计算抽水影响半径 R。

$$R = 19.5s(H_0 k)^{\frac{1}{2}} = 1.95 \times 4.5 \times (12 \times 15)^{\frac{1}{2}} = 117.7m$$

此时 s 为假想的大单井中心处水位降落值。

5）计算涌水量 Q。

$$Q = 1.336k \frac{(2H_0 - s)s}{\lg(R + x_0) - \lg x_0} = 1.366 \times 15 \times \frac{(2 \times 12 - 4.5) \times 4.5}{\lg 117.7 - \lg 19.51} = 2302.9m^3/d$$

（3）确定井点管数量及井距。

1）单管的极限出水量。井点管单管的极限出水量为

$$q = 65\pi dl k^{\frac{1}{3}} = 65 \times \pi \times 0.038 \times 1 \times 15^{\frac{1}{3}} = 19.1m^3/d$$

2）井点管最少数量。所需井点管量少数量 n_{min} 为

$$n_{min} = \frac{Q}{q} = \frac{2302.9}{19.1} = 120.5根$$

3）最大井距 D_{max}。井点包围面积的周长为

$$L = (46+26) \times 2 = 144m$$

井点管最大间距为

$$D_{max} = \frac{L}{n_{min}} = \frac{144}{120.5} = 1.19m$$

4）井距及井点数量。按照井距的要求，并考虑总管接口间跑为 1m，则井距确定为 1m。故实际井点数为

$$n = 144 \div 1 = 144（根）> 1.1 \times 120.5 = 132.55（根）$$

3.2.2　喷射井点

喷射井点降水是在井点管内部装设特制的喷射器，用高压水泵或空气压缩机通过井点管中的内管向喷射器输入高压水（喷水井点）或压缩空气（喷气井点）形成水气射流，将地下水经井点外管与内管之间的间隙被抽出排走。本法设备较简单，排水深度大，其一层降水深度可达 8～20m，比多层轻型井点降水设备少，基坑土方开挖量少，施工快，费用低。适于基坑开挖较深、降水深度大于 6m、土渗透系数为 3～50m/d 的砂土或渗透系数为 0.1～3m/d 的粉砂、淤泥质土、粉质黏土中使用。

1. 井点设备

喷射井点根据其工作时使用的喷射介质的不同，分为喷水和喷气井点两种。其主要设备由喷射井管、高压水泵（或空气压缩机）和管路系统组成。

（1）喷射井管。喷射井管分内管和外管两部分，内管下端装有喷射器，并与滤管相接。如图 3–13 所示，喷射器由喷嘴、混合室、扩散室等组成。工作时，用高压水泵（或空气压缩机）把压力 0.7～0.8MPa（0.4～0.7MPa）的水经过总管分别压入井点管中，使水经过内外管

之间的环形空隙进入喷射器。由于喷嘴处截面突然缩小，喷射出的流速突然增大，高压水流高速进入混合室，使混合室内压力降低，形成瞬时真空。在真空吸力作用下，地下水经过滤管被吸收到混合室，与混合室的高压水流混合，流入扩散室中。由于扩散室的截面顺着水流方向逐渐扩大，水流速度相应减少，而水的压力却又逐渐增高，因而压迫地下水沿着井管上升流到循环水箱。其中一部分水用低压水排走，另一部分重新用高压水泵压入井点管作为高压工作水使用。如此循环作业，将地下水不断从井点管中抽走，使地下水逐渐下降，达到设计要求的降低水位深度。

（2）高压水泵。用 6SH6 型或 150S78 型高压水泵（流量 140～150m³/h，扬程 78m）或多级高压水泵（流量 50～80m³/h，压力 0.7～0.8MPa）1～2 台，每台可带动 25～30 根喷射井点管。

（3）循环水箱。用钢板制成，尺寸为 2.5m×1.45m×1.2m。

（4）管路系统。管路系统包括进水、排水总管（直径为 150mm，每套长 60m）接头、阀门、水表、溢流管、调压管等管件、零件及仪表。

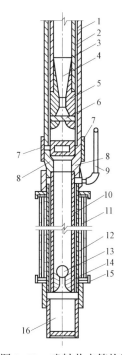

图 3-13　喷射井点管构造

1—外管；2—内管；3—喷射器；
4—扩散管；5—混合室；6—喷嘴；
7—缩节；8—连接座；9—真空测定管；
10—滤管芯管；11—滤管有孔套管；
12—滤管外缠绕网及保护网；13—逆止球阀；
14—逆止阀座；15—护套；16—沉泥管

2. 井点布置

喷射井点管的布置和埋设方法及要求与轻型井点基本相同。基坑面积较大时，采用环形布置；基坑宽度小于 10m，采用单排线型布置；大于 10m 时做双排布置。喷射井管间距一般为 2～3.5m；采用环形布置，进出口（道路）处的井点间距为 5～7m。冲孔直径为 400～600m，深度比滤管底深 1m 以上。

3. 施工工艺程序

设置泵房，安装进、排水总管→水冲洗或钻孔法成井→安装喷射井点管填滤料→接通进水，排水总管，并与高压水泵或空气压缩机接通→将各井点管的外管管口与排水管接通，并通到循环水箱→启动高压水泵或空气压缩机抽取地下水→用离心泵排除循环水箱中多余的水→测量观测井中地下水位。

喷射井点的涌水量计算及确定井点管数量与间距、抽水设备等均与轻型井点计算相同。

3.2.3　电渗井点

在饱和黏性土中，特别是在淤泥和淤泥质黏土中，由于土的渗透系数很小（小于 0.1m/d），使用重力或真空作用的一般轻型井点降水，效果很差，此时宜采用电渗井点排水，后者是利用黏性土中的电渗现象和电泳特性，使黏性土空隙中的水流动加快，起到一定的疏干作用，从而使软土地基排水效率得到提高。本法一般与轻型井点或喷射井点结合使用，除有与一般井点相同的优点（如设备简单、施工方便、效果显著等）外，还可用于渗透系数很小（0.1～0.002m/d）的黏土和淤泥中，效果良好。同时与电渗一起产生的电泳作用，能使阳极周围土体加密，并可防止黏土颗粒淤塞井点管的过滤网，保证井点正常抽水。另外，比轻型井点增加的费用甚微（平均每立方米土方增加电渗费 0.5～1.0 元）。

1. 井点设备及布置

电渗排水是利用井点管（轻型井点或喷射井点管）本身作阴极，沿基坑（槽、沟）外围布置；用钢管（直径 50～70mm）或钢筋（直径 25mm 以上）作阳极，埋设在井点管环圈内侧 1.25m 处，外露在地面上 20～40cm，其入土深度应比井点管深 50cm，以保证水位能降到所要求的深度。阴阳极本身的间距，采用轻型井点作阳极一般为 0.8～1.0m；采用喷射井点时为 1.2～1.5m，并成平行交错排列，阴阳极的数量宜相等，必要时阳极数量可多于阴极数量，阴、阳极分别用 BX 型铜芯橡胶线或扁钢、钢筋等连成通路，并分别接到直流发电机的相应电极上，一般常用功率为 9.6～55kW 的直流电焊机代替直流发电机使用。

2. 井点埋设与使用

（1）电渗井点埋设程序一般是先埋设轻型井点或喷射井点管。预留出布置电渗井点阴极的位置，待轻型井点降水不能满足降水要求时，再埋设电渗阴极，以改善降水性能。

（2）电渗井点阴极埋设与轻型井点、喷射井点相同，阳极埋设可用 75mm 旋叶式电钻钻孔埋设，钻进时加水或高压空气循环排泥，阳极就位后，利用下一钻孔排出泥浆倒灌填孔，使阳极与土接触良好，减少电阻，有利于电渗。如深度不大，亦可用锤击方法打入。钢筋埋设须垂直，严禁与相邻阴极相碰，以免造成短路，损坏设备。

（3）使用时工作电压不宜大于 60V，土中通电的电流密度宜为 0.5～1.0A/m²。

（4）电渗降水时，为清除由于电解作用产生的气体聚集在电极附近及表面，而使土体电阻加大，电能消耗增加，应采用间歇通电方式，即通电 24h 后，停电 2～3h，再起电。

3.2.4 深井井点

深井井点降水是在深基坑的周围埋置深于基底的井管，通过设置在井管内的潜水电泵将地下水抽出，使地下水位低于坑底。本法的优点是排水量大，降水深（> 15m），不受吸程限制，排水效果好；井距大，对平面布置的干扰小；可用于各种情况，不受土层限制；成孔（打井）用人工或机械均可，较易于解决；井点制作、降水设备及操作工艺、维护均较简单，施工速度快；如果井点管采用钢管、塑料管，可以整根拔出重复使用；单位降水费用较轻型井点低。但一次性投资大，成孔质量要求严格，降水完毕，井管拔出较困难。该法适于渗透系数较大（10～250m/d），土质为砂类土，地下水丰富，降水深，面积大，时间长的情况。降水深度可达 50m 以内，在有流砂的地区和重复挖填土方地区使用，效果尤佳。

1. 井点系统设备

由深井井管和潜水泵等组成。

（1）井管。由滤水管、吸水管和沉砂管三部分组成，可用钢管、塑料管或混凝土管制成，管径一般为 300～357mm，内径宜大于潜水泵外径 50mm。

滤水管的作用是，在降水过程中，含水层中的水通过该管滤网将土砂颗粒过滤在外边，使清水流入管内。滤水管的长度取决于含水层的厚度、透水层的渗透速度及降水速度的快慢，一般为 3~9m。通常在钢管上分三段轴条（或开孔），在轴条（或开孔）后的管壁上焊 $\phi 6mm$ 的垫筋，要求顺直，与管壁用定位焊固定，在垫筋外螺旋形缠绕 12 号铁丝，间距 1mm，与垫筋用锡焊焊牢，或外包 10 孔/cm^2 和 41 孔/cm^2 镀锌铁丝网各两层或尼龙网。上下管之间用对接焊连接。

当土质较好，深度在 15m 内时，亦可采用外径 380~600mm、壁厚 50~60mm、长 1.2~1.5m 的无砂混凝土管作滤水管，或在外再包棕树皮二层作滤网。

吸水管。连接浊水管，起到挡土、储水作用，采用与滤水管相同直径的钢管制成。

在降水过程中，沉砂管对通过的极少量砂粒起沉淀作用，一般采用与滤水管同直径的钢管，下端用钢板封底。

（2）水泵。用 QY–25 型或 QW–25 型、QW40–25 型潜水泵，或 QJ50–52 型浸油或潜水泵或深井泵。每井一台，并带吸水铸铁管或胶管，配上一个控制井内水位的自动开关，在井口安装 75mm 阀门以便调节流量的大小、阀门用夹板固定。每个基坑井点群应有 2 台备用泵。

（3）集水井。用 $\phi 325~\phi 500mm$ 钢管或混凝土管，并设 3‰ 的坡度，与附近下水道接通。

2. 深井布置

深井井点一般沿工程基坑周围，离边坡上缘 0.5~1.5m，呈环形布置；当基坑宽度较窄，亦可设在一侧，呈直线形布置；面积不大的独立的深基坑，亦可采取点式布置。井点宜深入到透水层 6~9m，通常还应比所需降水的深度深 6~8m，间距一般相当于埋设深度，在 10~30m。基坑开挖深 8m 以内，井距为 10~15m；8m 以上，井距为 15~20m。井点不宜设在正式工程上，但可利用少量设护壁的人工挖孔桩孔作临时降水深井用。在一个基坑布置的井点，应尽可能多地为附近工程基坑降水所利用，上部二节也尽可能地回收利用。

3. 深井井点埋设与使用

（1）深井井点一般施工工艺程序是：井点测量定位→挖井口、安护筒→钻孔就位→钻孔→回填井底砂垫层→吊放井管→回填井管与孔壁间的砂粒过滤层→洗井→井管内下设水泵、安装抽水控制电路→试抽水→降水井正常工作→降水完毕拔井管→封井。

（2）成孔可根据土质条件和孔深要求，采用冲击钻钻孔、回转钻钻孔、潜水电钻钻孔，用泥浆护壁，孔口设置护筒，以防孔口塌方，并在一侧设排泥沟、泥浆坑。孔径应较井管直径每边大 150~250mm。钻孔深度，当不设沉砂管时，应比抽水期内可能沉积的高度适当加深。成孔后应立即安装井管，以防塌孔。

（3）深井井管沉放前应清孔，一般用压缩空气洗井或用吊筒反复上下取出泥渣洗井，或用压缩空气（压力为 0.8MPa、排气量为 12m^3/min）与潜水泵联合洗井。

4. 使用注意事项

（1）井点使用时，基坑周围井点应对称、同时抽水，使水位差控制在要求限度内。

（2）靠近建筑物的深井，应使建筑物下的水位与附近水位之差保持不大于 1m，以免造成建筑物不均匀沉降而出现裂缝。

3.3 井点回灌技术

基坑开挖时，为保证挖掘部位地基土稳定，常用井点排水等方法降低地下水位。在降水的同时，由于挖掘部位地下水位的降低，其周围地区地下水位会随之下降，使土层中因失水而产生压密，因而经常会引起邻近建（构）筑物、管线不均匀沉降或开裂。为了防止这一情况的发生，通常采用设置井点回灌的方法。

井点回灌是在井点降水的同时，将抽出的地下水（或工业水），通过回灌井点持续地再灌入地基土层内，使降水井点的影响半径不超过回灌井点的范围（图 3-14）。这样，回灌井点就以一道隔水帷幕，阻止回灌井点外侧的建筑物下的地下水流失，使地下水位基本保持不变，土层压力仍处于原始平衡状态，从而可有效地防止降水井点对周围建（构）筑物、地下管线的影响。

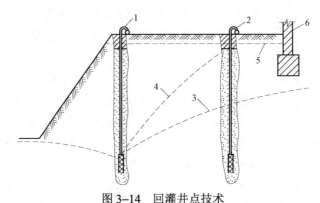

图 3-14 回灌井点技术

1—降水井点；2—回灌井点；3—降水曲线；4—回灌时降水曲线；5—原地下水位；6 邻近建筑物

本法适于在软弱土层中开挖基坑降水，但只有在对附近建（构）筑物不产生不均匀下沉和裂缝，或不影响附近设备正常生产的情况下方可采用。这种方法具有设备操作简单，效果好，费用低，可防止降水井点周围地下水位的下降及地基的固结沉降，保证建（构）筑物使用安全、生产正常进行，同时还可部分解决地下水抽出后的排放问题等优点，但需两套井点系统设备，管理较为复杂。

3.3.1 回灌井点构造

回灌井点系统由水源、流量表、水箱、总管、回灌井管组成。其工作方式恰好与降水井点系统相反，将水灌入井点后，水从井点向周围土层渗透，在土层中形成一个和降水井点相反的倒转降落漏斗。回灌井点的设计主要考虑井点的配置及计算每一灌水井点的灌水能力，准确地计算其影响范围。回灌井点的井管滤管部分宜从地下水位以上 1.5m 处开始一直到井管底部，其构造与降水井点管基本相同。为使注水形成一个有效的补给水幕，避免注水直接回到降水井点管，造成两井"相通"，两者间应保持一定的距离。回灌井点与降水井点间的距离应根据降水、回灌水位曲线和场地条件而定，一般不宜小于 5m。回灌井点的埋设深度，应按井点降水曲线、透水层的深度和土层渗透性来确定，以确保基坑施工安全和回灌效果，一般使两管距离：两管水平差为 1:0.8～1:0.9，并使注水管尽量靠近保护的建（构）筑物。

3.3.2 施工要点

（1）回灌井点埋设方法及质量要求与降水井点相同。

（2）回灌水量应根据地下水位的变化及时调整。尽可能地保持抽灌平衡，既要防止灌水量过大，而渗入基坑影响施工，又要防止灌水量过少，使地下水位失控而影响回灌效果。为此，要在原有建（构）筑物上设置沉降观测点，进行精密水准测量，在基坑纵横轴线及原来建（构）筑物附近设置水位观测井，以测量地下水位标高，并设固定专人定时观测，做好记录，以便及时调整抽水量或灌水量，使原有建（构）筑物下的地下水位保持一定深度，从而达到控制沉降的目的，避免裂缝的产生。

（3）回灌注水压力应大于 50kPa （0.5 个大气压）以上。为满足注水压力的要求，应设置高位水箱，其高度可根据回灌水量配置，一般采用将水箱架高的办法提高回灌水压力，靠水位差重力自流灌入土中。

（4）要做好回灌井点设置后的冲洗工作。冲洗方法一般是往回灌井点大量地注水后，迅速进行抽水，尽可能地加大地基内的水力梯度，这样既可除去地基内的细粒成分，又可提高其灌水能力。

（5）回灌水宜用清水，以保持回灌水量。为此，必须经常检查灌入水的污浊度及水质情况，避免产生孔眼堵塞现象，同时也必须及时校核灌水压力及灌水量。当产生孔眼堵塞时，应立即进行井点冲洗。

（6）回灌井点必须在降水井点启动前或在降水的同时向土中灌水，且不得中断。当其中有一方因故停止工作时，另一方应停止工作，恢复工作亦应同时进行。

3.4 流 砂 处 理

当基坑（槽）开挖到地下水位 0.5m 以下，并采取集水坑排水时，坑（槽）底下面的土（多为砂土）变为流动状态随地下水一起涌进坑内，土边挖边冒，无法挖深的现象称为"流砂现象"。发生流砂时，土完全失去承载力，不但使施工条件恶化，而且流砂严重时，会引起基础边坡塌方，附近建筑物会因地基被掏空而下沉、倾斜，甚至倒塌。

3.4.1 流砂形成原因

流砂形成原因主要是当坑外地下水位高于坑内抽水后的水位，地下水就会从坑外向坑内流动，形成水头差，我们称为动水压力；当动水压力等于或大于土颗粒的浸水松散密度，使土粒呈悬浮状态，失去稳定，随水从坑底或四周涌入坑内。另外由于土颗粒周围附着亲水胶体颗粒，饱和时胶体颗粒吸水膨胀，使土颗粒密度减小，因而在不大的水冲力下就能悬浮流动。

饱和砂土在振动作用下，结构被破坏，使土颗粒悬浮于水中并随水流动。

3.4.2　易产生流砂的条件

（1）水力坡度较大，流速大。当动水压力超过土颗粒浸水松散密度，使土颗粒悬浮时即会产生流砂。其临界水力坡度可按下式计算

$$I=(\rho-1)(1-n) \tag{3-8}$$

式中　I——临界水力坡度；

ρ——土颗粒的密度；

n——土的孔隙率，以小数计。

（2）土层中有厚度大于 250mm 的粉砂土层；土的含水率大于 30%或空隙率大于 43%；土的颗粒组成中黏土粒含量小于 10%，粉砂粒含量大于 75%。

3.4.3　流砂处理的常用措施

流砂处理的目的是减小或平衡动水压力或使动水压力改变方向，使坑底土颗粒稳定，不受水压干扰。

常用的处理措施方法有：

（1）枯水期施工法。土方开挖尽量安排在全年水位最低的季节施工，使基坑内动水压减小，从而预防和减轻流砂现象。

（2）水下挖土法。采取水下挖土（不抽水或少抽水），使坑内水压与坑外地下水压相平衡或缩小水头差，如沉井施工。

（3）人工降低地下水位。采用井点降水，使水位降至基坑底 0.5m 以下，改变动水压力的方向，使之朝下，坑底土面保持无水状态，从而有效制止流砂现象。

（4）打板桩。沿基坑外围四周打板桩，深入坑底下面一定深度，改变动水压力的方向，增加地下水从坑外流入坑内的渗流路线和渗水量，从而达到减小动水压力的目的。

（5）设止水帷幕法。采用深层搅拌桩、密排灌注桩、地下连续墙等方法，固结基坑周围粉砂层使之形成封闭的防渗帷幕；从而达到增加地下水从坑外流入坑内的渗流路线和渗水量，改变动水压力的方向，减小动水压力的目的。

（6）抢挖并抛大石块法。通过组织快速施工，使挖土速度超过冒砂速度，在挖至设计标高后，立刻铺竹篾、芦席并抛大石块，以增加土的压重和减小动水压力，将流砂压住。此法只可解决局部或轻微的流砂。

第4章 土方施工

常见的土石方工程有：场地平整、基坑（槽）开挖、地坪填土、路基填筑及基坑回填等，基本的工作内容是土的挖、运、填。此外，排水、降水、基坑支护等准备工作和辅助工程也是土石方工程施工中必须认真设计和实施安排的。

4.1 土 的 开 挖

4.1.1 场地土的开挖

1. 一般要求

（1）永久性场地挖方边坡坡度。其挖方的边坡坡度应按设计要求放坡，如无设计规定，可按表4-1采用。

表4-1 永久性土工构筑物挖方的边坡坡度

项次	挖 土 性 质	边坡坡度值（高:宽）
1	在天然湿度、层理均匀，不易膨胀的黏土、粉质黏土和砂土（不包括细砂、粉砂）内挖方深度不超过3m	1:1.00～1:1.25
2	土质同上，深度为3～12m	1:1.25～1:1.50
3	干燥地区内土质结构未经破坏的干燥黄土及类黄土，深度不超过12m	1:0.10～1:1.25
4	在碎石土和泥灰岩土的地方，深度不超过12m，根据土的性质、层理特性和挖方深度确定	1:0.50～1:1.50
5	在风化岩内的挖方，根据岩石性质、风化程度、层理特性和挖方深度确度	1:0.20～1:1.50
6	在微风化岩石内的挖方，岩石无裂缝且无倾向挖方坡脚的岩层	1:0.10
7	在未风化的完整岩石内的挖方	直立的

（2）使用时间较长的临时性挖方边坡坡度。应根据工程性质和边坡高度，结合工程所在地的实践经验确定。在山体整体稳定的情况下，如地质条件较好，土质均匀，高度在10m以内，可按表4-2确定。黄土地区，高度在15m以内的边坡坡度，可按表4-3确定。

表4-2 临时性挖方边坡坡度值

土的类别	边坡坡度值（高:宽）
砂土（不包括细砂、粉砂）	1:1.25～1:1.50

土的类别		边坡坡度值（高:宽）
一般性黏土	硬	1:0.75～1:1.00
	硬、塑	1:1.00～1:1.25
	软	1:1.50
碎石类土	充填坚硬、硬塑黏土	1:0.50～1:1.00
	充填砂土	1:1.00～1:1.50

注：1. 设计有要求时，应符合设计标准。

2. 如采用降水或其他加固措施，可不受本表限制，但应复核。

3. 开挖深度，对软土不应超过4m，对硬土不应超过8m。

表4–3   黄土挖方边坡坡度值

地质时代	容许边坡坡度值（高:宽）		
	坡度在5m以内	坡高5～10m	坡高10～15m
次生黄土 Q_4	1:0.5～1:0.75	1:0.75～1:1.00	1:1.00～1:1.25
马兰黄土 Q_3	1:0.30～1:0.50	1:0.50～1:0.75	1:0.75～1:1.00
离石黄土 Q_2	1:0.20～1:0.30	1:0.30～1:0.50	1:0.50～1:0.75
午城黄土 Q_1	1:0.10～1:0.20	1:0.20～1:0.30	1:0.30～1:0.50

注：1. 同表4-2注1、2。

2. 本表不适于新近堆积黄土。

（3）岩石边坡边度。根据其岩石类别和风化程度，边坡坡度值可按表4–4确定。

表4–4   岩石边坡容许坡度值

岩石类土	风化程度	容许边坡坡度值（高:宽）		
		坡高在8m以内	坡高8～15m	坡高15～30m
硬质岩石	微风化	1:0.10～1:0.20	1:0.20～1:0.35	1:0.30～1:0.50
	中等风化	1:0.20～1:0.35	1:0.35～1:0.50	1:0.50～1:0.75
	强风化	1:0.35～1:0.50	1:0.50～1:0.75	1:0.75～1:1.00
软质岩石	微风化	1:0.35～1:0.50	1:0.50～1:0.75	1:0.75～1:1.00
	中等风化	1:0.50～1:0.75	1:0.75～1:1.00	1:1.00～1:1.50
	强风化	1:0.75～1:1.00	1:1.00～1:1.25	

在土方开挖时，有关方面的要求可参考表4–5。

表 4-5　　　　　　　　　　　　　　　开 挖 要 求 与 措 施

项次	项目	具体方法与要求
1	挖方上边缘至堆土坡脚距离	距离应根据挖方深度、边坡高度和土的类别确定。当土质干燥密实时，不得小于 3m；当土质松软时，不得小于 5m。在挖方下侧弃土时，应将弃土堆表面整平低于挖方场地标高并向外斜倾，或在弃土堆与挖方场地之间设置排水沟，防止雨水进入基坑
2	边坡护脚	对于软土土坡或极易风化的软质岩边坡，应对坡脚、坡面采取喷浆、抹面、嵌补、砌石等保护措施，并做好坡顶、坡脚排水
3	边坡开挖	场地边坡开挖应沿等高线自上而下，分层、分段依次进行。当采取多台阶同时开挖时，上台阶应比下台阶挖进深度不少于 30cm，以防塌方。边坡台阶开挖，应作一定的坡势，以利于泄水。边坡下没有护脚及排水沟时，在边坡修完后，应立即处理台阶的反向排水坡，进行护脚矮墙和排水沟的砌筑和疏通，以保证坡面不被冲刷和在影响边坡稳定的范围内不积水，否则应采取临时性排水措施

2. 土方开挖质量及控制

土方工程的挖土及场地平整检查。土方开挖的允许偏差及检验方法见表 4 - 6。

表 4-6　　　　　　　　　　　　　　土方开挖工程质量检验标准　　　　　　　　　（单位：mm）

项序		项　目	允许偏差或允许值					检验方法
			柱基、基坑、基槽	挖方场地平整		管沟	地（路）面基层	
				人工	机械			
主控项	1	标高	−50	±30	±50	−50	−50	水准仪
	2	长度、宽度（由设计中心线向两边量）	+ 200 −50	+ 300 −100	+ 500 −150	+ 100		经纬仪、用钢尺量
	3	边坡	设计要求					观察或用坡度尺检查
一般项目	1	表面平整度	20	20	50	20	20	用 2m 靠尺和楔形塞尺检查
	2	地基土性	设计要求					观察或土样分析

施工中常见的问题及防治方法见表 4-7。

表 4-7　　　　　　　　　　　　　　　常见问题、原因及防治方法

项次	质量问题	现　象	原　因	防治方法
1	场地积水	施工中或施工完场地出现大面积积水	场地填土未压实，遇水产生不均匀沉降；场地周围排水不畅，未作成一定的排水坡度；测量错误使场地高低不平	施工前进行整个场地的排水设计，建筑场地内的填土应分层夯实，使其密实度不低于设计要求。在施工中应做好测量工作。对已积水的场地应立即疏通和排水。对未做排水坡度或坡度过小部位，应重新修坡。对低洼处，应重新填平夯实
2	填方边坡塌方	填方工程边坡塌陷或滑移造成坡脚处土方堆积	边坡太陡；边坡基层的草皮淤泥未清净尽；填土土质不合要求；填土未分层回填夯实，缺乏护坡措施；坡顶、坡脚未做好排水措施；水渗到边坡中造成塌方	预防：永久性填方应根据填方高度，土的种类和工程重要性按设计规定放坡。使用时间较长的临时填土，当填方高在 10m 以内时，可采用 1:1.5 放坡；高度超过 15m 时，可作成折线形，上部为 1:1.5、下部为 1:1.75；填方应选用符合要求的土料，并进行水平分层回填压

项次	质量问题	现象	原因	防治方法
2	填方边坡塌方	填方工程边坡塌陷或滑移造成坡脚处土方堆积	边坡太陡；边坡基层的草皮淤泥未清干净；填土质不合要求；填土未分层回填夯实，缺乏护坡措施；坡顶、坡脚未做好排水措施，水渗到边坡中造成塌方	实。在气候、水文和地质条件不良的情况下，对黏土、粉砂、细砂、易风化石边坡及黄土类做缓边坡，施工完后，即进行坡面防护，在边坡上下部做好排水沟治理： （1）边坡局部塌方或滑塌，可将松土清理干净，与原坡接触部位做成阶梯形，用好土或 3:7 灰土分层回填夯实修复。 （2）做好排水措施。 （3）大面积塌方，应考虑将边坡修成斜坡，做好排水和表面防护措施
3	填方出现橡皮土	填土受打夯（辗压）后，基土发生颤动，受夯击（辗压）处下陷，四周鼓起，形成软塑状态，而体积并未压缩。这种土使地基的承载力下降、变形加大，长时间不能稳定	在含水率大的腐殖土、泥炭土、黏土或亚黏土等原状土地基上进行回填或采用类似土作填料时，特别是在混杂状态下进行回填时，由于原土被扰动，颗粒之间的毛细孔遭到破坏，水分不易渗透散发，经夯击或辗压，表面形成硬壳，更加阻止了水分的渗透和散发，因而形成软塑状态的橡皮土	预防：避免在含水率过大的腐殖土、泥炭土、黏土、亚黏土等原状土上进行回填；控制填土的含水率，尽量使其达到最佳水率。填土区设排水沟，以排除地表水治理： （1）用干土、石灰粉、碎砖等吸水材料均匀掺入橡皮土中，吸收土中的水分，降低土的含水率。 （2）将橡皮土翻松、晒干、风干至最优含水率范围之内。 （3）将橡皮土挖除换土

4.1.2 基坑（槽、沟）的开挖

1. 开挖要点

关于基坑（槽、沟）开挖的基本要求及要点见表4-8。

表 4-8　　　　　　　　　　基坑（槽、沟）开挖要点

序号	要点	具体措施
1	排水	在基坑、槽、沟开挖时，上部设排水措施，如挖排水沟等，以防止地面水流入坑内造成塌方
2	测量放线、定开挖宽度、边坡	基坑开挖，应先进行测量定位，抄平放线，定出开挖宽度，按放线分块（段）分层挖土。根据土质和水文情况，采取在四侧或两侧直立开挖或放坡，以保证施工操作安全 当土质为天然湿度、构造均匀，水文地质条件良好（不会发生坍滑、移动、松散或不均匀下沉），且无地下水时，开挖基坑可不必放坡，采取直立开挖不加支护，但挖方深度应按表4-9的规定，基坑宽应大于基础宽。如挖方深度超过表4-9的规定，但不大于5m时，应根据土质和施工工具情况进行放坡，以保证不塌方，其最大容许坡度按表4-10采用。放坡后基坑上口宽度由基础底面宽度及边坡坡度来决定，坑底宽度每边应比基础宽15～30cm，以便于施工操作
3	当开挖的土体含水率大、开挖较深且放坡较陡时，应设临时支护	当开挖基坑的土体含水率大而不稳定，或基坑较深，或受到周围场地限制而需用较陡的边坡或直立开挖且土质较差时，应采取临时性支撑加固。基坑、槽每边的宽度应为基础宽加 10～15cm，用于设置支撑加固结构。挖土时，土壁要求平直，挖好一层，支一层支撑，挡土板要紧贴土面，并用小木桩或横撑木顶住挡板。开挖宽度较大的基坑，当在局部地段无法放坡，或下部土受到基坑尺寸限制不能放坡大坡度时，应在下部坡脚采取加固措施，如采用短桩与横隔板支撑或砌砖、毛石或用编织袋、草袋装土堆砌临时矮挡土墙保护坡脚；当开挖深基坑时，则须采取半永久性且安全、可靠的支护措施（参见4.1.2.2节）
4	注意开挖的程序	基坑开挖程序一般是：测量放线→放线分层开挖→排降水→修坡整平→留足预留土层等。相邻基坑开挖时，应遵循先深后浅或同时进行的施工程序。挖土应自上而下水平分段分层进行，每层0.3m左右。边挖边检查坑底宽度及坡度，不够时及时修整，每3m左右修一次坡，至设计标高，再统一进行一次修坡清底，检查坑底宽和标高，要求坑底凹凸不超过1.5cm。在已有建筑物侧挖基坑（槽）应间隔分段进行，每段不超过2m，相邻段开挖应待已挖好的槽段基础完成并回填夯实后进行

序号	要点	具 体 措 施
5	防止对地基土的扰动	基坑开挖应尽量防止对地基土的扰动。当用人工挖土,基坑挖好后不能立即进行下道工序时,应预留 15～30cm 不挖,待下道工序开始再挖至设计标高。采用机械开挖基坑时,为避免破坏基底土,应在基底标高以上预留一层人工清理。使用铲运机、推土机或多斗挖土机时,保留土层厚度为 20cm;使用正铲、反铲或拉铲挖土时为 30cm
6	地下水位较高时应降低水位	在地下水位以下挖土时,应在基坑四侧或两侧挖好临时排水沟或集水井,将水位降低至坑底以下50cm,以利于挖土进行。降水工作应持续到基础(包括地下水位下回填(土)施工完成
7	雨季施工	雨季施工时,基坑应分段开挖,挖好一段浇筑一段垫层,并在基槽两侧围以土堤或挖排水沟,以防地面雨水流入基坑。同时应经常检查边坡和支护情况,以防止坑壁受水浸泡造成塌方
8	堆土不宜过多,及时运走弃土	弃土应及时运出,在基坑边缘上侧临时堆土或堆放材料及移动施工机械时,应与基坑边缘保持 1m以上的距离,以保证坑边立壁或边坡的稳定。当土质良好时,堆土或材料应距挖方边缘 0.8m 以上,高度不宜超过 1.5m,并应避免在已完基础一侧过高堆土,使基础、墙、柱歪斜而酿成事故
9	验槽	基坑挖完后应进行验槽(参见 4.1.4 节),做好记录,如发现地基土质与地质勘探报告及设计要求不相符,应与有关人员研究,及时处理

表 4-9　　　　基坑(槽)和管沟不加支撑时的容许深度

项次	土的种类	容许深度(m)
1	密实、中密的砂子和碎石类土(充填物为砂土)	1.00
2	硬塑、可塑的粉质黏土及粉土	1.25
3	硬塑、可塑的黏土和碎石类土(充填物为黏土)	1.50
4	坚硬的黏土	2.00

表 4-10　　深度在 5m 内的基坑(槽)、管沟边坡的最陡坡度(不加支撑)值

土的类别	边坡坡度(高:宽)		
	坡顶无荷载	坡顶有静载	坡顶有动载
中密的砂土	1:1.00	1:1.25	1:1.50
中密的碎石类土(充填物为砂土)	1:0.75	1:1.00	1:1.25
硬塑的粉土	1:0.67	1:0.75	1:1.00
中密的碎石类土(充填物为黏土)	1:0.50	1:0.67	1:0.75
硬塑的粉质黏土、黏土	1:0.33	1:0.50	1:0.67
老黄土	1:0.10	1:0.25	1:0.33
软土(经井点降水后)	1:1.00	—	—

注: 1. 静载指堆土或材料等,动载指机械挖土或汽车运输作业等。静载或动载应距挖方边缘 0.8m 以外,堆土或材料高度不宜超过 1.5m。

　　2. 当有成熟经验时,可不受本表限制。

2. 基坑(槽)管沟的支撑(护)方法

(1)一般浅沟、槽支撑(护)。一般深度在 5m 以内的沟槽可采用水平或垂直挡土板支护方法,见表 4-11。

表 4–11 基槽、管沟的支撑方法

支撑（护）方式	简 图	支撑方法及适用条件
间断式水平支撑		两侧挡土板水平放置，用工具式或木横撑借木楔顶紧，挖一层土，支顶一层 适用于能保持直立壁的干土或天然湿度的黏土类土，地下水很少，深度在 2m 以内
断续式水平支撑		挡土板水平放置，中间留出间隔，并在两侧同时对称立竖枋木，再用工具或木横撑上、下顶紧 适用于能保持直立壁的干土或天然湿度的黏土类土，地下水很少，深度在 3m 以内
连续式水平支撑		挡土板水平连续放置，不留间隙，然后两侧同时对称立竖枋木，上、下各顶一根横撑，端头加木楔顶紧 适用于较松散的干土或天然湿度的黏土类土，地下水很少，深度为 3～5m
连续或间断式垂直支撑		挡土板垂直放置，可连续或留适当间隙，然后每侧上、下各水平顶一根横枋木，再用横撑顶紧 适用于土质较松散或湿度很高的土，地下水较少，深度不限
水平垂直混合式支撑		沟槽上部连续式水平支撑，下部设连续式垂直支撑 适用于沟槽深度较大，下部有含水土层的情况

（2）一般浅基坑的支撑（护）。对于一般浅基坑的支撑方法见表 4－12。

表 4－12   一般浅基坑的支撑方法

支撑（护）方式	简 图	支撑方法及适用条件
斜柱支撑		水平挡土板钉在柱桩内侧，柱桩外侧用斜撑支顶，斜撑底端支在短木桩上，在挡土板内侧加填土 适用于开挖较大型、深度不大的基坑或使用机械挖土
锚拉支撑		水平挡土板放在柱桩的内侧，柱桩一端打入土中，另一端用拉杆与锚桩拉紧，在挡土板内侧回填土 适用于开挖较大型、深度不大的基坑或使用机械挖土，不能安设横撑时使用
型钢桩与横向挡土板支撑		沿挡土位置预先打入钢轨、工字钢或 H 型钢桩，间距 1.0～1.5m，然后边挖土方，边将 30～60mm 厚的挡土板塞进钢桩之间挡土，并在横向挡板与型钢桩之间打上楔子，使横向挡板与土体紧密接触 适用于地下水位较低、深度不是很大的一般黏土或砂土层中使用
短桩与横隔板支撑		打入小短木桩，部分打入土中，部分露出地面，钉上水平挡土板，在背面填土、夯实 适用于开挖宽度大的基坑，当部分地段下部放坡不够时使用
临时挡土墙支撑		沿坡脚用砖、石叠砌或用装水泥的聚丙烯扁丝编织袋、草袋装土、砂堆砌，使坡脚保持稳定 适用于开挖宽度大的基坑，当部分地段下部放坡不够时使用

（3）深基坑的支护。对于深度在 5m 以上或施工条件复杂的深基坑支护方案见本书第 6 章。

4.1.3 边坡及支撑（护）计算

（1）基坑（槽）垂直壁的人工边坡最大高度的计算。基坑（槽）垂直壁等的计算方法见表 4–13。

表 4–13　　　　　　　　　基坑（槽）垂直壁和人工边坡最大离度计算

项目	计算公式	符号意义
黏性土的垂直坑（槽）壁最大高度	黏性土的垂直坑（槽）壁最大高度 h_{max1} 可按下式计算 $$h_{max1} = \frac{2c}{k\lambda \tan\left(45° - \frac{\varphi}{2}\right)} - \frac{g}{\lambda}$$	c ——坑壁（边坡）土的内聚力（kN/m²），由土工试验决定或参考表 4–14 选用
人工边坡的最大高度	假定边坡滑动面为下图所示坡脚平面，滑动面上部土体为 ABC，其重量为 $$G = \frac{\lambda h^2}{2} \cdot \frac{\sin(\theta - d)}{\sin\theta \sin d}$$ 当土体处于极限平衡状态时，人工边坡的最大高度 h_{max2} 可按下式计算 $$h_{max2} = \frac{2c\sin\theta \cos\varphi}{r\sin^2\left(\frac{\theta - \varphi}{2}\right)}$$ 由上式已知 c、φ、γ 值，假定人工边坡坡度 θ 值，即可求得允许人工边坡的最大高度 h_{max2} 	k ——安全系数，一般用 1.25 γ ——坑壁（边坡）土的重度（kN/m³） φ ——坑壁（边坡）土的内摩擦角（°），按表 4–15 取用 G ——坑顶护道上的均布荷载（kN/m²） θ ——边坡的坡角度（°） α ——滑动面与地面的夹角（°） h ——边坡的高度（m）

表 4–14　　　　　　　　　黏性土的内聚力 c 参考值　　　　　　　　（单位：kN/m²）

土质状态	黏　土	粉质黏土	粉　土
软　的	5～10	2～8	2
中　等	20	10～15	5～10
硬　的	40～60	20～40	15

表 4–15　　　　　　　　　土的内摩擦角 φ 参考值

土的名称	内摩擦角（°）	土的名称	内摩擦角（°）
粗　砂	33～38	干杂黏土	10～30
中　砂	25～33	湿杂黏土	10～20

土的名称	内摩擦角（°）	土的名称	内摩擦角（°）
细砂、粉砂	20～25	极细杂黏土、干湿黏土	13～17
干湿杂砂土	17～22	极细黏土、淤泥	0～10

（2）支撑（护）计算。计算方法见表 4–16。

表 4–16　　　　　　　　基坑（槽）和管沟支撑的计算

名称	简　图	计算方法公式
连续水平板式支撑	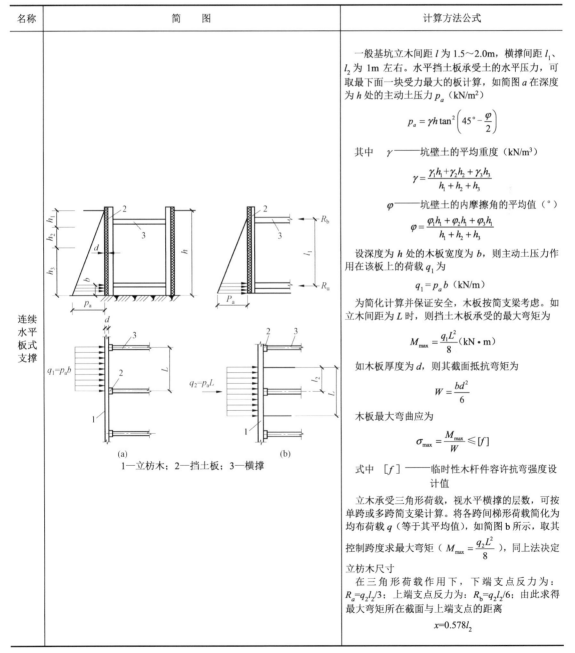 1—立枋木；2—挡土板；3—横撑	一般基坑立木间距 l 为 1.5～2.0m，横撑间距 l_1、l_2 为 1m 左右。水平挡土板承受土的水平压力，可取最下面一块受力最大的板计算，如简图 a 在深度为 h 处的主动土压力 p_a（kN/m²） $$p_a = \gamma h \tan^2\left(45° - \frac{\varphi}{2}\right)$$ 其中　γ——坑壁土的平均重度（kN/m³） $$\gamma = \frac{\gamma_1 h_1 + \gamma_2 h_2 + \gamma_3 h_3}{h_1 + h_2 + h_3}$$ φ——坑壁土的内摩擦角的平均值（°） $$\varphi = \frac{\varphi_1 h_1 + \varphi_2 h_1 + \varphi_3 h_1}{h_1 + h_2 + h_3}$$ 设深度为 h 处的木板宽度为 b，则主动土压力作用在该板上的荷载 q_1 为 $$q_1 = p_a b \text{（kN/m）}$$ 为简化计算并保证安全，木板按简支梁考虑。如立木间距为 L 时，则挡土木板承受的最大弯矩为 $$M_{\max} = \frac{q_1 L^2}{8} \text{（kN · m）}$$ 如木板厚度为 d，则其截面抵抗弯矩为 $$W = \frac{bd^2}{6}$$ 木板最大弯曲应为 $$\sigma_{\max} = \frac{M_{\max}}{W} \leq [f]$$ 式中　$[f]$——临时性木杆件容许抗弯强度设计值 立木承受三角形荷载，视水平横撑的层数，可按单跨或多跨简支梁计算。将各跨间梯形荷载简化为均布荷载 q（等于其平均值），如简图 b 所示，取其控制跨度求最大弯矩（$M_{\max} = \dfrac{q_2 L^2}{8}$），同上法决定立枋木尺寸。 在三角形荷载作用下，下端支点反力为：$R_a = q_2 l_2/3$；上端支点反力为：$R_b = q_2 l_2/6$；由此求得最大弯矩所在截面与上端支点的距离 $$x = 0.578 l_2$$

名称	简　图	计算方法公式
连续水平板式支撑		该处弯矩为 $$M = 0.064\,2q_2l_2^2$$ 最大应力为 $$\sigma = M/W \leqslant [f]$$ 横撑按中心受压杆件计算
连续垂直板式支撑	 （a）垂直挡土板支撑　　（b）垂直挡土板支撑受力 1—工具式横撑；2—垂直挡土板；3—横楞木；4—调节螺栓	连续垂直板式支撑计算与连续水平板式支撑计算相同。垂直挡土板计算及荷载相当于连续水平板式支撑的立木；水平横撑计算及荷载相当于连续水平板式支撑的水平挡土板 横撑亦按中心受压杆件计算

注：其他形式的支撑计算略。

4.1.4　支撑（护）施工

基坑（槽）、管沟支撑宜选用质地坚实、无枯节、透节、穿心裂折的松木或杉木，不宜使用杂木。支撑应挖一层支撑好一层，并严密顶紧，支撑牢固，严禁一次将土挖好后再支撑。

埋深的拉锚需用挖沟方式埋设，沟槽尽可能小。不得采取将土方全部挖开，埋设拉锚后再回填的方式，这样会使土体固结状态遭到损坏。拉锚安装后要预拉紧，预紧力不小于设计计算的 5%～10%，每根拉锚松紧程度应一致。锚杆埋设中，其锚固段应埋在稳定性较好的岩土层中，并用水泥砂浆灌注密实，不得锚固在松软土层中，锚固长度应经计算或试验确定。

施工中应经常检查支撑和观测邻近建筑物的情况。如发现支撑有松动、变形、位移等情况，应及时加固或更换。加固办法可打紧受力较小部分的木楔或增加立柱及横撑等。换支撑时，应先加新撑后再拆旧撑。如改支承在混凝土基础上，须待混凝土达到设计要求强度后，方可将被替换的支撑拆除。如基坑附近建筑物有下沉、变形情况，应立即分析原因，采取有效措施进行处理。开挖较深的基坑，除观测邻近建筑物变形外，还应测试板桩和支撑的内应力，当应力达到设计值的 90% 时（或支撑变形大于 10mm 时），要采取防范措施。

支撑的拆除应按回填顺序依次进行。多层支撑应自下而上逐层拆除，拆除一层，经回填夯实后，再拆上层。拆除支撑时，应注意防止附近建（构）筑物下沉和被破坏，必要时采取加固措施。

4.1.5　验槽

验槽的有关规定见表 4-17。

表 4–17　　　　　　　　　　　　　　　　　验　槽　方　法

目的	方法	具体步骤及有关规定
为了防止建筑物不均匀沉降，应对地基进行严格检查，检查地基土与工程地质勘查报告及设计图样的要求是否相符；有无破坏原土结构或发生较大的扰动现象，以保证建筑物不发生不均匀沉降	表面检查验槽法	（1）根据槽壁土层分布情况及走向，初步判明全部基底是否已挖至设计所要求的土层 （2）检查槽底是否已挖至原（老）土，是否需继续下挖或进行处理 （3）检查整个槽底土的颜色是否均匀一致，土的坚硬程度是否一致，有无局部过松软或过坚硬的部位；有无局部含水率异常现象，走上去有无颤动的感觉等。如有异常部位，要会同设计等有关单位进行处理
	钎探检查验槽法	基坑挖好后，用锤把钢钎打入槽底的基土内，根据每打入一定深度的锤击次数，来判断地基土质情况 （1）钢钎的规格和质量 钢钎用直径 22～25mm 的钢筋制成，钎尖呈 60° 尖锥状，长度 1.8～2.0m。大锤用 3.6～4.5kg 铁锤。锤击时举高离钎顶 50～70cm，将钢钎垂直打入土中，并记录每打入土层 30cm 的锤击数 （2）钎孔布置和钎探深度 钎孔布置和钎探深度应根据地基土质的复杂情况和基槽宽度、形状而定，一般可参考表 4–18 （3）钎探记录和结果分析 先绘制基槽平面图，在图上根据要求确定钎探点的平面位置，并依次编号制成钎探平面图。钎探时按钎探平面图标定的钎探点顺序进行，最后整理成钎探记录表 全部钎探完成后，逐层分析研究钎探记录，逐点进行比较，将锤击数显著过多或过少的钎孔在钎探平面图上做上记号，然后再在该部位进行重点检查，如有异常情况，要认真进行处理
	洛阳铲法	在黄土地区基坑挖好后或大面积基坑挖土前，根据建筑物所在地区的具体情况或设计要求，对基槽底以下的土质、古墓、洞穴专用洛阳铲法进行钎探检查 （1）探孔的位置 探孔布置可参考表 4–19 （2）探查记录和成果分析 先绘制基础平面图，在图上根据要求确定探孔的平面位置，并依次编号，再按编号顺序进行探孔。探查过程中，一般每 3～5 铲看一下土，查看土质变化和含有杂物的情况。遇有土质变化或含有杂物等情况，应测量深度并用文字记录清楚。遇有墓穴、地道、地窖、废井等时，应在此部位缩小探孔距离（一般为 1m 左右），沿其周围仔细探查清楚其大小、深浅、平面形状，并在探孔平面图中标注出来。全部探查完后，绘制探孔平面图和各探孔不同深度的土质情况表，为地基处理提供完整的资料。探完以后，尽快用素土或灰土将探孔回填

表 4–18　　　　　　　　　　　　　　　　　钎　孔　布　置　　　　　　　　　　　　　　（单位：m）

槽宽	排列方式及图示		间距	钎探深度
<0.8	中心一排		1～2	1.2
0.8～2	两排错开		1～2	1.5
>2	梅花形		1～2	2.0
柱基	梅花形		1～2	≥1.5m，并不浅于短边宽度

注：对于较软弱的新近沉积黏性土和人工杂填土的地基，钎孔间距应不大于 1.5m。

表 4-19	探　孔　布　置		（单位：m）
槽宽	排列方式及图示	间距	钎探深度
<2	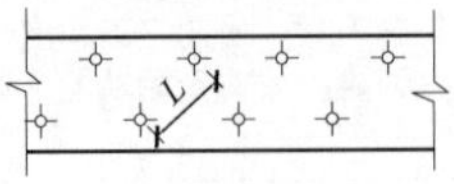 （图示）	1.5～2.0	3.0
>2	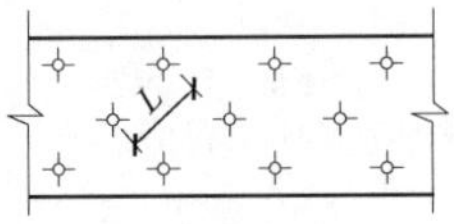 （图示）	1.5～2.0	3.0
柱基	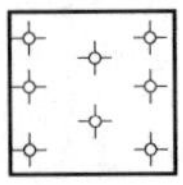 （图示）	1.5～2.0	3.0（荷载较大时为 4.0～5.0）
加孔	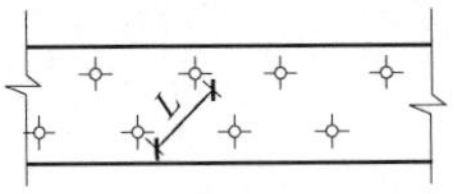 （图示）	<2.0（如基础过宽时中间再加孔）	3.0

基坑边坡保护措施见表 4–20。

表 4-20	基　坑　边　坡　保　护　措　施	
目的	方法	措　施
为了防止基坑边坡因气温变化或失水过多而风化或松散，防止坡面受雨水冲刷而发生溜坡、塌方等	薄膜覆盖或砂浆覆盖法	对基础施工工期较短的临时性基坑边坡，采取在边坡上铺塑料薄膜，在坡顶及坡脚用草袋或编织袋装土压住或用砖压住；或在边坡上抹水泥砂浆 2～2.5cm 厚保护。为防止薄膜脱落，在上部及底部均应搭盖不少于 80cm，同时在土中插适当锚筋连接，在坡脚设排水沟 [图 4-1（a）]
	挂网或挂网抹面法	对基础施工期短、土质较差的临时性基坑边坡，可在垂直坡面揳入直径 10～20mm、长 4～6cm 的插筋，纵横间距 1m，上铺 20 号铁丝网，上下用草袋或聚丙烯扁丝编织袋装土或砂压住，或再在铁丝网上抹 2.5～3.5cm 厚的 M5 水泥砂浆（配合比为水泥：白灰膏：砂子=1:1:5）。在坡顶坡脚设排水沟 [图 4-1（b）]
为了防止基坑边坡因气温变化或失水过多而风化或松散，防止坡面受雨水冲刷而发生溜坡、塌方等	喷射混凝土或混凝土护面法	对邻近有建筑物的深基坑边坡，可在坡面垂直揳入直径 10～12cm、长 400～500mm 的插筋，纵横间距 1m，上铺 20 号铁丝网，在表面喷射 40～60cm 厚的 C15 细石混凝土直到坡顶和坡脚；亦可不铺铁丝网，而坡面铺 φ4～6mm@250～300mm 钢筋网片，浇筑 40～50cm 厚的细石混凝土，表面抹光 [图 4-1（c）]
	土袋或砌石压坡法	对深度在 5m 以内的临时基坑边坡，在边坡下部用草袋或聚丙烯扁丝编织袋装土堆或砌石压住坡脚。边坡高 3m 以内可采用单排顶砌法，5m 以内，水位较高，用二排砌或一排一顶构筑法，保持坡脚稳定。在坡顶设挡水土堤或排水沟，防止冲刷坡面，在底部做排水沟，防止冲坏坡脚 [图 4-1（d）]

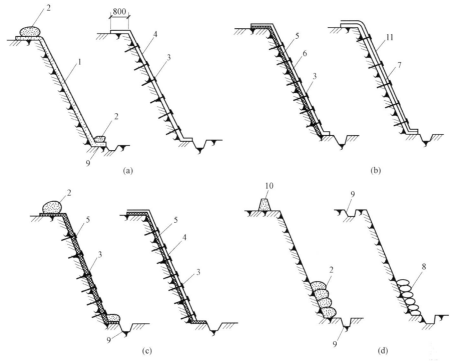

图 4-1 基坑边坡护面方法

（a）薄膜或砂浆覆盖； （b）挂网或挂网抹面； （c）喷射混凝土或混凝土护面； （d）土袋或砌石压坡

1—塑料薄膜；2—草袋或编织袋装土；3—插筋ϕ10～12mm；4—抹 M5 水泥砂浆；5—20 号钢丝网；

6—C15 喷射混凝土；7—C15 细石混凝土；8—M5 砂浆砌石；9—排水沟；10—土堤；

11—ϕ4～6mm 钢筋网片，纵横间距 250～300mm

4.2 填 土 压 实

4.2.1 土的填筑

1. 填土的一般要求

填土的一般要求见表 4-21。

表 4-21 填 土 的 一 般 要 求

项目	技术要求
土料要求	（1）碎石类土、砂土和爆破石渣（粒径不超过每层铺土厚度的 2/3，用振动碾时，不超过 3/4），可用于表层土以下的填土 （2）含水率符合压实要求的黏性土，可作各层填料 （3）碎块草皮和有机质含量（质量分数）大于 8%的土，仅用无压实要求的填方 （4）淤泥质土，一般不能用作填料，但在软土或沼泽地区，经过处理含水率符合压实要求的，可用于填方中的次要部位

项目	技术要求
基底处理	（1）场地回填前，应先清除基底上的草皮、树根、积水、淤泥等杂物，并采取措施防止地表滞水流入填方区，浸泡地基，造成基土下陷 （2）当填方基底为耕植土或松土时，应将基底充分夯实或碾压密实 （3）当填方位于水田、沟渠、池塘或含水率很大的松软地段，应根据具体情况采取排干或换土、抛填片石、填砂粒石、掺灰等措施 （4）当填土场地地面陡于 1/5 时，应先将斜面拉成阶梯形，阶高为 0.2～0.3m，阶宽大于 1m，然后分层填土，以利于结合和防止滑动
填土含水率	（1）填土的含水率应符合表 4–22 要求 （2）当填料为黏性土或排水不良的砂土时，其最优含水率与相应的最大干密度应用击实试验确定 （3）实际中，一般可用"手捏成团，落地开花"的方法判断土的最优含水率

表 4–22　　　　　　　　　填土的最优含水率和最大干密度参考表

项次	土的种类	变动范围		项次	土的种类	变动范围	
		最优含水率（%）	最大干密度（t/m³）			最优含水率（%）	最大干密度（t/m³）
1	砂土	8～12	1.80～1.88	3	粉质黏土	12～15	1.85～1.95
2	黏土	19～23	1.58～1.70	4	粉土	16～22	1.61～1.80

注：1. 表中土的最大干密度应以现场实际达到的数字为准。

　　2. 一般性的回填，可不做此项测定。

2. 填土边坡

填土边坡一般应根据填方高度、土的种类及其重要性，在设计中加以规定，当设计无规定时可参考表 4–23。用黄土或类似黄土填筑重要的填方，其边坡可参考表 4–24。

对使用时间较长的临时性填方边坡，其填方高度小于 10m 时，可采用 1:1.5；超过 10m，可做成折线形，上部采用 1:1.5，下部采用 1:1.75。利用填土做地基时，填方的压实系数λ、边坡坡度应符合表 4–25 的规定。

表 4–23　　　　　　　　　永久性填方边坡的高度限值

项次	土 的 种 类	填方高度（m）	边坡坡度
1	黏土类土、黄土、类黄土	6	1:1.50
2	粉质黏土、泥灰岩土	6～7	1:1.50
3	中砂或粗砂	10	1:1.50
4	砾石和碎石土	10～12	1:1.50
5	易风化的岩土	12	1:1.50
6	轻微风化、尺寸 25cm 的石料	6 以内 6～12	1:1.23 1:1.50
7	轻微风化、尺寸大于 25cm 的石料，边坡用最大石块分排整齐铺砌	12 以内	1:1.50～1:0.75
8	轻微风化、尺寸大于 40cm 的石料，其边坡分排整齐	5 以内 5～10 >10	1:0.50 1:0.65 1:1.00

注：1. 当填方高度超过本表规定限值时，其边坡可做成折线形，填方下部的边坡坡度为 1:0.75～1:2.00。

　　2. 凡永久性填方，土的种类未列入本表者，其边坡坡度不得大于 $\psi + 45°/2$，ψ 为土的自然倾斜角。

表 4-24
 黄土或类黄土填筑重要填方的边坡坡度

填土高度（m）	自地面起高度（m）	边坡坡度
6~9	0~3 3~9	1:1.75 1:1.50
9~12	0~3 3~6 6~12	1:2.00 1:1.75 1:1.50

表 4-25
 填土地基承载力和边坡坡度值

填土类别	压实系数 λ_c	承载力 f_k（kPa）	边坡坡度容许值（高宽比）坡度在 8m 以内	坡度 8~15m
碎石、卵石	0.94~0.97	200~300	1:1.50~1:1.25	1:1.75~1:1.50
砂夹石（其中碎石、卵石占全重 30%~50%）		200~250	1:1.50~1:1.25	1:1.75~1:1.50
土夹石（其中碎石、卵石占全重 30%~50%）		150~200	1:1.50~1:1.25	1:2.00~1:1.50
黏性土（10<I_p<14）		130~180	1:1.75~1:1.50	1:2.25~1:1.75

注：I_p——塑性指数。

4.2.2 土的压（夯）实

1. 土的压实一般要求

土的压实一般要求见表 4-26。

表 4-26
 土 的 压 实 一 般 要 求

项目	具 体 要 求
密实度要求	填方的密实度要求和质量指标通常以压实系数 λ_c 表示。压实系数为土的控制（实际）干密度 ρ_d 与最大干密度 ρ_{dmax} 的比值。ρ_{dmax} 是当土达到最优含水率时，通过标准的击实方法确定的。密实度根据工程结构的性质、使用要求及土的性质由设计规定。若无规定时，可参考表 4-27
含水率要求	具体参看表 4-21 中的"填土含水率"一栏的要求
铺土厚度及压实遍数	铺土厚度一般应根据土的性质、设计要求的压实系数和使用的压（夯）实的机具而定，一般在现场进行碾（夯）压试验确定，还可参考表 4-28 中的规定。若利用运输工具的行驶来压实时，每层土的厚度不超过表 4-29 中的规定

表 4-27
 土 的 压 实 系 数 要 求

结构类型	填土部位	压实系数 λ_c
砌体承重与框架结构	在地基主要持力层范围以内 在地基主要持力层范围以下	>0.96 0.93~0.96
简支结构和框架结构	在地基主要持力层范围以内 在地基主要持力层范围以下	0.94~0.97 0.91~0.93
一般工程	基础四周或两侧一般回填土 室内地坪，管道地沟回填土 一般堆放物件场地回填土	0.9 0.9 0.85

注：1. λ_c 为 ρ_d 与 ρ_{dmax} 的比值。
2. 控制含水率为 $\omega_{op}\pm2$，ω_{op} 最优土的含水率。

表 4-28 填方每层铺土厚度和压实遍数

压实机械	分层厚度（mm）	每层压实遍数
平碾	250～300	6～8
振动压实机	250～350	3～4
柴油打夯机	200～250	3～4
人工打夯	<200	3～4

表 4-29 利用运土工具压实填方时，每层填土的最大厚度 （单位：m）

填土方法和采用的运输工具	土的名称		
	粉质土和黏土	粉土	砂土
窄轨和宽轨火车、拖拉机和其他填土方法并用机械平土	0.7	1.0	1.5
汽车和轮式铲运机	0.5	0.8	1.2
人推小车和马车运土	0.3	0.6	1.0

注：平整场地和公路填方，每层填土的厚度，当用火车运土时不得大于 1m，当用汽车和铲运机运土时不得大于 0.7m。

2. 填方压（夯）实方法及要求

填方施工压实方法要点见表 4-30。

表 4-30 填方施工压（夯）实方法要点

项次	项目	填方施工压（夯）实方法要点
1	一般要求	（1）填方应尽量采用同类土填筑，并应控制土的含水率在最优含水率范围内。当采用不同的土填筑时，应按土类有规则地分层铺填，将透水性大的土层置于透水性较小的土层之下，不得混杂使用，以利水分排除和基土稳定，并避免在填方内形成水囊和产生滑动现象 （2）填方每层铺填厚度根据所使用的压实机具的性能而定，一般应进行现场辗压试验确定，或参考表 4-28 （3）填方应从最低处开始，由下向上整个宽度水平分层铺填碾压（或夯实）。填土层下的淤泥杂物应清除干净，如为耕土或松土时，应先夯实，然后再全面填筑 （4）在地形起伏之处，应做好接槎，修筑 1:2 阶梯形边坡，每台阶高可取 0.5m，宽 1m。分段填筑时，每层接缝处应做成大于 1:1.5 的斜坡，碾迹重叠 0.5～1.0m，上下层错缝距离不应小于 1.0m （5）填土应预留一定的下沉高度，以备在行车、堆重或干湿交替等自然因素作用下，土体逐渐沉落密实。当土方用机械分层夯实时，其预备下沉高度（以填方高度的百分数计）：砂土为 1.5%；粉质黏土为 3.0%～3.5%
2	人工夯实	（1）人力打夯前应将填土初步整平，打夯要按一定方向进行，一夯压半夯，夯夯相接，行行相连，两遍纵横交叉，分层夯打。夯实基槽及地坪时，行夯路线应由四边开始，然后再夯向中间 （2）用蛙式打夯机等小型机具夯实时，一般填土厚度不宜大于 25cm，应打夯之前对填土初步平整，打夯机依次夯打，均匀分布，不留间隙 （3）基坑（槽）回填应在相对两侧或四周围同时回填与夯实 （4）回填管沟时，应用人工先在管子周围填土夯实，并应从管道两边同时进行，直至管顶 0.5m 以上。在不损坏管道情况下，方可采用机械填土回填和夯实
3	机械压实	（1）填土在碾压机械碾压之前，宜先用轻型推土机、拖拉机推平，低速行驶预压 4～5 遍，使表面平实。采用振动平碾压实爆破石碴或碎石类土，应先用静压而后振压 （2）碾压机械压实填方时应控制行驶速度，一般平碾、振动碾不超过 2km/h；羊足碾不超过 3km/h；并要控制压实遍数 （3）用压路机进行填方碾压，应采用"薄填慢驶、多次"的方法，填土厚度不应超过 25～30cm，碾压方向应从两边逐渐压向中间，碾轮每次重叠宽度 15～25cm。运行中，碾轮边距填土边缘应大于 500mm，以防发生溜坡倾倒。边角、边坡、边缘压实不到之处，应辅以人力夯或小型夯实机具夯实。压实密实度除另有规定外，应压至轮子下沉量不超过 1～2cm 为度，每碾压一层完成后，应用人工或机械（推土机）将表面拉毛，以利接合

项次	项目	填方施工压（夯）实方法要点
4	排水要求	（1）填土区如有地下水或滞水时，应在四周设置排水沟和集水井，将水位降低 （2）已填好的土如遭水浸，应把稀泥铲除后方能进行下一道工序 （3）填土区需保持一定横坡，或中间稍高两边稍低，以利排水，当天填土应在当天压实
5	质量控制与检验	（1）对有密度要求的填方，在夯实或压实之后，要对每层回填土的质量进行检验，一般采用环刀取样测出土的干密度，求出土的密实度。或用小轻便触探仪直接通过锤击数来检验干密度和密实度，符合设计要求后，才能填筑上一层土层 （2）基坑和室内填土。每层按 100～500m² 取样一组；场地平整填方，每层按 400～900m² 取样一组；每个基坑至少应有一组，沟槽每 20m³ 应有一组。取样部位在每层压实后的下半部 （3）填土压实后的干密度，应有 90% 以上符合设计要求；其余 10% 的最低值与设计值之差，不得大于 0.06g/cm³，且不应集中

4.3　土方机械化施工

4.3.1　机械的选择

常用挖土机械、作业特点及适用范围见表 4-31。填方压实机械作业特点及适用范围见表 4-32。

表 4-31　　　　　　　　常用挖土机械、作业特点及适用范围

名称、特性	作业特点	适用范围	辅助机械
推土机 操作灵活、运转方便，需工作面小，可挖土、运土，易于转移，行驶速度快，应用广泛	（1）推平 （2）运距100m 内的堆土（效率最高为 60m） （3）开挖浅基坑 （4）推送松散的硬土、岩石 （5）回填、压实 （6）配合铲运机助铲 （7）牵引 （8）下坡坡度最大 35°，横坡最大为 10° 几台同时作业前后距离应大于8m	（1）推一至四类土 （2）找平表面，场地平整 （3）短距离移挖作填，回填基坑（槽）、管沟并压实 （4）开挖深不大于 1.5m 的基坑（槽） （5）堆筑高 1.5m 内的路基、堤坝 （6）拖羊足碾 （7）配合挖土机从事集中土方、清理场地、修路开道等	土方挖后运出需配备装土、运土设备 推挖三至四类土，应用松土机预先翻松
铲运机 操作简单灵活，不受地形限制，无须特设道路，准备工作简单，能独立工作，无须其他机械配合能完成铲土、运土、卸土、填筑、压实等工序，行驶速度快，易于转移，需用劳力少，生产效率高	（1）大面积整平 （2）开挖大型基坑、沟渠 （3）运距 800～1500m 内挖运土（效率最高为 200～350m） （4）填筑路基、堤坝 （5）回填压实土方 （6）坡度控制在 20° 以内	（1）开挖含水率 27% 以下的一至四类土 （2）大面积场地平整压实 （3）运距 800m 内的挖运土方 （4）开挖大型基坑（槽）、管沟、填筑路基等。但不适于砾石层、浆土地带及沼泽地区使用	开挖坚土时需用推土机助铲，开挖三、四类土宜先用松土机预先翻松20～40cm；自行式铲运机用轮胎行使，适合于长距离，但开挖须用助铲

名称、特性	作业特点	适用范围	辅助机械
正铲挖掘机 装车轻便灵活，回转速度快，移位方便，能挖掘坚硬土层，易控制开挖尺寸，工作效率高	（1）开挖停机面以上土方 （2）工作面应在1.5m以上，开挖合理高度见表4-40 （3）开挖高度超过挖掘机挖掘高度时，可采取分层开挖 （4）装车外运	（1）开挖含水率不大于27%的一至四类土和经爆破后的岩石和冻土碎块 （2）大型场地整平土方 （3）工作面狭小且较深的大型管沟和基槽、路堑 （4）独立基坑 （5）边坡开挖	土方外运应配备自卸汽车，工作面应有推土机配合平土、集中土方进行联合作业
反铲挖掘机 操作灵活，挖土、卸土均在地面作业不用开运输道	（1）开挖地面以下深度不大土方 （2）最大挖土深度4~6m，经济合理深度为1.5~3m （3）可装车和两边甩土、推放 （4）较大较深基坑可用多层接力挖土	（1）开挖含水率大的一至三类的砂土或黏土 （2）管沟和基槽 （3）独立基坑 （4）边坡开挖	土方外运应配备自卸汽车，工作面应有推土机配合推到附近堆放
拉铲挖掘机 可挖深坑，挖掘半径及卸载半径大，操纵灵活性较差	（1）开挖停机面以下土方 （2）可装车和甩土 （3）开挖截面误差较大 （4）可将土甩在基坑（槽）两边较远处堆放	（1）挖掘一至三类土，开挖较深较大的基坑（槽）、管沟 （2）大量外借土方 （3）填筑路基、堤坝 （4）挖掘河床 （5）不排水挖取水中泥土	土方外运时需配备自卸汽车，并需配备推土机创造施工条件
抓铲挖掘机 钢绳牵拉灵活性较差，工效不高，不能挖掘坚硬土	（1）开挖直井或沉井土方 （2）装车或甩土 （3）排水不良也能开挖 （4）吊杆倾斜角度应在45°以上，距边坡应不小于2m	（1）土质比较松软，施工面较窄的深基坑、基槽 （2）水中挖取土，清理河床 （3）桥基、桩孔挖土 （4）装卸散装材料	土方外运时，按运距配备自卸汽车
装载机 操作灵活，回转移位方便、快速，可装卸土方和散料，行驶速度快	（1）开挖停机面以上土方 （2）轮胎式只能装松散土方，履带式可装较实土方 （3）松散材料装车 （4）吊运重物，用于铺设管道	（1）外运多余土方 （2）履带式改换挖斗时，可用于开挖 （3）装卸土方和散料 （4）松软土的表面剥离 （5）地面平整和场地清理等工作 （6）回填土 （7）拔除树根	土方外运需配备自卸汽车，作业面需经常用推土机平整并推松土方

表4-32　　　　　填方压实机械作业特点及适用范围

项目	适用范围	优 缺 点
推土机	（1）推一至四类土；运距60m内的推土回填 （2）短距离移挖作填，回填基坑（槽）、管沟并压实 （3）堆筑高1.5m内的路基、堤坝 （4）拖羊足碾压实填土	操作灵活，运转方便，需工作面小，行驶速度快，易于转移，可挖土带运土、填土压实，但挖三、四类土需用松土机预先翻松，压实效果较压路机等差，只适用于大面积场地整平压实
铲运机	（1）运距800~1500m以内的大面积场地整平，挖土带运输回填，压实（效率最高为200~350m） （2）填筑路基、堤坝，但不适于砾石层、冻土地带及沼泽地带使用 （3）开挖土方的含水率应在27%以下，行驶坡度控制在20°以内	操作简单灵活，准备工作少，能独立完成铲土、运土、卸土、填筑、压实等工序，行驶速度快，易于转移，生产效率高，但开挖坚硬回填需用推土机助铲，开挖三、四类土，需用松土机预先翻松
自卸汽车	（1）运距1500m以内的运土、卸土带行驶压实 （2）密实度要求不高的场地整平压实 （3）弃土造地填方	利用运输过程中的行驶压实，较简单方便、经济实用，但压实效果较差，只能用于无密实度要求的场合

76

项目	适 用 范 围	优 缺 点
光面碾压路机	(1) 爆破石渣、碎石类土、杂填土或粉质黏土的碾压 (2) 大型场地整平、填筑道路、堤坝的碾压	操作方便、速度较快、转移灵活，但碾轮与土壤接触面积大，单位压力较小，碾压上层密实度大于下层，适于压实薄层填土
羊足碾、平碾	(1) 羊足碾适于黏性土壤大面积碾压，因羊足碾的羊足从土中拔出会使表面土壤翻松，不宜用于砂及面层的压实 (2) 平碾适于黏性土和非黏性土壤的大面积压实 (3) 大型场地整平、填筑道路堤坝	单位面积压力大，压实深度较同重量光面压路机更高，压实质量好，操作工作面小，调动机动灵活，但需要拖拉机牵引作业
平板振动器	(1) 小面积黏性上薄层回填土的振实 (2) 较大面积砂性土的回填振实 (3) 薄层砂卵石碎石垫层的振实	为现场常备机具，操作简单轻便，但振实深度有限，最适用于薄层砂性土壤振实
小型打夯机	(1) 小型打夯机包括蛙式打夯机、振动夯实机、内燃打夯机等，小型打夯工具包括人工铁夯、木夯、夯石及混凝土夯等 (2) 黏性较低的土（如砂土、粉土等）小面积或较窄工作的回填夯实 (3) 配合光碾压路机，对边缘或边角碾压不到之处的夯实	体积小，重量轻，构造简单，机动灵活，操纵方便，夯击能量大，但劳动强度较大，夯实工效较低

注：对已回填较厚松散散土层，可根据回填厚度和设计对密实度要求，选用重锤或强夯夯实。

4.3.2 土方机械的作业方法

常用土方机械的作业方法见表 4-33～表 4-37。

表 4-33   推 土 机 推 土 方 法

方 式	推土方法及优缺点	适 用 范 围
下坡推土法 (图)	在斜坡上，推土机顺下坡方向切土与推运，借机械向下的重力作用切土，以增大切土深度和运土数量，可提高生产率 30%～40%，但坡度不宜超过 15% 以避免后退时爬坡困难。无自然坡度时，亦可分段堆土，形成下坡送土条件。下坡推土有时与其他堆土法结合使用	适用于半挖半填地区堆土丘，回填沟、渠时使用
槽形推土法 (图)	推土机重复多次在一条作业线上切土和推土，使地面逐渐形成一条浅槽，再反复在沟槽中进行推土，以减少土从铲刀两侧漏散，可增加 10%～30%的堆土量。槽的深度以 1m 左右为宜，槽与槽之间的土埂宽约 50cm。当推出多条槽后，再从后面将土推入槽内，然后运出	适于运距较远，土层较厚时使用
并列推土法 相距150～300(图)	用 2～3 台推土机并列作业，以减少土体漏失量。铲刀相距 15～30cm，一般采用两机并列推土，可增大推土量 15%～30%，三机并列可增大推土量 30%～40%，但平均运距不宜超过 50～75m，亦不宜小于 20m	适于大面积场地平整及运送土用

方　式	推土方法及优缺点	适用范围
分堆集中，一次推送法	在硬质土中，切土深度不大。将土先积聚在一个或数个中间点，然后再整批送到卸土区，使铲刀前保持满载。堆积距离不宜大于30m，推土高度以2m内为宜。本法可使铲刀的推送数量增大，有效地缩短运输时间，能提高生产效率15%左右	适于运送距离较远而土质又比较坚硬，或长距离分段送土时采用
斜角推土法 支架　铲刀	将铲刀斜装在支架上或水平位置，并与前进方向成一倾斜角度（松土为60°，坚实土为45°）进行推土，需较大功率的推土机	适于管沟推土回填、垂直方向无倒车余地或在坡脚及山坡下推土用
之字斜角推土法	推土机与回填的管沟或洼地边缘成"之"字或一定角度推土。本法可减少平均荷载距离和改善推集中土的条件，并可使推土机转角减小一半，可提高台班生产率，但需较宽运行场地	适于回填基坑（槽）、管沟时采用

表4-34　　　　　　　　　铲运机作业运行路线方法

名　称	作业运行方法	适用范围
椭圆运行路线	从挖方到填方按椭圆形路线回转。作业时应常调换方向行驶，以避免机械行驶部分的单侧磨损	适于长100m以内，填土高1.5m以内的路堤、路堑及基坑开挖、场地平整等工程采用
环形运行路线	从挖方到填方均按封闭的环形路线回转。当挖土和填土交替作业，而填土区刚好在挖土区的两端时，则可采用大环形路线。其优点是一个循环能完成多次铲土和卸土，减少铲运机的转弯次数，提高生产效率。本法亦应常调换方向行驶，以避免机械行驶部分的单侧磨损	适于工作面很短（50～100m）和填方不高（0.1～1.5m）的路堤、路堑、基坑及场地平整等工程采用
"8"字形运行路线	装土运土和卸土时按"8"字形运行，一个循环完成两次挖土和卸土作业。装土和卸土沿直线开行时进行，转弯时刚好把土装完或倾卸完毕。但两条路线间的夹角α应小于60°。本法可减少转弯次数和空车行驶距离，提高生产率，同时一个循环中两次转弯方向不同，可避免机械行驶部分单侧磨损	适于开挖管沟、沟边卸土或取土坑较长（300～500m）的侧向取土，填筑路基及场地平整等工程采用
连续式运行路线	铲运机在同一直线段连续进行铲土和卸土作业。本法可消除跑空车现象，减少转弯次数，提高生产效率，同时还可使整个填方面积得到均匀压实	适于大面积场地整平、填方和挖方轮次交替出现的地段采用
锯齿形运行路线	铲运机从挖土地段到卸土地段，以及从卸土地段到挖土地段都是顺转弯，铲土和卸土交错地进行，直到工作段的末端才转180°弯，然后再按相反方向做锯齿形运行。本法调头转弯次数相对减少，同时运行方向经常改变使机械磨损减轻	适于修筑工作地段很长（500m以上）的路堤、堤坝时采用

名　称	作业运行方法	适用范围
螺旋形运行路线 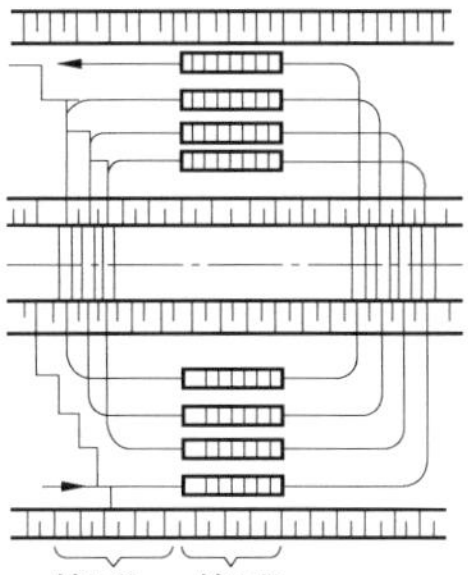 第2段　第1段 铲运土	铲运机呈螺旋形运行,每一循环装卸土两次,可提高工效和压实质量	适于填筑很宽的堤坝或开挖很宽的基坑、路堑

表 4-35　　　　　　　　　**正铲挖掘机的开挖方法**

方　式	开挖方法优缺点	适用范围
正向开挖,侧向装土法 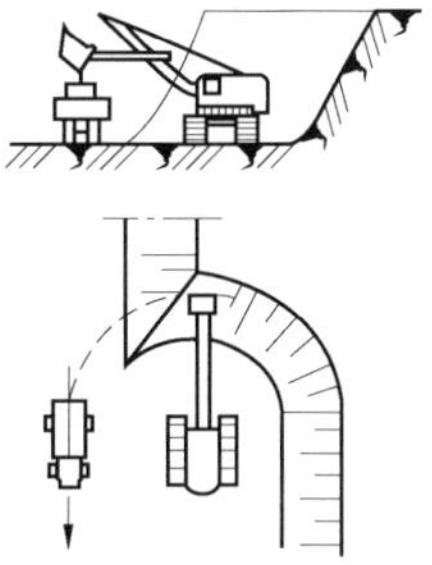 	正铲向前进方向挖土,汽车位于正铲的侧向装车。本法铲臂卸土回转角度最小(<90°),装车方便,循环时间短,生产效率高	用于开挖工作面较大,深度不大的边坡、基坑(槽)、沟渠和路堑等,为最常用的开挖方法
正向开挖,后方装土法 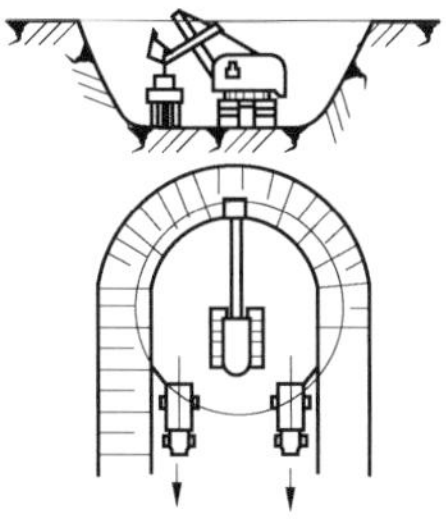 	正铲向前进方向挖土,汽车停在正铲的后面。本法开挖工作面较大,但铲臂卸土回转角度较大(180°左右),且汽车要倒行车,增加工作循环时间,生产效率低(回转角度180°效率约降低23%)	用于开挖工作面狭小、且较深的基坑(槽)、管沟和路堑等
分层开挖法 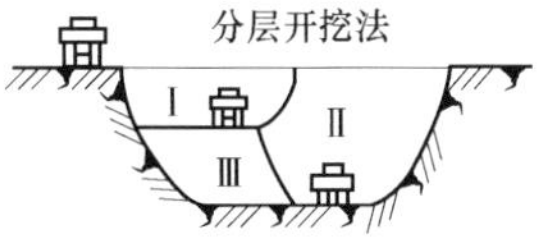 (a) 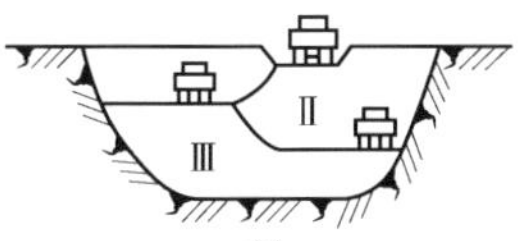 (b)	将开挖面按机械的合理高度分为多层开挖[左图(a)]。当开挖面高度不能成为一次挖掘深度的整数倍时,则可在挖方的边缘或中部先开挖一条浅槽作为第一次挖土运输线路[左图(b)],然后再逐次开挖直至基坑底部	适于开挖大型基坑或沟渠,工作面高度大于机械挖掘的合理高度时采用

79

方　式	开挖方法优缺点	适用范围
多层挖土法 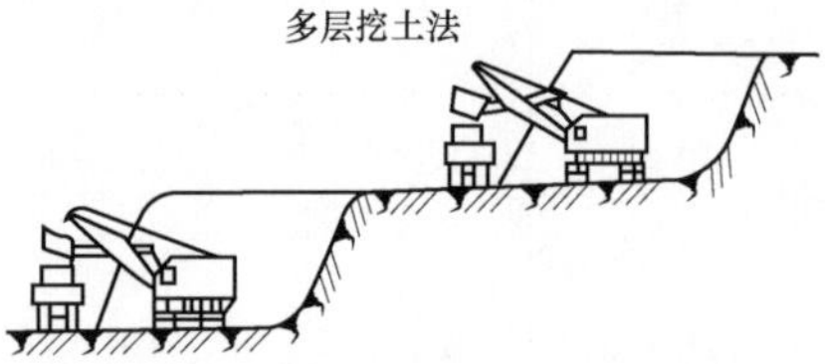 	将开挖面按机械的合理开挖高度，分为多层同时开挖，以加快开挖速度，土方可以分层运出，亦可分层递选，至最上层（或下层）用汽车运土。但两台挖土机沿前进方向，上层应先开挖保持 30～50cm 距离	适于开挖高边坡或大型基坑
中心开挖法 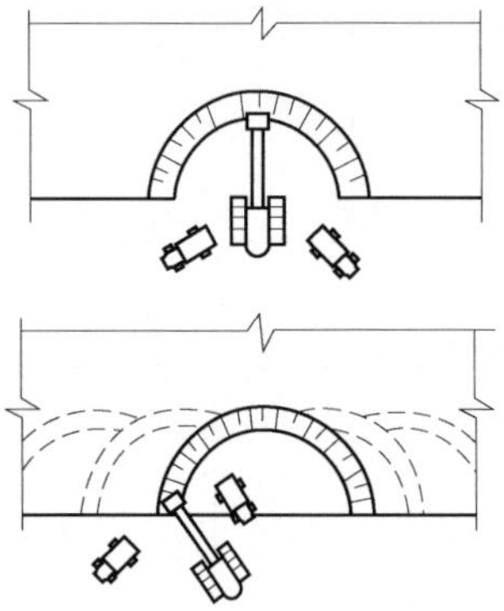	正铲先在挖土区的中心开挖，当向前挖至回转角度超过 90°时，则转向两侧开挖，运土汽车按八字形停放装土。本法开挖移位方便，回转角度小（＜90°），挖土区宽度宜在 40m 以上，以便于汽车靠近正铲装车	适于开挖较宽的山坡地段或基坑、沟渠等

表 4–36　　　　　　　　　　　　**反铲挖掘机开挖方法**

方　式	作业方法优缺点	适用范围
沟端开挖法 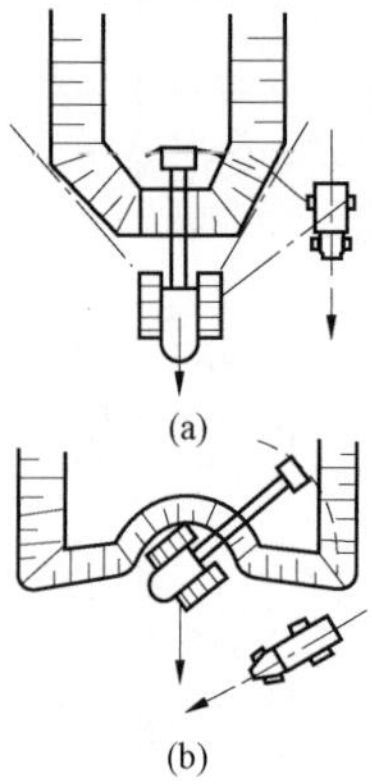 (a) (b)	反铲停于沟端，后退挖土，同时往沟一侧弃土或装汽车运走［见左图（a）］。挖掘宽度可不受机械最大挖掘半径限制，臂杆回转半径仅为 45°～90°，同时可挖到最大深度。对较宽基坑可采用左图（b）的方法，其最大一次挖掘宽度为反铲有效挖掘半径的两倍，但汽车须停在机身后面装土，生产效率降低，或采用几次沟端开挖法完成作业	适于一次成沟后退挖土，挖出土方随即运走时采用，或就地取土填筑路基或修筑堤坝等
沟侧开挖法 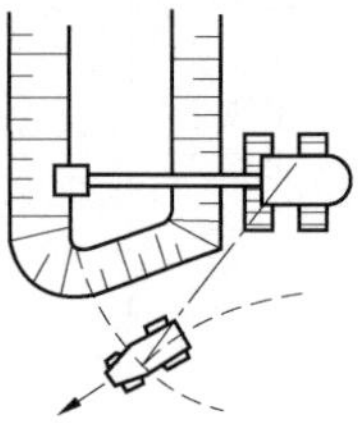	反铲停于沟侧沿沟边开挖，汽车停在机旁装土或往沟一侧卸土。本法铲臂回转角度小，能将土弃于距沟边较远的地方，但挖土宽度比挖掘半径小，边坡不好控制，同时机身靠沟边停放，稳定性较差	用于横挖土体和需将土方甩到离沟边较远的距离时使用

方　式	作业方法优缺点	适用范围
沟角开挖法 	反铲位于沟前端的边角上，随着沟槽的掘进，机身沿着沟边往后做"之"字形移动。臂杆回转角度平均45°左右，机身稳定性好，可挖较硬土体，并能挖出一定的坡度	适于开挖土质较好、深10m以上的大型基坑、沟槽和渠道
多层接力开挖法 	用两台或多台挖土机设在不同作业高度上同时挖土，边挖土、边向上传递到上层，由地表挖土机装车。上部可用大型反铲，中、下层用大型或小型反铲，以便挖土和装车，均衡连续作业，一般两层挖土可挖深10m，三层可挖15m左右。本法开挖较深基坑，可一次开挖到设计标高，一次完成，可避免汽车在坑下装运作业，提高生产效率，且不必设专用垫道	适于开挖土质较好、深10m以上的大型基坑、沟槽和渠道

表 4-37　　　　　　　　　　拉铲、抓铲挖掘机开挖方法

方　式	作业方法优缺点	适用范围
沟端开挖法 	拉铲停在沟端，倒退着沿沟纵向开挖。开挖宽度可以达到机械挖土半径的两倍，能两面出土，汽车停放在一侧或两侧，装车角度小，坡度容易控制，并能开挖较陡的坡	适于就地取土、填筑路基及修筑堤坝等
沟侧开挖法 	拉铲停在沟侧沿沟横向开挖，沿沟边与沟平行移动，如沟槽较宽，可在沟槽的两侧开挖。本法开挖宽度和深度均较小，一次开挖宽度约等于挖土半径，且开挖边坡不易控制	适于开挖土方就地堆放的基坑（槽）及填筑路堤等工程
层层拉土法 	拉铲从左到右，或从右到左顺序逐层挖土，直至全深。本法可以挖得平整，拉铲斗的时间可以缩短。当土装满铲斗后，可以从任何高度提起铲斗，运送土时的提升高度可减少到最低限度，但落斗时要注意将拉斗钢绳与落斗钢绳一起放松，使铲斗垂直下落	适于开挖较深的基坑、特别是圆形或方形基坑

方　式	作业方法优缺点	适用范围
顺序挖土法	挖土时先挖两边，保持两边低、中间高的地形，然后按顺序向中间挖土。本法挖土只有在两边遇到阻力较大，较省力，边坡可以挖得整齐，铲斗不会发生翻滚现象	适于开挖土质较硬的基坑
转圈挖土法	拉铲在边线外顺圆周转圈挖土，形成四周低中间高，可防止铲斗翻滚。当挖到 5m 以下时，则需配合人工在坑内沿坑周边往下挖一条宽 50cm，深 40～50cm 的槽，然后进行开挖，直至槽底平，接着人工挖槽，再用拉铲挖土，如此循环作业至设计标高为止	适于开挖较大、较深圆形基坑
转圈挖土法	拉铲先在一端挖成一个锐角形，然后挖土机沿直线按扇形后退挖土直至完成。本法挖土机移动次数少，汽车在一个部位循环，道路少，装车高度小	适于挖直径和深度不大的圆形基坑或沟渠
抓铲挖土法	（1）对小型基坑，抓铲立于一侧抓土 （2）对较宽的基坑，则在两侧或四侧抓土，抓铲应离基坑边一定距离 （3）土方可装自卸汽车运走，或堆弃在基坑旁或用推土机推运到远处堆放 （4）挖淤泥时，抓斗易被淤泥吸住，应避免用力过猛，以防翻车。抓铲施工，一般均需加配重	适于开挖土质比较松软、施工面狭窄而深的基坑、深槽、深井挖土，清理河泥等工程，最适于进行水下挖土，或用于装卸碎石、矿渣等松散材料

第5章 爆 破 工 程

5.1 爆 破 原 理

爆破就是炸药产生剧烈的化学反应，在瞬间释放大量的高温、高压气体，冲击和压缩周围的介质，使其受到不同程度的破坏。

5.1.1 爆破作用圈

埋在具有一定临空面土石内的炸药引爆后，原来体积很小的炸药，在极短的时间内由固（液）体状态转变为气体状态，体积增加数百倍甚至数千倍，从而产生极大的压力和冲击力，以及很高的温度，使周围的土石受到各种不同程度的破坏。靠近装药处的土石受到的压力最大，距离装药处越远的土石，受到的压力越小。一般将爆破影响的范围分为以下四个爆破作用圈，如图5-1所示。

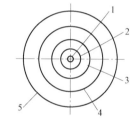

图5-1 爆破作用圈

1—药包；2—压缩圈；3—抛掷圈；

4—松动圈；5—振动圈

1. 压缩圈

在这个范围内的土石直接受到药包爆炸产生的巨大的作用力，如若为可塑性土，便会遭到压缩而形成孔穴；如若为坚硬的岩石便会被粉碎，故压缩圈又称为破碎圈。

2. 抛掷圈

在这个范围内的土石受到的破坏力较压缩圈为小。但土石的原有结构受到破坏，分裂成各种尺寸、形状的碎块，并且破碎作用力尚有余力，足以使这些碎块获得运动速度。若这个范围的某一部分处于临空的状态下，这些碎块便会产生抛掷现象。

3. 松动圈

在这个范围内的土石，虽然其结构受到不同程度的破坏，但爆破没有余力使之产生抛掷运动。

4. 振动圈

在这个范围内，爆破作用已减弱到不能使介质结构破坏，只是使其发生振动。

5.1.2 爆破漏斗

当埋设在地下的药包爆破后，抛掷半径 R 达到或超过临空面时，药包上面的土石被炸成碎块，部分抛散在其周围地面上，一部分仍坠落在坑内，形成一个倒立圆锥体形状的爆破坑，称为爆破漏斗（图5-2）。漏斗中心为药包中心，W为最小抵抗线，r为爆破漏斗上口半径，R为抛掷半径，h为最大可见深度。

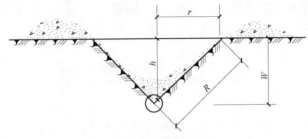

图5-2 爆破漏斗

爆破漏斗的大小，一般以爆破作用指数（n）来表示

$$n = \frac{r}{W} \tag{5-1}$$

式中 n——计算药包量、决定漏斗大小和药包距离的重要参数。

当$n=1$时，称为标准抛掷爆破漏斗；当$0.75 < n < 1$时，称为减弱抛掷爆破漏斗；当$n > 1$时，称为加强抛掷爆破漏斗；当$n \leq 0.75$时，称为松动爆破漏斗；当$n \leq 0.2$时，称为裸露爆破漏斗。

5.2 爆 破 材 料

5.2.1 炸药

工程中常用炸药的种类及性能如下。

1. 岩石硝铵炸药

有1号和2号两种，是一种低威力的炸药，适用于爆破中等硬度或软质岩石。这种炸药对冲击、摩擦不敏感，长时间加热后慢慢燃烧，离火即灭，因此非常安全。但易溶于水，吸湿后固结硬化，不能充分爆炸或拒爆，故要注意防潮。

2. 露天硝铵炸药

有1号和2号两种。这种炸药因爆炸后产生有毒气体较多，只能在露天爆破工程中使用。

3. 铵萘炸药

也属硝铵炸药，具有良好的抗水性，可用于一般岩石爆破工程。

4. 铵油炸药

是以硝酸铵为氧化剂，以柴油为可燃剂与木粉混合而成的低威钝感炸药，其原料及炸药的储存和运输都较安全，配制工艺简单，成本低，适用范围广。但不防水，吸湿结块性强。

5. 胶质炸药

又名硝化甘油炸药，是粉碎性较大的烈性炸药，爆速高，威力大，适用于爆破坚硬的岩石。此种炸药较敏感，在 8～10℃时冻结，且在半冻结时敏感性极高，稍有摩擦即爆炸，因此适用于10℃以上地区。胶质炸药不吸水，可用于水中爆破。

6. 梯恩梯（TNT）

又称三硝基甲苯，其主要特性：对撞击和摩擦的敏感度不大，但若掺有砂石粉类固体杂质时，则对撞击和摩擦的敏感度急剧增高；不溶于水，但在水中时间太长，会影响爆炸力；在爆炸时易产生有毒的一氧化碳，黑烟大，不能在通风不良的环境下使用。

7. 黑火药

为弱性炸药，易溶于水，吸湿性强，受潮后不能使用；对撞击和摩擦的敏感性高，易燃烧，火星即可点燃。适用于内部药包爆破松软岩石和土层，开采料石和制作导火索。在有瓦斯或矿尘危险的工作面不准使用。

8. 起爆炸药

是一种高级烈性炸药，用以制造雷管。按其敏感度分为正起爆药和副起爆药。正起爆药如雷汞、叠氮铅等对撞击、摩擦或火的敏感性很高，容易引起爆炸；副起爆药，如特屈儿、黑索金、泰安等，其敏感性稍低，但威力大。它们的共同特点是爆炸速度很快，在瞬时产生极大的冲击能，因此常用以起爆其他炸药。

5.2.2 起爆材料

1. 雷管

雷管是用来起爆炸药或起爆传爆线的。雷管是一种起爆装置，利用它产生的爆炸能来起爆炸药。雷管按起爆方式不同，可分为火雷管（普通雷管）和电雷管两种。电雷管又分为即发（瞬发）电雷管和延发（迟发）电雷管。延发电雷管又有秒延期雷管和毫秒延期雷管之分。管壳有铜、铝、铁、纸及塑料等五种，根据管内装起爆药量的不同，又分 1～10 种号码；号码越大，装药量越多，一般常用的是 6 号和 8 号。

（1）火雷管的技术性能、检验方法及适用范围。火雷管的构造、尺寸如图 5-3 所示。火雷管的规格、技术性能、检验方法及适用范围见表 5-1。

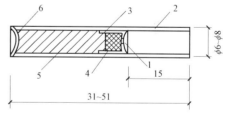

图 5-3　火雷管构造图（mm）

1—外壳；2—加强帽；3—帽孔；4—正起爆药；
5—副起爆炸药；6—窝槽

表 5-1　　　　　　　　　　火雷管的规格及技术性能

雷管号码	6 号	8 号	8 号
雷管壳材料	铜、铝、铁	铜、铝、铁	纸
管壳［外径（mm）×全长（mm）]	6.5×35	6.6×40	7.8×45
加强帽［外径（mm）×全长（mm）]	6.16×6.5	6.16×6.5	6.25～6.32×6

特性	遇撞击、摩擦、搔扒、按压、火花、热等影响会造成爆炸，受潮容易失效
点燃方法	利用导火索
试验方法	外观检查：如有裂口、锈点、砂眼、受潮、起爆药浮出等，不能使用 振动试验：振动 5min，不允许爆炸、撒药、加强帽移动 铅板炸孔：5mm 厚的铅板（6 号用 4mm 厚），炸穿孔径不小于雷管外径
适用范围	用于一般爆破工程，但在有沼气及矿尘较多的坑道工程中不宜使用
包装	内包装为纸盒，每盒 100 发，外包装为木箱，每箱 50 盒 5000 发
有效保证期	二年

（2）电雷管的技术性能、检验方法及适用范围。电雷管的构造与火雷管大体相同，不同的是在管壳开口的一端，设有一个电气点火装置，如图 5-4 所示，分为即发电雷管和延发电雷管两种。延发电雷管又分秒延期雷管和毫秒延期雷管两种。常用的秒延发雷管有 4、6、8、10、12s 等规格，主要用于多排药包需要间歇起爆的微差爆破中。

图 5-4　电雷管构造图

（a）即发电雷管；（b）延发电雷管

1—脚线；2—绝缘涂料；3—球形发火剂；4—缓燃剂

使用电雷管时，必须了解其主要参数。

1）电阻。一般为 $1.0 \sim 1.5\Omega$。按规定，串联在一起的电雷管，其电阻差不大于 0.25Ω。

2）最大安全电流，即长期通电（一般为 5min）而不会引起雷管爆炸的最大电流，不得超过 0.05A。

3）最小准爆电流。指在无限的时间内通电而使每个雷管起爆的最小电流。对康铜桥丝雷管，交流电为 3A，直流电为 2A。对镍铬桥丝雷管，交流电为 2.5A，直流电为 1.5A。在实际中，如能保证有 3A 电流通过每个雷管，准爆就有保证。

2. 导火索

导火索又称导火线，是用于一般爆破环境中（有瓦斯的场所、洞库工程除外）传递火焰、起爆火雷管或引燃黑火药包等。根据燃烧速度的不同，可分为正常燃烧导火索及缓燃导火索两种。其技术指标、检验方法及适用范围见表 5-2。

表 5-2　　　　　　　　　导火索的技术指标、质量要求及检验方法

构造	内部为黑火药芯，外面依次包缠棉线、黄麻（亚麻）、涂沥青、包牛皮纸等，外面再用棉线缠紧，涂以石蜡沥青涂料；两端亦涂有防潮剂。分普通（正常燃烧）导火索和缓燃导火索
技术指标	外径：5.2～5.8mm，药芯直径 2.2mm 长度：10m±0.1m 爆速：普通导火索为 100～125m/s，缓燃导火索为 180～210m/s 喷火强度：不低于 50mm

质量要求	(1) 粗细均匀，无折伤、变形、受潮、发霉、严重油污、剪断处散头等现象 (2) 包裹严密，纱线编织均匀，包皮无松开、无破损、外观整洁 (3) 在存放温度不超过40℃，通风、干燥条件下，保证期为二年
检验方法	(1) 在1m深静水中浸泡4h后，燃速和燃烧性能正常 (2) 燃烧时，无断火、透火、外壳燃烧及爆声 (3) 使用前做燃速检查，先将原导火索头剪去50～100mm，然后根据燃速将导火索剪成所需长度，两端须平整，不得有毛头，检查两端药芯是否正常
适用范围	用于一般爆破工程，不宜用于有瓦斯或矿尘爆炸危险的作业面

3. 导爆索

导爆索又称导爆线、传爆线，外表与导火索相似。其性质与作用与导火索不同，导火索传导火焰，导爆索传导爆轰波，具有爆速快、引燃药卷不用雷管等特点。导爆索的技术指标、质量要求及适用范围见表5-3。

表5-3　　　　　　　　导爆索的技术指标、质量要求及适用范围

构造	由药芯及外皮组成，药芯用爆速高的烈性黑索金制成，以棉线、纸条为包缠物，并涂以防潮剂，外层包皮线，表面涂以红色，索头涂以防潮剂
技术指标	外径：5.5～6.2mm，药芯直径3～4mm 爆速：不低于6506m/s 拉力：不小于3060N 点燃：用火焰点燃时，不爆燃、不起爆（应用8号火雷管或电雷管起爆） 起爆性能：2m长的导爆索能完全起爆一个200g的压装梯恩梯药块
质量要求	(1) 外观无破损、折伤、药粉撒出、松皮、中空现象，扭曲时不折断，炸药不散落，无油脂和油污 (2) 在0.5m深，温度为10～25℃的水中浸泡24h，仍能完全爆轰 (3) 在-28～50℃内，不失起爆性能 (4) 在温度不超过40℃，通风、干燥条件下，保证期为二年
适用范围	用于一般爆破作业中直接起爆2号岩石炸药；用于深孔爆破和大量爆破药室的引爆。并可用于几个药室同时准确起爆，不用雷管。不宜用于有瓦斯、矿尘的作业面及一般炮孔法爆破

4. 导爆管

导爆管是一种半透明的内涂有一薄层高燃混合炸药的塑料软管起爆材料。起爆时，以1700m/s左右的速度通过软管而引爆火雷管，但软管并不破坏。这种材料具有抗火、抗电、抗冲击、抗水及传爆安全等性能，因此是一种安全的导爆材料。与雷管、导爆索、导火索等相比，导爆管具有作业简单、安全抗杂散电流，起爆可靠，成本低，运输方便等独特优点。

5.3　药包量的计算

5.3.1　药包的分类

药包按爆破作用区分为以下几种：内部作用药包、松动药包、抛掷药包和裸露药包，

如图 5-5 所示。内部作用药包爆炸时，只作用于地层内部，不显露到临空面；松动药包只能使介质破坏到临空面为止，其破坏了的介质不产生抛掷运动，只是在原来位置的附近有一个较小距离的移动；抛掷药包的作用是形成爆破漏斗；裸露药包是指设置于其他物体表面上的药包，它的爆炸主要是为了使爆破对象破碎。

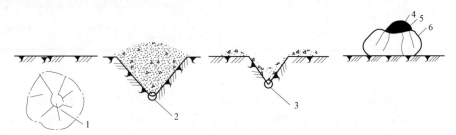

图 5-5　药包爆破作用分类示意图

1—内部作用药包；2—松动药包；3—抛掷药包；4—裸露药包；5—覆盖物；6—被爆破的物体

5.3.2　药包量的计算

药包量的大小，要根据炸药的品种、岩石的坚硬程度和缝隙情况及临空面的多少、爆破方法、预计爆破的岩体体积和现场施工经验等因素来确定。其理论上的计算，系假定药包量的大小与被爆破的岩石体积成正比。

1. 标准抛掷药包量的计算

在标准抛掷药包量爆破的情况下，所炸除的岩石体积，即为标准爆破漏斗的体积。所需的药包量为

$$Q=qeW^3 \qquad (5-2)$$

式中　Q——药包量（kg）；

q——爆炸岩土单位体积炸药消耗量（kg/m³），与土的性质有关，见表 5-4；

e——炸药换算系数，见表 5-5；

W——药包的最小抵抗线（m）。

表 5-4　　　　　　　　　　　　　炸　药　单　位　消　耗　量　q

土的类别	一	二	三	四	五	六	七	八
q（kg/m³）	0.5~1.0	0.6~1.1	0.9~1.3	1.2~1.5	1.4~1.65	1.6~1.85	1.8~2.6	2.1~3.25

注：1. 本表以 2 号岩石硝铵炸药为准，当用其他炸药时，须乘以换算系数 e 值，见表 5-5。

2. 表中所列 q 值是指一个自由面的情况，如为二个自由面，应乘以 0.83；三个自由面乘以 0.67；四个自由面乘以 0.50；五个自由面乘以 0.33；六个自由面乘以 0.17。

3. 表中土的工程分类见表 2-10。

4. 表中 q 值在药孔堵塞良好，即堵塞系数（实际堵塞长度与计算堵塞长度之比）为 1 的情况下定出。

表 5-5 炸 药 换 算 系 数 *e*

炸药各称	型号	换算系数	炸药名称	型号	换算系数
岩石硝铵	1 号	0.9	35%胶质炸药	普通	1.06
岩石硝铵	2 号	1.0	混合胶质炸药	普通	1.0
露天硝铵	2 号、3 号	1.14	梯恩梯		1.05~1.14
62%胶质炸药	普通	0.89	胺油炸药		1.14~1.36
62 %胶质炸药	耐冻	0.89	黑火药		1.14~1.42

2. 加强松动及抛掷药包量计算

加强松动及抛掷药包量，可以用下式计算。

当 $W<25$m 时

$$Q=(0.4+0.6n^3)eqW^3 \qquad (5-3)$$

当 $W>25$m 时

$$Q = (0.4 + 0.6n^3)eqW^3\sqrt{\frac{W}{25}} \qquad (5-4)$$

对斜坡地面

$$Q = (0.4 + 0.6n^3)eqW^3\sqrt{\frac{W\cos\theta}{25}} \qquad (5-5)$$

式中　　n——爆破作用指数，不应超过 1.25~1.5；

$\sqrt{\dfrac{W}{25}}$——重力修正系数。

如 $W\cos\theta<25$m 时，Q 不进行修正。

3. 松动药包量计算

一般计算公式

$$Q=0.33qeW^3 \qquad (5-6)$$

对斜坡地形或阶梯式地形

$$Q=0.36qeW^3 \qquad (5-7)$$

4. 内部作用药包量计算

计算公式如下

$$Q=0.2qeW^3 \qquad (5-8)$$

【例 5-1】 在坚实的泥岩上开一个深 1.6m、直径 42mm 的炮孔，采用 2 号岩石硝铵炸药（装药密度为 0.9g/cm³），进行松动爆破。求在堵塞良好情况下的药包重量。

　　解　由表 2-7 查得坚实的泥岩为六类土，参考表 5-4 取 $q=1.75$kg/m³，采用 2 号岩石硝铵炸药 $e=1.0$，炮孔装药长度 L，一般为炮孔深度的 1/3~1/2。

现假定药包长　$L=h/2=1600/2=800$mm

则堵塞物长　$B=1600-800=800$mm

药包最小抵抗线长　$W=1600$mm$-$ 800mm$+$ 800mm$/2=1200$mm

由式（5-6）得：

$$Q=0.33qeW^3=0.33\times1.75kg/m\times1\times1.2m^3=0.998kg$$

800mm 长药包重 $\dfrac{\pi\times4.2^2}{4}cm\times80cm\times0.9g/cm^3=997g=0.997kg$，与假定相符，堵塞长度有 800mm 已充足，故所需药量定为 1kg。

5.4 起 爆 方 法

5.4.1 钻孔方法

土方工程爆破施工的钻孔方法，有人工钻孔法和机械钻孔法两种。

1. 人工钻孔法

炮孔在 3m 以内，可采用人工钻孔。人工钻孔法又分为冲钎法和锤击法。冲钎法适用于软石中成孔；锤击法则用于坚石中成孔。

2. 机械钻孔法

机械钻孔具有劳动强度低、速度快、工效高、操作安全等优点，适用于爆破工程量大的任何硬度的岩石中成孔。机械钻孔的机具设备可分为两类，一类是风镐和风动凿岩机，另一类是钻孔机（钻机）。

5.4.2 起爆方法

1. 火花起爆法

火花起爆法是利用导火索燃烧时产生的火花引爆火雷管，先使药卷爆炸，从而使整个药包的炸药爆炸。火花起爆法使用的材料主要是火雷管、导火索和起爆药卷，多用于一般炮孔法、深孔法爆破单个或少量药包。火花起爆法具有操作简单、准备工作少、不需要特殊点火设备、仪表等优点；但存在准备工作不易检查，点燃导火索根数受限制，操作人员处于爆破地点，不安全等缺点。

2. 电力起爆法

电力起爆法是利用电雷管中的电力引火剂通电发热燃烧，使起爆药卷爆炸，从而引起整个药包爆炸。它是工程上最常用的一种方法，在大规模爆破中，或在同时起爆多个炮眼时，多采用电力起爆法。它所用材料除电雷管外，还有电线、电源，以及检查、测量仪表。

（1）电线、电源、仪表。电线用来连接电雷管，组成电爆网路。按其在电爆网路中作用的不同，又分为脚线、端线、连接线和主线等。脚线采用直径为 0.5～0.7mm 的纱包线或塑料绝缘线；端线和连接线采用直径 1.13～1.37mm 的橡胶绝缘线或塑料绝缘线；主线通常采用七股 1.6～2.11mm 绝缘线。用作电力起爆的电源，有放炮器、干电池、蓄电池、移动式发电装置、照明电力线或动力线路等。用作检查电雷管和电爆网路电阻、电压或电流的仪表有小型欧姆计、爆破电桥、伏特计和安培计、万能表等。

（2）电爆网路的连接与计算。电爆网路是由电雷管起爆、由端线和连接线等导线组成的一种爆破网路。电爆网路的连接形式，有串联、并联、串并联、并串联等数种。在土方工程爆破施工中，可根据爆破规模、爆破方法、工程的重要性及爆破器材等情况而选择合宜的连接形式。

电爆网路计算，其主要任务就是要算出整个网路及其各支路上的电阻，从而求出通过网路的电流以及通过各电雷管的电流，用以检验该电流是否满足各电雷管的准爆电流要求。

电爆网路的连接形式、计算公式及适用条件见表5-6。

表 5-6　　　　　　　　　　　电爆网路的连接形式、计算公式及适用条件

名称	连接形式	网路计算公式	适用条件和特点
串联法	（电源、主线、连接线、脚线、电雷管、药室示意图）	$R=R_主+R_支+nr+R'$ $L_准=i$ $E=RI=(R_主+R_支+nr+R')i$ $I=\dfrac{E}{R_主+R_支+nr+R'}\geq i$	（1）适用于爆破数量不多，炮孔分散，电源、电流不大的小规模爆破 （2）接线简便，检查线路较易，导线消耗较少，需准爆电流小 （3）易发生拒爆现象，一个雷管发生故障，便切断整个电线路。复式电线路可克服所有电雷管准爆的可靠性差的缺点 （4）可用放炮器、干电池、蓄电池作起爆电源
并联法	（电源、主线、连接线、脚线、电雷管、药室示意图）	$R=R_主+\dfrac{1}{m}(R_支+r)+R'$ $I_准=i$ $E=RI=mi\left[R_主+\dfrac{1}{m}(R_支+r)\right]$ $I=\dfrac{E}{R_主+\dfrac{1}{m}(R_支+r)+R'}\geq mi$	（1）适于炮孔集中，电源容量较大及起爆少量电雷管时应用 （2）导线电流消耗大，需较大截面主线 （3）连接较复杂，检查不便 （4）与串联相比，不易发生拒爆，但若分支线电阻相差较大时，可能产生不同时爆破或拒爆
串并联法	（电源、主线、连接线、脚线、电雷管、药室示意图）	$R=R_主+\dfrac{1}{m}(R_支+nr)+R'$ $I_准=i$ $E=RI=mi[R_主+(R_支+nr)+R']$ $I=\dfrac{E}{R_主+\dfrac{1}{m}(R_支+r)+R'}\geq mi$	（1）适于每次爆破的炮孔、药包组很多，且距离较远，或全部并联电流不足时，或采取分层迟发布置药室时使用 （2）需要的电流容量比并联小 （3）线路计算和敷设复杂 （4）同组中的电流互不干扰各分支线路电阻宜接近平衡或基本接近
并串联法	（电源、主线、连接线、脚线、电雷管、药室示意图）	先算出每一支线路的电阻 $R_i=\dfrac{nr}{N}+R_{2i}$ 然后以其中最大的分支线路电阻（$R_{最大}$）为标准，则电爆网路计算 $R=R_主+\dfrac{1}{N}R_{最大}+R'$ $I_准=nN_i$ $E=RI=nNi\left(R+\dfrac{1}{N}R_{最大}+R'\right)$ $I=\dfrac{E}{R_主+\dfrac{1}{N}R_{最大}+R'}\geq mNi$	（1）适于一次起爆多个药包，且药室距离很长时，或每个药室设两个以上的电雷管而又要求进行迟发起爆时使用 （2）可采用较小的电源容量和较低的电压 （3）线路计算和敷设较复杂 （4）爆网路可靠性较串联强，但有一个雷管拒爆时，仍将切断一个分组的线路

表中符号	式中 R——电爆网路中的总电阻（Ω）； $I_{准}$——电爆网路分支线的准爆电流（A）； I——电爆网路中所需总的准爆电流（A）； E——电源电压或所需电源的电压（V）； $R_{主}$——主线的电阻（Ω）； $R_{支}$——端线、连接线、区域的电阻（Ω）； R'——电源的内电阻（Ω），当用照明线路或动力线路时，可忽略不计； n——线路中雷管的数目（个）； r——每个雷管的电阻（Ω），一般常用 $r=1.5Ω$ 计算； m——为并联分支线路的组数（图例为 $m=3$）； i——通过每个电雷管所需的准爆电流（A），交流电为 2.5A；直流电为 2.0A； $R_{最大}$——电阻平衡后各分支线路中最大的电阻（Ω）； R_i——第 i 分支线路的电阻（Ω）； N——每药室并联雷管数目（个）； R_{2i}——第 i 分支线路上端线，连接线、区域线的电阻（Ω）

注：串并联法和并串联法这两种电爆网路，都要求各分支线路的电阻基本相同，否则要进行电阻平衡。

【例 5–2】工程场地平整采用炮孔法，共钻孔 24 个，每孔设一雷管，电爆网路采用串联法，试计算用直流电源所需电源电压。

解 假定每个电雷管的电阻按 $1.5Ω$ 计，由表 5–6 可知，通过每个电雷管所需的准爆电流 i 值（当使用直流电时为 2.0A）。

根据表 5–6 中式（1–3）可知直流电源电压为

$$E=(R_{主}+R_{支}+nr+R')i$$
$$=(6Ω+1.2Ω+24\times1.5Ω+0Ω)\times2A=86.4V$$

故所需直流电源电压应大于 87V。

【例 5–3】工程基坑开挖采用浅孔爆破，钻孔 72 个，每孔装设一个电雷管，共设 6 组分支线路，采用串并联网路，电源电压 220V 照明线路。试计算能否达到电爆网路的准爆电流。

解 电源主线电阻估计 $3.5Ω$，每一组支线路电阻为 $2Ω$，电源内电阻 R' 忽略不计。
由串并联电爆网路计算表 5–6 中式（3–4）得

$$I=\cfrac{E}{R_{主}+\cfrac{1}{m}(R_{支}+nr)+R'}=\cfrac{220V}{3.5Ω+\cfrac{1}{6}(2Ω+12\times1.5Ω)+0Ω}$$

$$=32.20A\geq mi=6\times2.5A=15A$$

故电流强度能达到准爆要求。

5.5 爆 破 方 法

土方工程爆破施工中，所采用的爆破方法通常可分为两类，即基本爆破方法和特殊爆破的方法。

5.5.1 基本爆破方法

土方工程爆破施工中的基本爆破方法可分为裸露爆破法、炮孔爆破法、药壶爆破法和小洞室爆破法数种。

1. 裸露爆破法

此法多用于炸碎岩石和大型爆破中的巨石改炮，其耗药量为一般浅孔爆破的 3～5 倍，爆破效果不易控制，且岩片飞散较远，易造成事故。

2. 炮孔爆破法

按照炮孔深度的不同，炮孔爆破法可分为浅孔爆破法和深孔爆破法两种。

（1）浅孔爆破法。此法是在被爆破岩石上钻出直径为 25～50mm、深度为 0.5～5m 的圆柱形炮孔，装入延长药包进行爆破，是用得最普通的一种爆破方法。

炮孔位置，要尽量利用临空面，或者有计划地改造地形，使前一次爆破为后一次爆破创造更多的临空面，以提高爆破效果。此外，应防止炮孔的方向与临空正交，否则，会使炮孔轴线与最小抵抗线的方向一致，导致在爆破时首先将堵塞炮孔的堵塞物冲出，从而形成所谓的"空炮"。

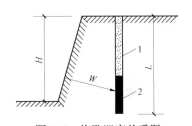

图 5-6　炮孔深度关系图

1—堵塞物；2—炸药

1）炮孔深度 L 与最小抵抗线 W 的确定。如图 5-6 所示，炮孔深度应视岩石硬度而定。在坚硬岩石中

$$L=(1.10～1.15)H \qquad (5-9)$$

式中　H——爆破层梯段高度

在较软岩石中

$$L=(0.85～0.95)H \qquad (5-10)$$

最小抵抗线也是随岩石硬度和爆破层阶梯高度而定，一般取为

$$W=(0.7～0.8)H \qquad (5-11)$$

2）炮孔距离的确定。炮孔布置，一般为梅花形，如图 5-7 所示。炮孔间距 a（同排炮孔之间的距离）是按照不同的起爆方法来确定的。

对于火花起爆

$$a=(1.4～2.0)W \qquad (5-12)$$

对于电力起爆

$$a=(0.8～2.0)W \qquad (5-13)$$

当有多排炮孔时，炮孔排距 b，可取为等于第一排炮孔的计算最小抵抗线 W，若第一排各炮孔的 W 不相同时，则取其平均值。

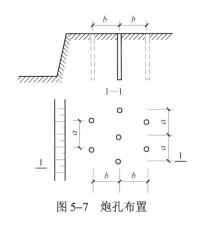

图 5-7　炮孔布置

3）药包量计算。浅孔爆破法的药包量可按松动药包量计算公式计算，在实际工作中，装药量为炮孔深度的 1/3～1/2，最少不可少于炮孔深度的 1/4。

4）装药与堵塞方法。装药前应将炮孔内的石粉、泥浆除净，并将炮孔口周围打扫干净。为了防止炸药受潮，可在炮孔底部放上塑料薄膜或油纸。若为散装炸药，装药时用勺子或漏斗分几次装入，每装一次，用木棍或竹棍轻轻压紧。若炸药为药卷，装药时用炮棍将药卷一个一个地送入炮孔，并轻轻压紧。起爆药卷在炮孔内的位置要适中。起爆药卷装入炮孔时，要特别小心，不可撞击或挤压，以防触及雷管而发生事故。

装药后，需对炮孔进行堵塞。堵塞物可用 1 份黏土、2 份粗砂及含水适当的松散土料混合而成。若为水平炮孔或斜炮孔，则可用 2 份黏土、1 份粗砂，做成比炮孔小 5～8mm、长 100～150mm 的圆柱形炮泥进行堵塞。在堵塞中注意不可碰坏导火索或雷管脚线。

（2）深孔爆破法。深孔爆破法的炮孔直径一般为 75～120mm（最大可达 270mm），深度为 5～15m（最大可达 30m）。这种爆破方法，需要大型凿岩机或露天潜孔钻。它的优点是效率高，一次爆破的土石方量大，但缺点是爆落的岩石大小不均匀，往往有 10%～25% 的大石块要进行二次爆破。深孔爆破法主要用于深基坑的开挖或高阶梯的场地平整和土石方爆破。

3. 药壶爆破法

药壶爆破法是在已钻孔的炮孔底部放入少量炸药，经过几次爆破扩大成为圆球的形状，最后装入炸药进行爆破，如图 5-8 所示。此法与炮孔爆破法相比，具有爆破效果好、工效高、进度快、炸药消耗量少等优点。但爆扩药壶的操作较为复杂，爆落的岩石不均匀。由于在坚硬岩石中药壶爆扩较为困难，故此法主要用于硬土和软石中爆破，爆破层的阶梯高度 H 一般为 3～8m。

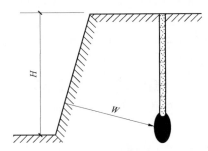

图 5-8　药壶爆破法

药壶爆破法的最小抵抗线 W 随爆破层阶梯高度 H 而定，一般取 $W=(0.5～0.8)H$，H 较大时取小值，反之取大值。药壶爆破法的炮孔间距为（0.8～2.0）W，一般取 1.8W；炮孔的排距为（1.2～1.7）W，一般取 1.5W；药壶内的药包量 Q' 为 0.65Q［Q 为由式（5-5）计算出的松动药包量］。

4. 小洞室爆破法

小洞室爆破法就是在被爆破的岩土内开挖横向或竖向的导洞和药室，然后装入集中药包进行爆破的一种方法，如图 5-9 所示。

导洞截面的大小：对于横向导洞，一般为 1m×1.5m；竖井一般为直径 1.2m×1.2m。横洞长度一般为 5～7m，竖井深度为（0.9～10）H（爆破层阶梯高度）。

此法的优点是操作简单，爆破效果比炮孔法好，同时，不受炸药品种限制，可用黑火药。其缺点是开洞工作量大，堵洞比较困难。

小洞室爆破法适用于六类土以上的较大量的坚硬石方的爆破。横洞适于爆破层高度不超过 6m 的软质岩石或有夹层的岩石爆松；竖井适于阶梯高度 3～6m 的场地平整、基坑开挖的松动爆破。

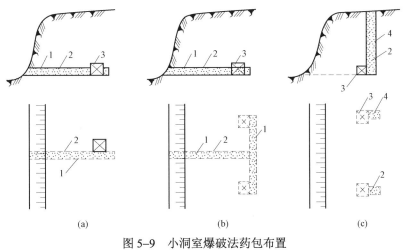

图 5-9 小洞室爆破法药包布置

(a) 方法一；(b) 方法二；(c) 方法三

1—横洞；2—堵塞物；3—药室；4—竖井

5.5.2 特殊爆破方法

在土方工程爆破施工中，为了达到某种预期的目的，如欲控制岩土的爆破区域、控制土石的散落方向或散塌范围，以及降低空气冲击波和噪声的强度，减轻地震波影响等，往往需采取某种特殊的爆破方法。

特殊爆破方法通常有边线控制爆破法、定向爆破法、微差爆破法和静态爆破法等几种。

1. 边线爆破法

边线爆破法通常又区分为光面爆破法和预裂爆破法。这两种爆破方法是随着深孔爆破技术的发展和钻孔机械日益完善而发展起来的爆破技术。

采用光面爆破法时，先起爆主炮孔和辅助炮孔，后起爆光面炮孔，这样可使开挖的边坡面较为平整；采用预裂爆破法时，预裂炮孔需在主炮孔和辅助炮孔起爆前的瞬间先起爆，其起爆时差：对坚硬岩石不少于 50～80ms，中等坚硬岩石不少于 80～150ms，松软岩石不少于 150～200ms。这样的起爆顺序，其作用是能够沿着设计开挖线预先爆开一条缝隙，以控制对边岩体产生破坏性的影响。

光面炮孔或预裂炮孔的装药量，为主炮孔和辅助炮孔装药量的 50%。

光面爆破法适用于在具有均质的层面破碎带和接合面很少的岩层中爆破，预裂爆破法则可用于各种岩层中爆破。

2. 定向爆破法

定向爆破法，就是利用爆破的作用，将岩土按照指定的方向和距离，准确地抛掷到预定的地点，并堆积成一定形状填方的一种抛掷爆破方法。

定向爆破的基本原理，就是炸药在岩土内爆炸时，岩土是沿着最小抵抗线，即沿着从药室中心到临空面最短距离的方向而抛掷出来的。因此，合理选择临空面并布置药室和炮孔是定向爆破的一个重要问题。临空面可以利用自然地形，也可以用人工方法造成任何需要的孔穴或沟槽作为临空面。其目的在于形成最小抵抗线的方向能够指向工程需要的方向，从而将爆破的岩土抛向指定的位置。

3. 微差爆破法

微差爆破法是随着爆破器材的发展而出现的一种深孔爆破新技术。它使用特制的毫秒延期雷管，把一次爆破从时间上分成若干段，每段之间以毫秒级的时差进行爆破，所以也称毫秒爆破法。

微差爆破法的主要优点，在于把普通齐发爆破的总炸药能量，分割为多个较小的能量，采取合理的装药结构、最佳的起爆顺序和微差间隔起爆时间，为每个药包创造多个临空面条件；同时，它能将齐发大量药包产生的震波，变成一长串长幅值的地震波，而且各个波相互干扰，从而降低地震效应，把爆破振动控制在预定的水平之内。

4. 静态爆破法

静态爆破又称无声爆破。它是一种采用静态破碎剂的控制性爆破，能做到在无噪声、无飞石、无爆破地震波、无冲击波、无有毒气体及无粉尘的情况下，将被爆破的岩土破碎。

静态破碎剂（SCA）是我国相关研究单位研究成功的一种爆破材料。它是由铝、镁、钙、铁、氧、硅、磷、钛等元素组成的灰白色无机盐粉末。使用时，加入适量水，调成流动状浆体，灌入炮孔中，经过 $10\sim24h$（最快 $1\sim4h$），由于 SCA 与水反应，生成膨胀性的结晶体，体积增大到原来的 $2\sim3$ 倍，在炮孔中产生 $30\sim50MPa$ 的膨胀压力。这种膨胀压力施加在被爆破的岩土上时，可使岩土产生的拉应力大大超过岩土的抗拉强度或抗剪强度，从而使岩土在无噪声、无飞石、无有害气体扩散等情况下被破碎。因此，采用静态爆破法，即可达到爆破的目的，又可保证施工安全，并且不污染环境。

5.6 爆 破 安 全

爆破施工是一种危险作业。因此，对于爆破安全问题，必须予以高度重视。爆破的安全问题，贯穿于爆破材料的储存、保管、运输、爆破作业等整个过程中。无论哪个环节，一旦发生爆炸事故，轻者致伤、致残，重者则造成人民生命财产的巨大损失。

为了防止爆破事故的发生，在整个爆破施工过程中，对于每一个环节，在技术和组织管理等各方面，都必须严格贯彻执行爆破安全规程及有关安全规定。

5.6.1 爆破材料的储存、保管与运输

1. 爆破材料的储存和保管

首先，对于炸药仓库和雷管仓库的库址的选择要慎重，炸药仓库的安全距离和雷管仓库至炸药仓库的安全距离必须满足规定；即使是临时放置爆破材料的仓库，同样也要按照安全距离的要求选定，见表 5-7 和表 5-8。

表 5-7　　　　　　　　　　　炸药仓库至保护对象的安全距离　　　　　　　　　　（单位：m）

保护对象	炸药库存容量					
	0.25	0.50	2	8	16	32
与有爆炸和易燃的工厂、车站、码头的距离	200	250	300	400	500	600
与居民区、工厂、集镇的距离	200	250	300	400	450	500
与铁路线的距离	50	100	150	200	250	300
与公路干线的距离	40	60	80	100	120	150

表 5-8　　　　　　　　　　　雷管库和与炸药库的安全距离　　　　　　　　　　（单位：m）

相隔距离和仓库名称	雷管库存量（个）							
	5000	10000	20000	30000	50000	100000	200000	300000
雷管库与炸药库的安全距离	5	6	9	11	14	19	27	33
雷管库与雷管库的安全距离	7	10	15	18	23	32	45	55

爆破材料储存和保管的主要安全规定如下。

（1）炸药和雷管必须分仓库储存；不同性质的炸药不能放在一起，特别是硝化甘油炸药必须单独存放。

（2）对仓库要设专人警卫，并严格执行保管、领用、消防等有关制度。严守仓库出入制度，严禁带火种、带武器、持敞口灯、穿钉鞋进入仓库。

（3）仓库内只准使用安全照明设施，固定灯具须采用防爆型的，移动灯具必须使用有绝缘外壳的蓄电池和手电筒。仓库须设避雷装置，其接地电阻不大于 10Ω。

（4）仓库内应保持干燥、通风良好，温度应保持在 $18\sim30℃$ 之间，在仓库周围 5m 的范围以内，须清除一切树木和草皮。储存的爆破材料，还要严防虫、鼠的啃咬，以免引起爆炸或材料的失效。

2. 爆破材料的运输

爆破材料的装卸，均应轻拿轻放，不得有摩擦、撞击、抛掷、转倒、坠落发生。不同的爆破材料应分别装运。运输途中，不可在非指定地点休息或逗留。如中途需要停车，必须离开民房、桥梁、铁路 200m 以上。

运输爆破材料，各种车辆、人物相隔的距离不得小于表 5-9 的规定。

表 5-9　　　　　　　　　　　爆破材料运输安全距离　　　　　　　　　　（单位：m）

道路情况＼运输方式	汽车	马车	驮运	人物
在平坦道路上	50	20	10	5
上、下山坡时	300	10	50	20

5.6.2 爆破施工作业的安全措施

爆破施工作业中的安全问题，涉及不同的爆破材料、不同的爆破方法和不同的环境条件。应认真贯彻执行爆破安全方面的有关规定，尤其应注意以下几个方面。

（1）放炮前必须明确标划不定期警戒范围，立好标志，并有专人警戒。裸露药包、深孔、小洞室爆破法的安全距离不小于 400m；浅孔、药壶爆破法不小于 200m。

（2）装药进炮孔必须用木棍将炸药轻轻送入，严禁使用金属棒，严禁冲捣。堵塞炮泥时，切不可撞击雷管。

（3）若采用电力起爆，在雷闪时有可能导致电力起爆网路的早爆，应防止雷电直接击中、静电感应、电磁感应。因此，在闪电雷鸣到来之前，就要停止装药、安装电雷管和连接导线等操作，并迅速将雷管的脚步线和网路的主线连成短路。所有工作人员应立即离开装药地点，隐蔽于安全区。

（4）禁止过早进入爆破后工作面。对于地下工程的爆破作业，若过早进入爆破后工作面，除了可能因炮孔误爆、迟爆引起事故外，很可能发生炮烟（CO；NO，NO_2，N_2O_4 等）中毒事故。氮的氧化物有强烈的刺激性，能和水结合成硝酸，对人的肺组织会造成破坏，导致肺水肿死亡。因此，地下工程的爆破后工作面必须经过一定时间和一定风量的通风；露天爆破后工作面最后一个炮孔响后至少过 20min，才允许进入该范围检查和作业。

5.6.3 瞎炮的预防及处理措施

在爆破网路中所出现拒爆的炮孔（药包），通常称为瞎炮。对于瞎炮，需要慎重处理，否则，很容易酿成爆破事故。

1. 对瞎炮的预防措施

瞎炮产生的原因主要有：爆破材料质量差，如电雷管导电性差、炸药逾期或受潮失效、导爆索受潮变质等；爆破网路连接错误或连接不牢，接触电阻过大；药包制作不合要求，炸药与雷管分离未被发现；起爆电流不足或电压不稳；网路计算有错误，分支线电阻不平衡，其中某支线未达到所需的最小起爆电流；在同一网路中，使用了不同厂、不同批、不同品种和型号的电雷管；炮孔中有水，未采取防潮措施，药包受潮失效。

预防瞎炮的产生，主要有以下一些措施。

（1）严格检查起爆材料和炸药的质量，不合格的做报废处理。

（2）严格检查爆破网路的敷设质量。

（3）在炮孔装药和堵塞中，要防止雷管与炸药分离、防止损失雷管脚线。

（4）对有水、有潮湿的药孔或药室，要采取有效的防水、防潮措施。

2. 对瞎炮的处理措施

应由原装炮人员进行处理，如不可能时，原装炮人员应到现场将有关详细情况向瞎炮处理人员交代。如果炮孔外的电线、导火索、导爆索等均检查合格，仅网路不合要求，经纠正后，可以重新起爆。如系硝铵炸药或黑火药不合要求，可在清除部分堵塞物后，向炮孔内灌水，使炸药溶解。清理炮孔后，重新装药爆破。可用木制或竹制工具，将堵塞物轻轻掏出后，另装入雷管或起爆药卷，重新起爆。也可在距炮孔近旁 600mm 处，钻一个平行于原炮孔的炮孔，然后装药起爆，将瞎炮销毁。

处理瞎炮中，绝不可将带有雷管的药包从炮孔中拉出来，或者拉住电雷管的导线，把电雷管从药包中拔出来。

第6章 基 坑 工 程

6.1 基坑工程特点和内容

6.1.1 基坑工程特点

基坑工程是集地质工程、岩土工程、结构工程和岩土测试技术于一身的系统工程，具有如下特点。

（1）基坑工程具有较大的风险性。基坑支护体系一般为临时措施，其荷载、强度、变形、防渗、耐久性等方面的安全储备相对较小。

（2）基坑工程具有明显的区域特征。不同的区域具有不同的工程地质和水文地质条件，即使是同一城市的不同区域也可能会有较大差异。

（3）基坑工程具有明显的环境保护特征。基坑工程的施工会引起周围地下水位变化和应力场的改变，导致周围土体的变形，对相邻环境会产生影响。

（4）基坑工程理论尚不完善。基坑工程是岩土、结构及施工相互交叉的学科，且受多种复杂因素相互影响，其在土压力理论、基坑设计计算理论等方面有待进一步发展。

（5）基坑工程具有时空效应规律。基坑的几何尺寸、土体性质等对基坑有较大影响。施工过程中，每个开挖步骤中的空间尺寸、开挖部分的无支撑暴露时间和基坑变形具有一定的相关性。

（6）基坑工程具有很强的个体特征。基坑所处区域地质条件的多样性、基坑周边环境的复杂性、基坑形状的多样性、基坑支护形式的多样性，决定了基坑工程具有明显的个性。

6.1.2 基坑工程的主要内容

基坑开挖最简单、最经济的办法是放坡大开挖，但经常会受到场地条件、周边环境的限制，所以需设计支护系统以保证施工的顺利进行，并能较好地保护周边环境。基坑工程具有一定的风险，施工过程中应利用信息化手段，通过对施工监测数据的分析和预测，动态地调整设计和施工工艺。基坑土方开挖是基坑工程的重要内容，其目的是为地下结构施工创造条件。基坑支护系统分为围护结构和支撑结构，围护结构是指在开挖面以下插入一定深度的板墙结构，其常用材料有混凝土、钢材、木材等，形式一般是钢板桩、钢筋混凝土板桩、灌注桩、水泥土搅拌桩、地下连续墙等。根据基坑深度不同，围护结构可以是悬臂式的，但更多采用单撑或多撑式（单锚或多锚式）结构。支撑是为围护结构提供弹性支撑点，以控制墙体弯矩和墙体截面面积。为了给土方开挖创造适宜的施工空间，在水位较高的区域一般会采取降水、排水、隔水等措施，保证施工作业面在地下水位面以上，所以地下水位控制也是基坑工程重要的组成部分。

综上所述，基坑工程主要由工程勘察、支护结构设计与施工、基坑土方开挖、地下水控制、信息化施工及周边环境保护等构成。

6.1.3 基坑工程的设计与基坑安全等级的分级

1. 基坑支护结构的极限状态设计

根据中华人民共和国行业标准《建筑基坑支护技术规程》（JGJ 120–2012）的规定，基坑支护结构应采用以分项系数表示的极限状态设计方法进行设计。

基坑支护结构的极限状态，可以分为下列两类。

（1）承载能力极限状态。这种极限状态，对应于支护结构达到最大承载能力或土体失稳、过大变形导致支护结构或基坑周边环境破坏。

（2）正常使用极限状态。这种极限状态，对应于支护结构的变形已妨碍地下结构施工，或影响基坑周边环境的正常使用功能。

基坑支护结构均应进行承载能力极限状态的计算，对于安全等级为一级及对支护结构变形有限定的二级基坑侧壁，尚应对基坑周边环境及支护结构变形进行验算。

2. 基坑支护的功能要求和安全等级

基坑支护的实际使用期限不应少于一年，应满足下列功能要求。

（1）保证基坑周边建（构）筑物、地下管线、道路的安全和正常使用。

（2）保证主体地下结构的施工空间。

基坑支护设计，应综合考虑基坑周边环境和地质条件的复杂程度、基坑深度等因素，按表 6–1 采用支护结构的安全等级。对同一基坑的不同部位，可采用不同的安全等级。

表 6–1 支护结构的安全等级

安全等级	破 坏 后 果
一级	支护结构失效、土体过大变形对基坑周边环境或主体结构施工安全的影响很严重
二级	支护结构失效、土体过大变形对基坑周边环境或主体结构施工安全的影响一般
三级	支护结构失效、土体过大变形对基坑周边环境或主体结构施工安全的影响不严重

支护结构设计，应考虑结构水平变形、地下水的变化和对周边环境的影响。对于安全等级为一级的和对周边环境变形有限定要求的二级基坑侧壁，应根据周边环境的重要性、对变形适应能力和土的性质等因素，确定支护结构的水平变形限值。

6.2 基坑工程勘察

为了正确地进行支护结构设计和合理地组织施工，基坑工程支护设计前，应对影响设计和施工的基础资料进行全面收集和深入分析，以便正确地进行基坑支护结构设计，合理地组织基坑工程施工。这些基础资料主要包括工程地质和水文地质勘察资料、周边环境勘察资料、地下结构设计资料等。

6.2.1 工程地质和水文地质勘察

目前基坑工程的勘察很少单独进行，一般都包含在工程勘察内容中。勘察前委托方应提供基本的工程资料和设计对勘察的技术要求、建设场地及周边地下管线和设施资料及可能采用的围护方式、施工工艺要求等。勘察单位应提供勘察方案，该方案应依据主体工程和基坑工程的设计与施工要求统一制定。若勘察人员对基坑工程的特点和要求不太了解，提供的勘察成果不能满足基坑支护设计和施工要求，应进行补充勘察。

工程地质和水文地质勘察内容和要求：边坡的局部稳定性、整体稳定性和坑底抗隆起稳定性；坑底和侧壁的渗透稳定性；挡土结构和边坡可能发生的变形，并提出处理方式、计算参数和支护结构的选型建议；降水效果和降水对环境的影响，提出地下水控制方法、计算参数和施工控制的建议；开挖和降水对邻近建筑物和地下设施的影响，并提出施工方法和施工中可能遇到的问题的防治措施和建议等。

6.2.2 周边环境勘察

基坑开挖带来的水平位移和地层沉降会影响周围临近建（构）筑物、道路和地下管线，该影响如果超出一定范围，则会影响正常使用或带来严重的后果。所以基坑工程设计和施工，一定要采用措施保护周围环境，使该影响限制在允许范围内。

为限制基坑施工的影响，在施工前要对周围环境进行应有的调查，做到心中有数，以便采取针对性的有效措施。

（1）基坑周围临近建（构）筑物状况调查。在城市建筑物稠密地区进行基坑工程施工，宜调查拟建建筑周围建（构）筑物的分布、距离，以及上部结构形式、基础结构及埋深、有无桩基和对沉降差异的敏感程度等，如周围建（构）筑物在基坑开挖之前已经存在倾斜、裂缝、使用不正常等情况，需通过拍片、绘图等手段收集有关资料。必要时要请有资质的单位事先分析鉴定。

（2）基坑周围地下管线状况调查。在大中城市进行基坑工程施工，基坑周围的主要管线为煤气、上水、下水和电缆等管线。应调查掌握管线与基坑的相对位置、埋深、管径、管内压力、接头构造、管材、每个管节长度、埋设年代等。对于电缆应通过调查掌握下述内容：与基坑的相对位置、埋深（或架空高度）、规格型号、使用要求、保护装置等。

（3）基坑周围临近的地下构筑物及设施的调查。如基坑周围临近有地铁隧道、地铁车站、地下车库、地下商场、地下通道、人防、管线共同沟等，亦应调查其与基坑的相对位置、埋设深度、基础形式与结构形式、对变形与沉降的敏感程度等。

（4）周围道路状况调查。进行深基坑施工之前，应调查周围道路的性质、类型、与基坑的相对位置，交通状况及重要程度等内容。

（5）周围的施工条件调查。事先调查施工现场周围的交通运输、商业模式等特殊情况，调查在基坑工程施工期间对土方和材料、混凝土等运输有无限制；调查施工现场附近对施工产生的噪声和振动的限制；调查施工场地条件，是否有足够场地供运输车辆运行、堆放材料、停放施工机械、加工钢筋等。以便确定是全面施工、分区施工还是用逆作法施工。

6.2.3 工程的地下结构设计资料调查

主体工程地下结构设计资料，是基坑工程设计的重要依据之一，应周密进行收集和了解。基坑工程设计多在主体工程设计结束施工图完成之后，基坑工程施工之前进行。但为了使基坑工程设计与主体工程之间协调，使基坑工程的实施更加经济，对大型深基坑工程，应在主体结构设计阶段就着手进行，以便协调基坑工程与主体工程结构之间的关系。

进行基坑工程设计之前，应对下述地下结构设计资料进行了解。

（1）主体工程地下室的平面布置和形状，以及与建筑红线的相对位置。

（2）主体工程基础的桩位布置图。在进行围护墙布置和确定立柱位置时，必须了解桩位布置。

（3）主体结构地下室层数、各层楼板和底板的布置与标高，以及地面标高。

6.3 基坑支护结构选型

支护结构形式的选择应综合工程地质与水文地质条件、地下结构设计、基坑平面及开挖深度、周边环境和坑边荷载、场地条件、施工季节、支护结构使用期限等因素，选型时应考虑空间效应和受力条件的改善，采用有利于支护结构材料受力性状的形式。在软土场地可局部或整体对坑底土体进行加固，或在不影响基坑周边环境的情况下，采用降水措施提高土的抗剪强度和减小水土压力。设计时可按表6-2选用支挡式结构、土钉墙、重力式水泥土墙或采用上述形式的组合。常用的几种支护结构如图6-1所示。

表 6–2	支 护 结 构 选 型
结构类型	适 用 条 件
支挡式结构	适于一级、二级及三级的基坑安全等级；对需要隔水的基坑，挡土构件采用排桩时，应同时采用隔水帷幕；挡土构件采用地下连续墙，地下连续墙宜同时用于隔水；采用锚拉式结构时，应具备允许在土层中设置锚杆与不会受到周边地下建筑阻碍的条件，且应有能够提供足够锚固力的地层；采用支撑式结构时，应能够满足主体结构及防渗的设计与施工的要求；基坑周边环境复杂、环境保护的要求很严格时，宜采用支护与主体结合的逆作法支护；基坑深度较浅时，可采用悬臂式排桩、悬臂式地下连续墙或双排桩
土钉墙	适于二级及三级的基坑安全等级；在基坑潜在滑动体内没有永久建筑或重要地下管线；土钉墙适于地下水位以上或经降水的非软土土层，且基坑深度不宜大于 12m；不宜用于淤泥质土，不应用于淤泥或没有自稳能力的松散填土；非软土地层中，对垂直复合型土钉墙，基坑深度不宜大于 12m；对坡度不大于 1:0.3 的复合土钉墙，基坑深度不宜大于 15m；淤泥质土层中，对垂直复合型土钉墙，基坑深度不宜大于 6m；复合土钉墙不应用于基坑潜在滑动范围内的淤泥厚度大于 3m 的地层
重力式水泥土墙	适于二级及三级的基坑安全等级；软土地层中，基坑深度不宜大于 6m；水泥土桩底以上地层的硬度，应满足水泥土桩施工能力的要求
放坡	适于三级的基坑安全等级；具有放坡的场地；可与各类支护结构结合，在基坑上部采用放坡

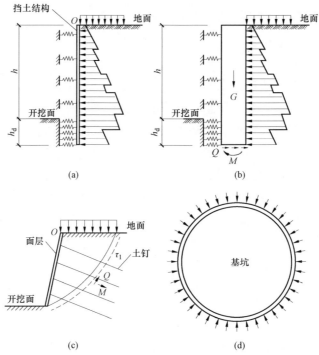

图 6–1 支护结构的几种基本类型

（a）桩墙结构；（b）重力式结构；（c）土钉墙结构；（d）拱墙结构

6.3.1 围护墙结构选型

支护结构包括围护墙和支撑，围护墙的类型见表 6–3。

表 6-3 围 护 墙 选 型

围护墙形式		基本做法	使用条件
重力式水泥土墙		在基坑侧壁形成一个具有相当厚度和重量的刚性实体结构（厚度一般在 2m 以上），这种围护墙一般采用水泥土搅拌桩，也采用旋喷桩，使桩体相互搭接形成块状或格栅状等形式的重力结构	适用于淤泥质土、淤泥，也可用于黏性土、粉土、砂土等土类基坑，基坑深度不宜大于6m
钢板桩	槽钢钢板桩	由槽钢正反扣搭接或并排组成，槽钢长 6～8m，规格由计算确定	用于深度不超过 4m 的小型工程
	热轧锁口钢板桩	采用打桩机或挖土机沉入地下后顶部设拉锚或支撑，基坑开挖时，由板桩之间相互咬合，有一定的挡水能力	在软土地区打设方便，施工速度快而简便；常用的 U 形钢板桩，多用于周围环境要求不太高的深 5～8m 的基坑
钻孔灌注桩		在开挖基坑的周围，用钻机钻孔，现场灌注钢筋混凝土桩。达到设计要求强度后，在基坑中间用机械或人工挖土，下挖一定深度时在坑内装内置支撑或坑外拉杆、拉锚，然后继续挖土至要求深度，桩为间隔排列，缝隙不小于 100mm	多用于深度 7～15m 的基坑工程，在土质较好地区已有 8～9m 悬臂桩的工程实践，在软土地区多加设内支撑，悬臂式结构不宜大于 5m，桩径和配筋通过计算确定
挖孔桩		成孔采用人工挖土，成孔过程中，地面派专人修通排水沟，及时排掉桩孔内抽出的水，从桩孔内挖出的废土或石碴由专人负责及时运出场外	适用于桩直径 800mm 以上，无地下水或地下水较少的土质较好地区。对地下水位较高及近代沉积的含水量高的淤泥、淤泥质土层不宜使用
地下连续墙		基坑开挖前，用特殊挖槽设备在泥浆护壁之下开挖深槽，然后下钢筋笼浇筑混凝土形成的地下混凝土墙	适用于基坑侧壁安全等级为一、二、三级者；在软土中悬臂式结构不宜大于 5m
型钢混凝土搅拌桩		在水泥搅拌桩内插入 H 型钢，型钢的布置方式通常有密插、插二跳一和插一跳一三种。加筋水泥土桩的施工机械为三轴深层搅拌机	国外已用于坑深 20m 的基坑，我国较多应用于 8～12m 基坑
土钉墙		由密集的土钉群、被加固的原位土体、喷射的混凝土面层和必要的防水系统组成，并通过主动嵌固作用增加边坡稳定性；施工时每挖深 1～1.5m 左右，即钻孔插入钢筋或钢管并注浆，然后在坡面挂钢筋网，喷射细石混凝土面层，依次进行，直至坑底	适用于可塑、硬塑或坚硬的黏性土；胶结或弱胶结（包括毛细水黏结）的粉土、砂土和角砾。适用于基坑侧壁安全等级为二、三级者；采用土钉墙支护的基坑，深度不宜大于 12m，使用期限不宜超过 18 个月
逆作拱墙		当基坑平面形状适当时，可采用拱墙作为围护墙。拱墙有圆形闭合拱墙、椭圆形闭合拱墙和组合拱墙。拱墙截面宜为 Z 字形，拱壁的上、下端宜加肋梁；当基坑较深且一道 Z 字形拱墙的支撑高度不够时，可由数道拱墙叠合组成，沿拱墙高度应设置数道肋梁，其竖向间距不宜大于 2.5m。当基坑边坡较窄时，可不加肋梁但应加厚拱壁。拱墙结构水平方向应通长双面配筋，圆形拱壁厚不应小于 400mm，其他拱墙壁厚不应小于 500mm	宜用于基坑侧壁安全等级宜为三级者；淤泥和淤泥质土场地不宜采用；拱墙轴线的矢跨比不宜小于 1/8；基坑深不宜大于 12m；地下水位高于基坑地面时，应采取降水或隔水措施

6.3.2 支撑体系选型

对于排桩、板墙式支护结构，当基坑深度较大时，为使围护墙受力合理和受力后变形控制在一定范围内，需沿围护墙竖向增设支承点，以减小跨度。如在坑内对围护墙加设支承称为内支撑；如在坑外对围护墙设拉支承，则称为拉锚（土锚）。

内支撑受力合理、安全可靠、易于控制围护墙的变形，但内支撑的设置给基坑内挖土和地下室结构的支模和浇筑带来一些不便。需通过换撑加以解决。用土锚拉结围护墙，坑内施工无任何阻挡。位于软土地区土锚的变形较难控制，且土锚有一定长度，在建筑物密集地区

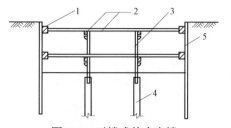

图 6-2 对撑式的内支撑

1—腰梁；2—支撑；3—立柱；

4—桩（工程桩或专设桩）；5—围护墙

如超出红线尚需专门申请。一般情况下，在土质好的地区，如具备锚杆施工设备和技术，应发展土锚；在软土地区为便于控制围护墙的变形，应以内支撑为主。对撑式的内支撑如图 6-2 所示。

支护结构的内支撑体系包括腰梁或冠梁（围檩）、支撑和立柱。腰梁固定在围护墙上，将围护墙承受的侧压力传给支撑（纵、横两个方向）。支撑是受压构件，长度超过一定限度时稳定性不好，所以中间需加设立柱，立柱下端需稳固，立即插入工程桩内，实在对不准工程桩，只得另外专门设置桩（灌注桩）。

1. 内支撑分类

内支撑按照材料分为钢支撑和混凝土支撑两类。

（1）钢支撑。钢支撑常用者为钢管支撑和型钢支撑两种。钢管支撑多用 ϕ609 钢管，有多种壁厚（10mm、12mm、14mm）可供选择，壁厚大者承载能力高。亦有用较小直径钢管者，如 ϕ80、ϕ406 钢管等；型钢支撑多用 H 型钢，有多种规格以适应不同的承载力。如图 6-3 所示。不过作为一种工具式支撑，要考虑能适应多种情况。在纵、横向支撑的交叉部位，可用上下叠交固定；亦可用专门加工的"十"字形定型接头，以便连接纵、横向支撑构件。前者纵、横向支撑不在一个平面上，整体刚度差；后者则在一个平面上，刚度大，受力性能好。

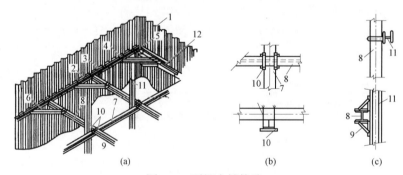

图 6-3 型钢支撑构造

（a）示意图；（b）纵横支撑连接；（c）支撑与立柱连接

1—钢板桩；2—型钢围檩；3—连接板；4—斜撑连接件；5—角撑；6—斜撑；7—横向支撑；

8—纵向支撑；9—三角托架；10—交叉部紧固件；11—立柱；12—角部连接件

钢支撑的优点是安装和拆除方便、速度快，能尽快发挥支撑的作用，减小时间效应，使围护墙因时间效应增加的变形减小；可以重复使用。多为租赁方式，便于专业化施工；可以施加预紧力，还可根据围护墙变形发展情况，多次调整预紧力值以限制围护墙变形发展。其缺点是整体刚度相对较弱，支撑的间距相对较小；由于两个方向施加预紧力，使纵、横向支撑的连接处处于铰接状态。

（2）混凝土支撑。随着挖土的加深，根据设计规定的位置现场支模浇筑而成。其优点是形状多样，可浇筑成直线、曲线构件。可根据基坑平面形状，浇筑成最优化的布置形式；整体刚度大，安全可靠，可使围护墙变形小，有利于保护周围环境；可方便地变化构件的截面和配筋，以适应其内力的变化。其缺点是支撑成型和发挥作用时间长，时间效应大，使围护墙因时间效应而产生的变形增大；属一次性的，不能重复利用；拆除相对困难，如用控制爆破拆除，有时周围环境不允许，如用人工拆除，时间较长、劳动强度大。

混凝土支撑的混凝土强度等级多为 C30，截面尺寸经计算确定。

对平面尺寸大的基坑，在支撑交叉点处需设立柱，在垂直方向支承平面支撑。立柱可为四个角钢组成的格构式钢柱，下端最好插入作为工程桩使用的灌注桩内，插入深度不宜小于2m，如立柱不对准工程桩的灌注桩，立柱就要作专用的灌注桩基础。

在软土地区有时在同一个基坑中，上述两种支撑同时应用。为了控制地面变形、保护好周围环境，上层支撑用混凝土支撑；基坑下部为了加快支撑的装拆、加快施工速度，采用钢支撑。

2. 内支撑的布置

内支撑的布置要综合考虑下列因素。

（1）基坑平面形状、尺寸和开挖深度。

（2）基坑周围的环境保护要求和邻近地下工程的施工情况。

（3）主体工程地下结构的布置。

（4）土方开挖和主体工程地下结构的施工顺序和施工方法。

支撑布置不应妨碍主体工程地下结构的施工，为此事先应详细了解地下结构的设计图纸。对于大的基坑，基坑工程的施工速度，在很大程度上取决于土方开挖的速度，为此，内支撑的布置应尽可能便利土方开挖，尤其是机械下坑开挖。

支撑体系在平面上的布置形式，有角撑、对撑、边桁架式、框架式、环形等，如图 6-4所示。有时在同一基坑中混合使用，如角撑加对撑、环梁与边桁（框）架、环梁加角撑等。主要是因地制宜，根据基坑的平面形状和尺寸设置最适合的支撑。

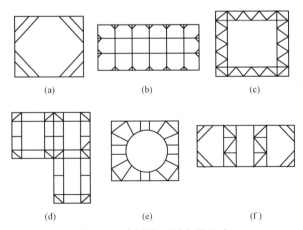

图 6-4 支撑的平面布置形式

（a）角撑；（b）对撑；（c）边桁架式；（d）框架式；（e）环梁与边桁（框）架；（f）角撑加对撑

一般情况下，对于平面形状接近方形且尺寸不大的基坑，宜采用角撑，使基坑中间有较大的空间，便于组织挖土。对于形状接近方形但尺寸较大的基坑，采用环形或桁架式、边框架式支撑，受力性能较好，亦能提供较大的空间便于挖土。对于长片形的基坑宜采用对撑或对撑加角撑，安全可靠，便于控制变形。

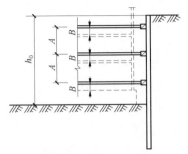

图6-5 支撑竖向布置

钢支撑多为角撑、对撑等直线杆件的支撑，混凝土支撑由于为现浇，任何形式的支撑皆便于施工。

支撑在竖向的布置（图6-5），主要取决于基坑深度、围护墙种类、挖土方式、地下结构各层楼盖和底板的位置等。基坑深度越大，支撑层数越多，使围护墙受力合理，不产生过大的弯矩和变形。支撑设置的标高要避开地下结构楼盖的位置，以便于支模浇筑地下结构时换撑。支撑多数布置在楼盖之下和底板之上，其间净距离 B 最好不小于600mm。支撑竖向间距还与挖土方式有关，如人工挖土，支撑竖向间距 A 不宜小于3m，如挖土机下坑挖土，A 最好不小于4m，特殊情况例外。

在支模浇筑地下结构时，在拆除上面一道支撑前，先设换撑，换撑位置都在底板上表面和楼板标高处。如靠近地下室外墙附近楼板有缺失时，为便于传力，在楼板缺失处要增设临时钢支撑。换撑时需要在换撑（多为混凝土板带或间断的条块）达到设计规定的强度、起支撑作用后才能拆除上面一道支撑，换撑工况在计算支护结构时亦需加以计算。

6.4 常见基坑支护工程设计与施工

6.4.1 重力式水泥挡土墙

重力式水泥挡土墙是利用加固后的水泥土体形成的块体结构，并以其自重来平衡土压力，使支护结构保持稳定。由于它具有施工简单、效果好的特点，并且还兼有止水作用，因此在基坑工程中得到了广泛应用。

重力式水泥挡土墙适用于黏性土、粉土、砂土等土类的基坑，基坑深度不宜大于6m。水泥土搅拌桩不适用于厚度较大的可塑及硬塑以上的软土、中密以上的砂土。加固区地下如有大量条石、碎砖、混凝土块、木桩等障碍时，一般也不适用。对于泥炭土、泥炭质土及有机质土或地下水具有侵蚀性时，应通过试验确定其适用性。

1. 水泥土的主要物理力学性质

水泥土是通过搅拌机械钻进、喷浆，将水泥浆与土强制搅拌而形成的，它的物理力学性能比原状土改善很多。

（1）水泥土的物理性质。水泥土的重度与水泥掺入比及搅拌工艺有关，水泥掺入比大，水泥土的重度也相应较大。水泥掺入比是单位重量土中的水泥掺量。当水泥掺入比在8%～20%，水泥土重度比原状土增加2%～4%，而其含水率 w 比原状土降低7%～15%。

水泥土具有较好的抗渗性能，其渗透系数 k 一般在 10^{-7}～10^{-8}cm/s，水泥土的抗渗性能随水泥掺入比提高而提高。

（2）水泥土主要力学性质。

1）抗压强度和抗拉强度。实验室试验在水泥掺量 12%～15%的情况下，水泥土无侧限抗压强度 q_u 可达 0.5～2.0MPa，工程中在原位钻心取样的试验强度一般在 0.5～0.8MPa，比原状土提高几十倍乃至几百倍。水泥土强度随龄期的增长而提高，可持续增长至 120d，以后增长趋势才成缓慢趋势。

水泥土抗拉强度 q_t 与抗压强度有一定关系，一般情况下，$q_t＝（0.15～0.25）q_u$。

2）抗剪强度。水泥土抗剪强度随抗压强度增加而提高，但随着抗压强度增大，抗剪强度增幅减小。当水泥土 $q_u＝0.5～2.0$MPa 时，其黏聚力 c 在 0.1～1.1MPa，即为 q_u 的 20%～50%。其摩擦角 ϕ 在 20°～30°。

3）变形特性。试验表明，水泥土的变形模量与无侧限抗压强度有一定关系，当 $q_u＝0.5～2.0$MPa 时，其 50d 的变形模量 $E＝（120～150）q_u$。

2. 重力式水泥土墙的设计

（1）稳定性验算。重力式水泥土墙稳定性验算包括倾覆稳定性、滑移稳定性和整体稳定性等的验算。水泥土墙的倾覆和滑移稳定都有赖于重力和主、被动土压力的平衡，因此，重力式水泥土墙的位移一般较大，有时会达到开挖深度的 1/100 甚至更多。

（2）位移计算。重力式支护结构的位移在设计中应引起足够重视，由于重力式支护结构的倾覆和滑移稳定都有赖于被动土压力的作用，而被动土压力的发挥是建立在挡土墙一定位移基础上的。因此，重力式支护结构发生一定量的位移是必然的，设计的目标是将该位移量控制在工程许可的范围内。水泥土墙的位移可用"m"法等计算，但其计算较复杂。

3. 水泥土搅拌桩的施工

（1）施工机械。水泥土搅拌桩机的组成由深层搅拌机（主机）、机架及灰浆搅拌机、灰浆泵等配套机械组成，如图 6-6 所示。

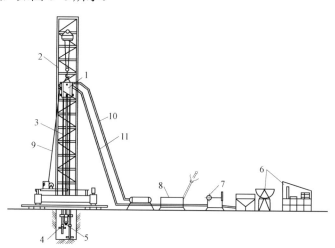

图 6-6 水泥土搅拌桩机

1—主机；2—机架；3—搅拌轴；4—搅拌叶；5—注浆孔；6—灰浆拌制机组；
7—灰浆泵；8—储水池；9—电缆；10—输浆管；11—水管

水泥土搅拌桩机常用的机架有三种形式：塔架式、桅杆式及履带式。前两种构造简便、易于加工，在我国应用较多，但其搭设及行走较困难。履带式的机械化程度高，塔架高度大，钻进深度大，但机械费用较高。

（2）施工工艺。搅拌桩成桩工艺可采用"一次喷浆、二次搅拌"或"二次喷浆、三次搅拌"工艺，主要依据水泥掺入比及土质情况而定。水泥掺量较小，土质较松时，可用前者，反之可用后者。

"一次喷浆、二次搅拌"的施工工艺流程，如图6-7所示。当采用"二次喷浆、三次搅拌"工艺时可在图示步骤5作业时也进行注浆，以后再重复步骤4与步骤5的过程。

水泥土搅拌桩施工中应注意水泥浆配合比及搅拌速度、水泥浆喷射速率与提升速度的关系及每根桩的水泥浆喷注量，以保证注浆的均匀性与桩身强度。施工中还应注意控制桩的垂直度及桩的搭接等，以保证水泥土墙的整体性与抗渗性。

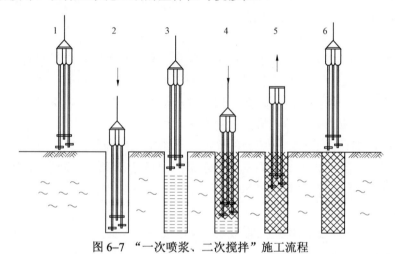

图6-7 "一次喷浆、二次搅拌"施工流程

1—定位；2—预埋下沉；3—提升喷浆搅拌；4—重复下沉搅拌；5—重复提升搅拌；6—成桩结束

6.4.2 板桩式围护结构

板式支护结构由两大系统组成：挡围护墙和支撑（或拉锚），如图6-8所示，悬臂式板桩支护结构则不设支撑（或拉锚）。

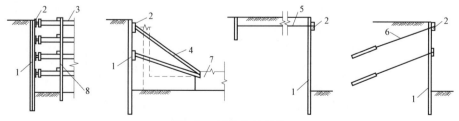

图6-8 板式支护结构

1—板桩墙；2—围檩；3—钢支撑；4—斜撑；5—拉锚；6—土锚杆；7—先施工的基础；8—竖撑

围护墙系统常用的材料有槽钢、钢板桩、钢筋混凝土板桩、灌注桩及地下连续墙等。

钢板桩之间通过锁口互相连接，形成一道连续的挡墙。由于锁口的连接，使钢板桩连接牢固，形成整体，同时也具有一定的隔水能力。钢板桩截面积小，易于打入。U 形、Z 形等波浪式钢板桩截面抗弯能力较好。

支撑系统一般采用大型钢管、H 型钢或格构式钢支撑，也可采用现浇钢筋混凝土支撑。拉锚系统的材料一般用钢筋、钢索、型钢或土锚杆。根据基坑开挖的深度及挡墙系统的截面性能可设置一道或多道支点。基坑较浅，挡墙具有一定刚度时，可采用悬臂式挡墙而不设支点。支撑或拉锚与挡墙系统通过围檩、冠梁等连接成整体。

以下介绍有关板桩的计算方法，其他形式的板式支护结构计算也与其类似。

1. 板桩计算

由于悬臂板桩弯矩较大，所需板桩的截面大，且悬臂板桩的位移也较大，故多用于较浅基坑工程。一般基坑工程中广泛采用支撑式板桩。

总结板桩的工程事故，其失败的原因主要有五个方面（图 6-9）：① 板桩的入土深度不够，在土压力作用下，板桩的入土部分走动而出现坑壁滑坡；② 支撑或拉锚的强度不够；③ 拉锚长度不足，锚碇失去作用而使土体滑动；④ 板桩本身刚度不够，在土压力作用下失稳弯曲；⑤ 板桩位移过大，造成板桩变形及桩背土体沉降。为此，板桩的入土深度、截面弯矩、支点反力、拉锚长度及板桩位移称为板桩的设计五大要素。

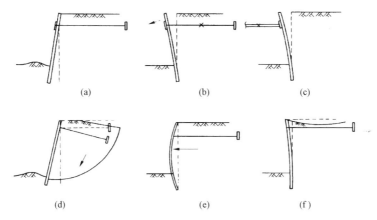

图 6-9　板桩的工具事故

（a）板桩下部走动；（b）拉锚破坏；（c）支撑破坏；（d）拉锚长度不足；（e）板桩失稳弯曲；（f）板桩变形及桩背土体沉降

板桩的精确计算较为困难，主要是插入地下部分属超静定问题，其土压力分布状态难以精确确定，目前的计算方法也有多种，如弹性曲线法、竖向弹性地基梁法、相当梁法等。

2. 板桩墙的施工

板桩墙的施工根据挡墙系统的形式选取相应的方法。一般钢板桩、混凝土板桩采用打入法，而灌注桩及地下连续墙则采用就地成孔（槽）现浇的方法。下面介绍钢板桩的施工方法。

板桩施工要正确选择打桩方法、打桩机械和流水段划分，以便使打设后的板桩墙有足够的刚度和良好的防水作用，且板桩墙面平直，以满足基础施工的要求，对封闭式板桩墙还要求封闭合拢。

对于钢板桩，通常有三种打桩方法，如下。

（1）单独打入法。此法是从一角开始逐块插打，每块钢板桩自起打到结束中途不停顿。因此，桩机行走路线短，施工简便，打设速度快。但是，由于单块打入，易向一边倾斜，累计误差不易纠正，墙面平直度难以控制。一般在钢板桩长度不大（小于10m）、工程要求不高时可采用此法。

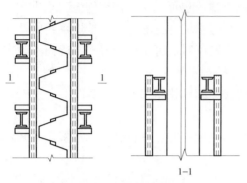

图6-10　围檩插桩法

（2）围檩插桩法。要用围檩支架作板桩打设导向装置，如图6-10所示。围檩支架由围檩和围檩桩组成，在平面上分单面围檩和双面围檩，高度方向有单层和双层之分。在打设板桩时起导向作用。双面围檩之间的距离，比两块板桩组合宽度大8～15mm。

双层围檩插桩法是在地面上，离板桩墙轴线一定距离先筑起双层围檩支架，而后将钢板桩依次在双层围檩中全部插好，成为一个高大的钢板桩墙，待四角实现封闭合拢后，再按阶梯形逐渐将板桩一块块打入设计标高。此法优点是可以保证平面尺寸准确和钢板桩垂直度，但施工速度慢，不经济。

（3）分段复打桩。此法又称屏风法，是将10～20块钢板桩组成的施工段沿单层围檩插入土中一定深度形成较短的屏风墙，先将其两端的两块打入，严格控制其垂直度，打好后用电焊固定在围檩上，然后将其他的板桩按顺序以1/2或1/3板桩高度打入。此法可以防止板桩过大的倾斜和扭转，防止误差积累，有利实现封闭合拢，且分段打设，不会影响邻近板桩施工。

打桩锤根据板桩打入阻力确定，该阻力包括板桩端部阻力，侧面摩阻力和锁口阻力。桩锤不宜过重，以防因过大锤击而产生板桩顶部纵向弯曲，一般情况下，桩锤重量约为钢板桩重量的2倍。此外，选择桩锤时还应考虑锤体外形尺寸，其宽度不能大于组合打入板桩块数的宽度之和。

地下工程施工结束后，钢板桩一般都要拔出，以便重复使用。钢板桩的拔除要正确选择拔除方法与拔除顺序，由于板桩拔出时带土，往往会引起土体变形，对周围环境造成危害。必要时还应采取注浆填充等方法。

6.4.3　土钉墙

土钉墙具有结构简单、施工方便、造价低廉特点，因此在基坑工程中得到广泛应用。土钉墙是通过钢筋、钢管或其他型钢对原位土进行加固的一种支护形式。在施工上，土钉墙是随着土方逐层开挖、逐层而将土钉体设置到土体中。此外，在土钉墙中复合水泥土搅拌桩、微型桩、预应力锚杆等可形成复合土钉墙。

1. 土钉墙的设计

（1）整体稳定性验算。整体滑动稳定性可按图6-11所示，采用圆弧滑动条分法进行验算。

当基坑面以下存在软弱下卧土层时，整体稳定性验算滑动面中尚应包括由圆弧与软弱土层层面组成的复合滑动面。

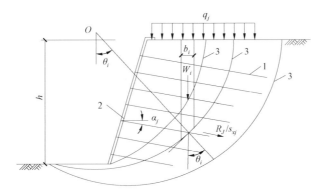

图 6-11　土钉墙整体稳定性验算图式
1—土钉；2—喷射混凝土面层；3—滑动面

（2）坑底隆起稳定性验算。对基坑底面下有软弱下卧土层的土钉墙坑底隆起稳定性验算（图 6-12）是将抗隆起计算平面作为极限承载力的基准面，根据普朗特尔（Prandtl）及太沙基（Terzaghi）极限荷载理论对土钉墙进行验算。

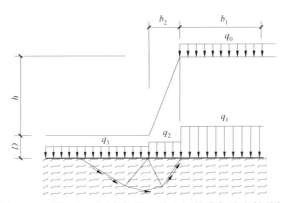

图 6-12　基坑底面下有软弱下卧土层的隆起稳定性验算

（3）土钉抗拔承载力。土钉极限抗拔承载力由土钉侧表的土体与土钉的摩阻力确定，土钉的锚固段不考虑圆弧滑动面以内的长度。单根土钉的极限抗拔承载力应通过抗拔试验确定，工程中也可按有关经验公式估算，但应通过土钉抗拔试验进行验证。

2. 土钉墙的施工

（1）土钉墙的施工步骤。土钉墙的施工一般从上到下分层构筑，施工中土方开挖应与土钉施工密切结合，并严格遵循"分层分段，逐层施作，限时封闭，严禁超挖"的原则。土钉墙基本施工步骤，如图 6-13 所示。

1）基坑开挖第一层土体，开挖深度为第一

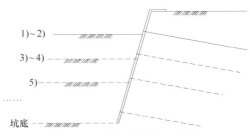

图 6-13　土钉墙的施工步骤

道土钉至第二道土钉的竖向间距加作业距离（一般为 0.5m）。

2）在这一深度的作业面上设置一排土钉、喷射混凝土面层，并进行养护。

3）向下开挖第二层土体，其深度为第二道土钉至第三道的竖向间距，并加上作业距离。

4）设置二排土钉并养护、喷射混凝土面层，并进行养护。

5）重复上述 3）～4）步骤，向下逐层开挖直至设计的基坑深度。

每层土钉及喷射混凝土面层施工后应养护一定时间，养护时间不应小于 48h。如土钉没有得到充分养护就继续开挖下层土方，则因上层土钉难以达到一定抗拔力而留下隐患。

当基坑面积较大时，一般采用"岛式开挖"的方式，先沿在基坑四周内约 10m 宽度范围内分段开挖形成土钉墙，待四周土钉墙全部完成后再开挖中央土体，

（2）土钉和喷锚网施工。根据土层特性及工程要求可选用不同的施工工艺，土钉按设置的施工工艺可分为成孔注浆土钉和打入钢管土钉。前者是先进行钻孔，而后植入土钉，再进行注浆。钻孔植入的土钉杆体可采用钢筋、钢绞线或其他型材。打入式土钉的杆体多为钢管，我国工程常采用 ϕ48/3mm 的钢管。

土钉注浆采用压力注浆，注浆材料可选用水泥浆或水泥砂浆。对成孔注浆土钉宜采用二次注浆方法，其中第一次注浆宜采用水泥砂浆，第二次则采用水泥浆。打入式土钉注浆一般采用一次注浆，浆液为水泥浆。浆液的水灰比宜取 0.40～0.55，灰砂比宜取 0.5～1.0。

喷射混凝土面层的厚度一般为 80～100mm，混凝土强度等级不低于 C20，钢筋网的钢筋为 ϕ6～10mm，网格尺寸 150～300mm。喷射混凝土一般借助喷射机械，利用压缩空气作为动力，将制备好的拌合料通过管道输送并以高速喷射到受喷面上凝结硬化而成的一种混凝土。其施工工艺分为干喷、湿喷及半湿式喷射法三种形式。

第7章 地基处理技术

建筑物的全部荷载都由它下面的地层来承担，地基就是指建筑物荷载作用下基底下方产生的变形不可忽略的那一部分地层，而基础就是建筑物向地基传递荷载的下部结构。

通常把埋置深度不大，只需经过挖槽、排水等施工的普通程序就可以建造起来的基础统称为浅基础，如独立柱基础、筏板基础等。反之，若浅层土质条件差，必须把基础埋置于深处的好土层时，需要考虑借助于特殊的施工方法来建造的基础即为深基础。如桩基础、沉井和地下连续墙等。地基若不加处理就可以满足要求的，称为天然地基，否则就叫人工地基。如换土垫层、深层密实、排水固结等方法处理的地基。

地基基础应满足的两个基本条件。

（1）要求作用于地基的荷载不超过地基的承载能力，保证地基在防止整体破坏方面有足够的安全储备。

（2）控制基础沉降使之不超过地基的变形允许值，保证建筑物不因地基变形而损坏或影响其正常使用。

当建筑物下的土层为软弱土时，为保证建筑物地基的强度、稳定性和变形要求，以及结构的安全和正常使用，就必须采用适当的地基处理方法。其目的是改善地基土的工程性质，达到满足建筑物对地基稳定和变形要求的目的，包括改善地基土的变形特性和渗透性，提高其抗剪强度和抗液化能力，消除其他的不利影响等。

7.1 天然地基局部处理

7.1.1 松土坑、古墓、坑穴处理

松土坑、古墓、坑穴处理方法参见表 7–1。

表 7–1　　　　　　　　　　　松土坑、古墓、坑穴处理方法

地基情况	处 理 简 图	处 理 方 法
松土坑在基槽中范围内	 1—1	将坑中松软土挖除，使坑底及四壁均见天然土为止，回填与天然土压缩性相近的材料。当天然土为砂土时，用砂或级配砂石回填，当天然土为较密实的黏性土，用 3:7 灰土分层回填夯实；天然土为中密可塑的黏性土或新近沉积黏性土，可用 1:9 或 2:8 灰土分层回填夯实，每层厚度不大于 20cm

地基情况	处 理 简 图	处 理 方 法
松土坑在基槽中范围较大，且超过基槽边沿时		因条件限制，槽壁挖不到天然土层时，则应将该范围内的基槽适当加宽，加宽部分的宽度可按下述条件确定：当用砂土或砂石回填时，基槽壁边均应按 $l_1:h_1=1:1$ 坡度放宽；用 1:9 或 2:8 砂土回填时，基槽每边按 6:4=0.5:1 坡度放宽；用 3:7 灰土回填时，如坑的长度≤2m，基槽可不放宽，但灰土与槽壁接触处应夯实
松土坑范围较大，且长度超过 5m 时		如坑底土质与一般槽底土质相同，可将此部分基础加深，做 1:2 踏步与两端相接。每步高不大于 50cm，长度不小于 100cm，如深度较大，用灰土分层回填夯实至坑（槽）底齐平
松土坑较深，且大于槽宽或 1.5m 时		按以上要求处理挖到老土，槽底处理完毕后，还应适当考虑加强上部结构的强度，方法是在灰土基础上1～2皮砖处（或混凝土基础内）、防潮层下1～2皮砖处及首层顶板处，加配 $4\phi8\sim12$mm 钢筋跨过该松土坑两端各 1m，以防产生过大的局部不均匀沉降
松土坑下水位较高时		当地下水位较高，坑内无法夯实时，可将坑（槽）中软弱的松土挖去后，再用砂土、砂石或混凝土代替灰土回填，如坑底在地下水位以下时，回填前先用粗砂与碎石（比例为1:3）分层回填夯实；地下水位以上用 3:7 灰土回填夯实至要求高度
基础下压缩土层范围内有古墓、地下坑穴		（1）墓坑开挖时，应沿坑边四周每边加宽 50cm，加宽深入到自然地面下 50cm，重要建筑物应将开挖范围扩大，沿四周每边加宽 50cm；开挖深度：当墓坑深度小于基础压缩土层深度，应挖到坑底；如墓坑深度大于基层压缩土层深度，开挖深度应不小于基础压缩土层深度 （2）墓坑和坑穴用 3:7 灰土回填夯实；回填前应先打2～3遍底夯，回填土料宜选用粉质黏土分层回填，每层厚20～30cm，每层夯实后用环刀逐点取样检查，土的密度应不小于 1.55t/m³
基础下有古墓、地下坑穴		（1）墓穴中填充物如已恢复原状结构的可不处理 （2）墓穴中填充物如为松土，应将松土杂物挖出，分层回填素土或 3:7 灰土夯实至土的密度达到规定要求 （3）如古墓中有文物，应及时报主管部门或当地政府处理

7.1.2 土井、砖井、废矿井处理

土井、砖井、废矿井处理方法参见表 7-2。

表 7-2　　　　　　　　　　　　土井、砖井、废矿井处理方法

井的部位	处 理 简 图	处 理 方 法
土井、砖井在室外，距基础边缘 5m 以内	室外　<5000　土井或砖井	先用素土分层夯实，回填到室外地坪以下 1.5m 处，将井壁四周砖圈拆除或松软部分挖去，然后用素土分层回填并夯实
土井、砖井在室内基础附近	室内　土井或砖井	将水位降到最低可能的限度，用中、粗砂及块石、卵石或碎砖等回填到地下水位以上 50cm。并应将四周砖圈拆至坑（槽）底以下 1m 或更深些，然后再用素土分层回填并夯实，如井已回填，但不密实或有软土，可用大块石将下面软土挤紧，再分层回填素土夯实
土井、砖井在基础下或条形基础 3B 或柱基 2B 范围内	≥1000　2:8灰土　砖井　2:8灰土　拆除旧砖井　好土　2:8灰土	先用素土分层回填夯实，至基础底下 2m 处，将井壁四周松软部分挖去，有砖圈井时，将井圈拆至槽底以下 1～1.5m。当井内有水，应用中、粗砂及块石、卵石或碎砖回填至水位以上 50cm，然后再按上述方法回填、夯实，当井深、挖除困难时，可在部分拆除后的砖石井圈上加钢筋混凝土盖封口，上面用素土或 2:8 灰土分层回填、夯实至槽底
土井、砖井在房屋转角处，且基础部分或全部压在井上	基础延长部分　F_1　F_2　F　$F \leqslant F_1 + F_2$	除用以上办法回填处理外，还应对基础加固处理。当基础压在井上部分较少，可采用从基础中挑钢筋混凝土梁的办法处理；当基础压在井上部分较多，用挑梁的方法较困难或不经济时，则可将基础沿墙长方向向外延长出去，使延长部分落在天然土上，落在天然土上基础总面积应等于或稍大于井圈范围内原有基础的面积，并在墙内配筋或用钢筋混凝土梁来加强

7.1.3 软硬地基处理

软硬地基的处理方法见表 7-3。

表 7-3　　　　　　　　　　　　　　　软硬地基的处理方法

地基情况	处 理 简 图	处 理 方 法
基础下局部遇基岩、旧墙基、大孤石、老灰土或圬工构筑物		尽可能挖去，以防建筑物由于局部落于坚硬地基上，造成不均匀沉降而使建筑物开裂；或将坚硬地基部分凿去 30～50cm 深，再回填土砂混合物或砂作软性褥垫，使软硬部分可起到调整地基变形作用，避免裂缝
基础一部分落于原土层上，一部分落于回填土地基上		在填土部位用现场钻孔灌注桩或钻孔爆扩桩直至原土层，使该部位上部荷载直接传至原土层，以避免地基的不均匀沉降
基础落于厚度不一的软土层上，下部有倾斜较大的岩层		为了防止建（构）筑物倾斜，可在软土层采用现场钻孔灌注钢筋混凝土短桩直至基岩，或在基础底板下作砂石垫层处理，使应力扩散，减低地基变形；亦可调整基础的底宽和埋深，如将条形基础沿基岩倾斜方向分阶段加深，做成阶梯形基础，使其下部土层厚度基本一致，以使沉降均匀 如建筑物下外基岩呈八字形倾斜，地基变形将为两侧大，中间小，建（构）物较易在两个倾斜面交界部位出现开裂，此时在倾斜面交界处，建（构）筑物还宜设沉降缝分开

7.2　人工地基处理技术

7.2.1　概述

1. 地基处理的目的

地基处理的目的是采取各种地基处理方法以改善地基条件，主要改善以下五个方面内容：

剪切特性；压缩特性；透水特性；动力特性；特殊土的不良地基特性。

2. 地基处理方法分类及适用范围

地基处理方法，可以按地基处理原理、地基处理目的、地基处理性质、地基处理时效及地基处理动机等不同角度进行分类。一般多采用根据地基处理原理进行分类方法，可分为换土垫层处理、预压（排水固结）处理、夯实（密实）法、深层挤密（密实）处理、化学加固处理、加筋处理、热学处理等。将地基处理方法进行严格分类是很困难的，不少地基处理方法具有几种不同的作用。例如，振冲法具有置换作用还有挤密作用；又如，各种挤密法中，同时也有置换作用。此外，还有一些地基处理方法的加固机理、计算方法目前还不是十分明确，尚需进一步探讨。随着地基处理技术的不断发展，功能不断扩大，也使分类变得更加困难。因此下述分类仅供读者参考。常见的地基处理分类方法及适用范围见表7-4。

表 7-4   地基处理方法分类及适用范围一览表

分类	处理方法	原理及作用	适用范围
换填垫层法	灰土垫层	挖除浅层软弱土或不良土，回填灰土、砂、石等材料再分层碾压或夯实。它可提高持力层的承载力，减少变形量，消除或部分消除土的湿陷性和胀缩性，防止土的冻胀作用，以及改善土的抗液化性，提高地基的稳定性	一般适用于处理浅层软弱地基、不均匀地基、湿陷性黄土地基、膨胀土地基，季节性冻土地基、素填土和杂填土地基
	砂和砂石垫层		
	粉煤灰垫层		
预压（排水固结）法	堆载预压法	通过布置垂直排水竖井、排水垫层等，改善地基的排水条件，采取加载、抽气等措施，以加速地基土的固结，增大地基土强度，提高地基土的稳定性，并使地基变形提前完成	适用于处理厚度较大的、透水性低的饱和淤泥质土、淤泥和软黏土地基，但堆载预压法需要有预压的荷载和时间的条件。对泥炭土等有机质沉积物地基不适用
	真空预压法		
夯实法	强夯法	强夯法系利用强大的夯击能，迫使深层土压密，以提高地基承载力，降低其压缩性	适用于处理碎石土、砂土、低饱和度的粉土与黏性土、湿陷性黄土、素填土和杂填土等地基
	强夯置换法	采用边强夯、边填块石、砂粒、碎石、边挤淤的方法，在地基中形成碎石礅体，以提高地基承载力和减小地基变形	适用于高饱和度的粉土与软塑、流塑的黏性土等地基上对变形控制要求不严的工程
深层挤密法	振冲法	挤密法系通过挤密或振动使深层土密实，并在振动挤密过程中，回填砂、砾石、灰土、土或石灰等形成砂桩、碎石桩灰土桩、二灰桩、土桩或石灰桩，与桩间土一起组成复合地基，减少沉降量，消除或部分消除土的湿陷性或液化性	适用于处理砂土、粉土、粉质黏土、素填土和杂填土等地基。对于处理不排水抗剪强度不小于20kPa的饱和黏性土和饱和黄土地基，应在施工前通过现场试验确定其适用性。不加填料振冲加密适用于处理黏粒含量不大于10%的中砂、粗砂地基
	砂石桩复合地基		适用于挤密松散砂土、粉土、黏性土、素填土、杂填土等地基。对饱和黏土地基上对变形控制要求不严的工程也可采用砂石桩置换处理。砂石桩复合地基也可用于处理可液化地基

分类	处理方法	原理及作用	适用范围
深层挤密法	水泥粉煤灰碎石桩法	挤密法系通过挤密或振动使深层土密实，并在振动挤密过程中，回填砂、砾石、灰土、土或石灰等形成砂桩、碎石桩灰土桩、二灰桩、土桩或石灰桩，与桩间土一起组成复合地基，减少沉降量，消除或部分消除土的湿陷性或液化性	适用于处理黏性土、粉土、砂土和已自重固结的素填土等地基。对淤泥质土应按地区经验或通过现场试验确定其适用性
	夯实水泥土桩法		适用于处理地下水位以上的粉土、素填土、杂填土、黏性土等地基。处理深度不宜超过10m
	石灰桩法		适用于处理饱和黏性土、淤泥、淤泥质土、素填土和杂填土等地基；用于地下水位以上的土层时，宜增加掺合料的含水量并减少生石灰用量，或采取土层浸水等措施
	灰土挤密桩法和土挤密桩法		适用于处理地下水位以上的湿陷性黄土、素填土和杂填土等地基，可处理地基的深度为5~15m。当以消除地基土的湿陷性为主要目的时，宜选用土挤密桩法。当以提高地基土的承载力或增强其水稳性为主要目的时，宜选用灰土挤密桩法，当地基土的含水率大于24%、饱和度大于65%时，不宜选用土桩、灰土桩复合地基
化学（注浆）加固法	水泥土搅拌法	分湿法（亦称深层搅拌法）和干法（亦称粉体喷射搅拌法）两种。湿法是利用深层搅拌机，将水泥浆与地基土在原位拌合；干法是利用喷浆机，将水泥粉或石灰粉与地基土在原位拌合。搅拌后形成柱状水泥土体，可提高地基承载力，减少地基变形，防止渗透，增加稳定性	适用于处理正常固结的淤泥与淤泥质土、粉土、饱和黄土、素填土、黏性土及无流动地下水的饱和松散砂土等地基。当地基土的天然含水率小于30%（黄土含水率小于25%）、大于70%或地下水的pH值小于4时不宜采用干法
	旋喷桩法	将带有特殊喷嘴的注浆管通过钻孔置入要处理的土层的预定深度，然后将浆液（常用水泥浆）以高压冲切土体。在喷射浆液的同时，以一定速度旋转、提升，即形成水泥土圆柱体；若喷嘴提升不旋转，则形成墙状固化体可用以提高地基承载力，减少地基变形，防止砂土液化、管涌和基坑隆起，建成防渗帷幕	适用于处理淤泥、淤泥质土、流塑、软塑或可塑黏性土、粉土、砂土、黄土、素填土和碎石土等地基。当土中含有较多的大粒径块石、大量植物根茎或有较高的有机质时，以及地下水流速过大和已涌水的工程，应根据现场试验结果确定其适用性
	硅化法和碱液法	通过注入水泥浆液或化学浆液的措施。使土粒胶结。用以改善土的性质，提高地基承载力，增加稳定性，减少地基变形，防止渗透	适用于处理地下水位以上渗透系数为0.10~2.00m/d的湿陷性黄土等地基。在自重湿陷性黄土场地，当采用碱液法时，应通过试验确定其适用性
	注浆法		适用于处理砂土、粉土、黏性土和人工填土等地基
加筋法	土工合成材料	通过在土层中埋设强度较大的土工聚合物、拉筋、受力杆件等达到提高地基承载力，减少地基变形，或维持建筑物稳定的地基处理方法，使这种人工复合土体，可承受抗拉、抗压、抗剪和抗弯作用，借以提高地基承载力、增加地基稳定性和减少地基变形	适用于砂土、黏性土和软土
	加筋土		适用于人工填土地基
	树根桩法		适用于淤泥、淤泥质土、黏性土、粉土、砂土、碎石土、黄土和人工填土等地基
托换	锚杆静压桩法	在原建筑物基础下设置钢筋混凝土桩以提高承载力，减少地基变形达到加固目的，按设置桩的方法，可分为锚杆静压桩法和坑式静压桩法	适用于淤泥、淤泥质土、黏性土、粉土和人工填土等地基
	坑式静压桩法		适用于淤泥、淤泥质土、黏性土、粉土、人工填土和湿陷性黄土等地基

3. 地基处理方案确定步骤

（1）在选择地基处理方案前应具备的资料。

1）选择地基处理方案应有必要的勘察资料，如果勘察资料不全，则必须根据可能采用的地基处理方法所需的勘察资料做必要的补充勘察；收集地下管线和地下障碍物分布情况的资料；对地基处理施工时可能对周围环境造成影响进行评估。

2）地基处理设计时，必须满足地基土强度、变形、抗液化和抗渗等要求，同时应确定地基处理的范围。

3）某一地区常用的地基处理方法往往是该地区的设计和施工经验的总结，它综合体现了材料来源、施工机具、工期、造价和加固效果，故应重视类似场地上同类工程的地基处理经验至为重要。

（2）在确定地基处理方案时，可按下列步骤进行。

1）对初步选定的几种地基处理方案，应分别从预期处理效果、材料来源和消耗、施工机具和进度、对周围环境影响等各种因素，进行技术、经济、安全性分析和对比，从中选择最佳的地基处理方案。

2）选择地基处理方案时，尚应同时考虑加强上部结构的整体性和刚度。

3）对已选定的地基处理方案，根据建筑物的地基基础设计等级和场地复杂程度，可在有代表性的场地上进行相应的现场实体试验，以检验设计参数、选择合理的施工方法（其目的是为了调试机械设备，确定施工工艺、用料及配比等各项施工参数）和确定处理效果。

4. 地基处理效果检验

加固后地基必须满足有关工程对地基土的强度和变形要求，因此必须对地基处理效果进行检验。对地基处理效果检验，应在地基处理施工结束后经一定时间的休止恢复后再进行检验。效果检验的方法有：钻孔取样、静力触探试验、轻便触探试验、标准贯入试验、载荷试验、取芯试验等措施。有时需要采用多种手段进行检验，以便综合评价地基处理效果。

7.2.2 常见地基处理方法

1. 换土垫层法施工

换土垫层法是先将基础地面以下一定范围内的软弱土层挖去，然后回填强度较高、压缩性较低，并且没有侵蚀性的材料，如中粗砂、碎石或卵石、灰土、素土、石屑、矿渣等，再分层夯实，作为低级的持力层。它的作用在于提高地基的承载力，并通过垫层的应力扩散作用，减小垫层下天然土层所承受的压力，这样就可以减小基础的沉降量。如在软土上采用透水性较好的垫层（如砂垫层）时，软土中的水分可以通过它较快地排出去，能够有效地缩短沉降稳定时间。实践证明，换土垫层法对于解决荷载较大的中小型建筑物的地基问题比较有效。这种方法取材方便，无须特殊的机械设备，施工简便，造价低廉，因此得到广泛应用。

垫层的宽度应满足基础底面应力扩算的要求，可按下式或根据当地经验确定

$$b \geqslant b + 2z\tan\theta$$

式中　b ——垫层底面宽度；

　　　b ——矩形基础或条形基础底面的宽度；

　　　z ——基础底面下垫层的厚度；

　　　θ ——垫层的压力扩散角，可按表 7–5 采用，当 $z/b \leqslant 0.25$ 时，仍按表中 $z/b = 0.25$ 取值。

表 7–5　　　　　　　　　　　　压　力　扩　散　表

z/b	换　填　材　料		
	中砂、粗砂、砾砂、卵石、碎石	黏性土 $8 < J_p < 14$ 和粉土	灰土
0.25	20	6	
≥0.50	30	23	30

整片垫层的宽度可根据施工的要求适当放宽，且垫层顶面每边宜超出基础底边不小于 300mm，或从垫层底面两侧向上按当地开挖基坑经验的要求放坡。

灰土垫层施工要点见表 7–6。灰土最大虚铺厚度见表 7–7。砂石及碎石垫层施工要点见表 7–8。

表 7–6　　　　　　　　　　　　灰　土　垫　层　施　工　要　点

项次	项目	施　工　要　点
1	组成及材料要求、适用范围	（1）灰土垫层系用一定量石灰与土拌合夯实而成。其强度随时间缓增长，28d 强度为 0.8～1.0N/mm²，并具有一定水稳性和不渗透性（为原土的 10～13 倍） （2）土料可采用就地挖出的黏性土，不得用表面耕植土，土料应过筛，粒径不应大于 25mm；石灰应用块灰，使用前 1～2d 消解并过筛，粒径不应大于 5mm，不得夹有未熟化的生石灰块粒 （3）灰土垫层具有一定水稳性和抗渗性，取材较易，施工操作简单，费用较低，是一种最经济实用的地基处理方法。适于加固深 2m 以内的各种地基，还可用于大面积结构做辅助防水层，但不宜用于地下水位以下的地基加固
2	操作方法要点	（1）铺设灰土前应验槽，清除松土，积水淤泥应晾干，并夯两遍。在槽两侧钉标桩（钎），拉线控制下灰厚度 （2）灰土一般用体积比，配合比例为 2:8 或 3:7（石灰:土）。多用人工拌合，要求达到均匀颜色一致，含水率以手握土料成团，两指轻捏即散为宜，如含水分过多或过少时，应稍晾干或洒水湿润，如有球团应打碎 （3）铺灰应分段分层，并夯筑，每层铺灰厚度可参见表 7–7。夯实机具可根据工程大小和现场机具条件选用人力或机械。夯打或辗压遍数，按设计要求的干密度由试夯压确定，一般不少于 4 遍 （4）灰土分段施工时，不得在墙角、柱基及承重窗间墙下接缝。当灰土地基高度不同时，应做成阶梯形，每阶宽不少于 500mm；上下两层土接缝应相互错开 500mm，并做成直槎。对做辅助防水层的灰土层应将水位以下结构包围，并处理好接缝。同时注意接槎质量每层虚土均从留槎处往前延伸，接槎时将其挖除，重新铺好夯实 （5）入槽灰土不得隔日夯打，夯实 3d 内不得浸泡。夯打完后，应及时进行上部结构施工，避免日晒雨淋，遇雨应将松软灰土除去并补填夯实
3	质量控制	（1）灰土应逐层检验（每 10m² 抽查一处），用环刀取样测定干密度，一般要求：对土料为，黏土不小于 1.55～1.60g/cm³，粉质黏土不小于 1.50～1.55g/cm³；黏土不小于 1.45～1.50g/cm³ （2）控制夯打遍数，夯打坚实之灰土声音清脆

表 7-7　　　　　　　　　　　　　　　　　灰 土 最 大 虚 铺 厚 度

项目	夯实机具种类	重量（kg）	厚度（mm）	备　　注
1	小木夯	5～10	150～200	人力送夯，落高 400～500mm，一夯压半夯
2	石夯木夯	40～80	200～250	
3	轻型夯实机械	6～10t	200～250	蛙式打夯机、柴油打夯机、双轮压路机
4	压路机	（机重）	200～300	

表 7-8　　　　　　　　　　　　　　　　砂、砂石及碎石垫层施工要点

项次	项目	施　工　要　求
1	组成材料要求及适用范围	（1）砂垫层和砂石垫层系用砂或砂石混合物或石子加固地基，可使基础及上部荷载对地基的压力扩散开，降低对地基的压应力减少变形，提高基础下地基强度，同时可起排水作用，加速下部土层的沉降和固结 （2）砂石宜用颗粒级配良好、质地坚硬的中砂、粗砂、砾砂、卵石或碎石、石屑，也可用细砂，但宜掺加一定数量的卵石或碎石。砂粒中石子粒径应在 50mm 以下，其含量应在 50%以内，碎石粒径宜为 5～40mm，砂、石子中均不得含有草根、垃圾等杂物，含泥量应小于 5%，兼作排水垫层时，含泥量不得超过 3% （3）适于处理 2.5m 以内软弱透水性强的黏性土地基，但不宜用于加固湿陷性黄土地基及渗透系数极小的黏性土地基
2	构造要求	（1）砂、砂石和碎石垫层的厚度，根据作用在垫层底面处的土重应力与附加应力之和，应不大于软弱土层的承载力设计值，以及土层范围内的水文地质条件等来确定，一般为 0.5～2.5m，大于 2.5m 则不够经济 （2）垫层的顶宽应较基础底面每边大 0.4～0.5m，底宽可和它的顶宽相同，也可和基础底宽相同；大面积垫层常按自然倾斜角控制 （3）如两个相邻基础，一个用天然地基，另一个用碎石（或卵石）垫层时，应做成斜坡过渡。当软弱土层厚度不同时，垫层应做成阶梯形，但两垫层的厚度高差不得大于 1m，同时阶梯须大于其高度 2 倍
3	操作工艺方法	（1）铺设垫层前应验槽，清除基底浮土、淤泥、杂物，两侧应设一定坡度 （2）垫层深度不同时应按先深后浅的顺序施工，土面应挖成踏步或斜坡塔接。分层铺设时，接头应做成阶梯形搭接，每层错开 0.5～1.0m，并注意充分捣实 （3）人工级配的砂石，应先将砂石拌和均匀后，再铺垫层压实 （4）垫层应分层铺设，分层和压密实。振压要做到交叉重叠，防止漏振漏压，夯实、辗压遍数、振实时间应通过试验确定 （5）当地下水位较高或在饱和的软弱地基上铺设垫层时，应采取排水或降低地下水位措施，使地下水降低到基层 500mm 以下；当采用水撼法或插振法施工时，应采取措施使有控制地注水和排水
4	质量控制	（1）砂垫层每层夯（振）实后的密实度应达到中密标准，即孔隙比不应小于 0.65，干密度不小于 1.55～1.60g/m³。测定方法采用容积不小于 200cm³ 的环刀取样，如为砂石垫层，则在砂石垫层中设纯砂检验点，在同样条件下用环刀取样鉴定。现场简易测定方法是将直径 20mm、长 1250mm 的平头钢筋举离砂面 700mm 自由下落，插入深度不大于根据该砂的控制干密度测定的深度为合格 （2）碎石垫层可用短钢管（下设垫板）或钢盒预理于垫层中，辗压后取出烘干，测定其干密度为 2100kg/m³ 左右为合格，或在垫层中预埋入标钉，用沉降差控制，方法是在每次辗压后，用精密水准仪进行测定，记录其沉落值，直至最后两遍压实的沉落相差不大于 1mm 为合格

2. 强夯法施工（表7-9）

表7-9 　　　　　　　强夯法加固地基原理、机具设备、参数及施工要点

项目		施 工 要 求
强夯加固地基原理、特点及使用范围	加固原理	强夯是用起重机械（起重机或龙门架、三脚架）起吊大吨位（10t 以上）夯锤，提升到 10～40m 高度后，自由落下，给地基以强大的冲击能量的夯击，使土中出现冲击波和很大的冲击应力，迫使土体孔隙压缩，土体局部液化，排除孔隙中的气和水，使土粒重新排列，迅速达到固结，从而提高地基强度，降低其压缩性的一种有效地基加固方法
	加固特点使用范围	使用工地常备简单设备，适用土质范围广，加固效果显著，一般地基强度可提高 2～5 倍，压缩性可降低 2～10 倍，加固影响深度可达 6～10m；工效高，施工速度快（一台设备，每月可加固 5000～10 000m² 地基节约加固原材料；节省投资，与预制桩加固地基相比可节省投资 50%～70%，与砂桩相比可节省投资 40%～50% （1）适于加固软弱土、碎石土、砂土、黏性土、湿陷性黄土，高填土及杂填土等地基，也可用于防止粉土及粉砂的液化；对于淤泥与饱和软黏土，如采取一定措施，也可以采用 （2）强夯不得用于不允许对工程周围建筑物的设备有一定震动影响的地基加固，必须时，应采取防震措施
强夯使用机具设备的选择	夯锤	用钢板作外壳，内部焊接骨架后灌筑混凝土，或用钢板制作成装配式的，夯锤底面有圆形或方形，圆形不易旋转，定位方便，重合性好，多用之；锤底尺寸取决于表层土质，对于砂质土和碎石类土为 3～4m²，对于黏性土或淤泥质土不宜小于 6m²，锤重一段为 10～40t，夯锤中宜设 1～4 个上下贯通的排气孔，以利空气排出或减小坑底的吸力
	起重设备	多使用 150、200、250、300、500kN 履带式起重机（带摩擦离合器）如图 7-1 所示；亦可采用三脚架或龙门架作起重设备，当履带式起重机起重能力不足时，亦可采取加钢辅助桅杆的方法，以加大起重能力，如图 7-2 所示。起重机械的起重能力：当直接用钢丝绳悬吊夯锤时，应大于夯锤的 3～4 倍；当采用自动脱钩装置，起重能力取大于 1.5 倍锤重
强夯使用机具设备的选择	脱钩装置	要求有足够强度，使用灵活，脱钩快速安全。常用自动脱钩器，由吊环、耳板、锁孔、吊钩等组成，拉绳一端固定在锁柄上，另端穿过转向滑轮，固定在臂杆底部横轴上，当夯锤起吊到要求高度，开钩绳随即拉开锁柄，脱钩装置开启，夯锤下落，同时可控制每次冲击落距一致
	锚系设备	当用起重机起吊夯锤时，为防止夯锤突然脱钩，使起重臂后倾和减少对臂杆的振动，应用 T_1—100 型推土机一台设在起重机的前方做地锚，在起重机臂杆的顶部与推土机之间用两根钢丝绳连系、锚碇。当用龙门架、二脚架或起重机加辅助桅杆起吊夯锤时，则不用设锚系设备
强夯施工技术参数的选择	锤重和落距	锤重 G 与落距 h 是影响夯击能和加固深度的重要因素 锤重一般不宜小于 8t，常用的为 10、13、15、17、18、25、30t 落距一般不小于 8m，多采用 10、11、13、15、17、18、20、25m 等几种
	夯击能和平均夯击能	锤重 G 与落距 h 的乘积称为夯击能 E，一般取 1000～6000kJ 夯击能的总和（由锤重、落距、夯击坑数和每一夯击点的夯击次数算得）除以施工面积称为平均夯击能，一般对砂质土取 500～1000kJ/m²。对黏性土取 1500×3000kJ/m²。夯击过小，加固效果差，夯击能过大，对于饱和黏土，会破坏土体形成橡皮土，降低强度
	夯击点布置及间距	夯击点布置对大面积地基，一般采用梅花形成正方形网格排列，对条形基础夯点可成行布置；对工业厂房独立柱基础可按柱网设置单夯点 夯击点间距取夯锤直径的 3 倍，通常为 5～15m，一般第一遍夯点的间距宜大，以便夯击能向深部传递
强夯施工技术参数的选择	夯击遍数与夯能	一般为 2～5 遍，前 2～3 遍为"间夯"，最后 1 遍以低能量（为前几遍能量的 1/4～1/5）进行"满夯"（锤即彼此搭接），以加固前几遍夯点之间的松土和被振松的表土层每夯击点的夯击数，以使土体竖向压缩量最大而侧向移动最小或最后两次沉降量或最后两击沉降量之差小于试验确定的数值为准。一般软土控制瞬时沉降量为 50～80mm；废渣填石地基控制的最后两击下沉量之差为 20～40mm。每夯击点之夯击数，一般为 3～10 击，开始两遍夯击数宜多些，随后各遍击数逐渐减小，最后一遍只夯 1～2 击
	两遍间隔时间	一遍夯完后，通常待土层内超孔隙水压力大部分消散，地基稳定再夯下遍，一般两遍之间隔 1～4 周。对黏性或冲积土常为 3 周，若无地下水或地下水位在 5m 以下，含水量较少的碎石类填土或透水性强的砂性土，可采取间隔 1～2d 或采用连续夯击而不需要间歇

项目		施 工 要 求
强夯施工技术参数的选择	加固范围	对于重要工程应比设计地基长 L、宽 B 各大出一个加固深度 H，即 $L+H\times(B+H)$；对于一般建筑物，在各地基轴线以外 3m 布置一圈夯击点即可
	加固影响深度	加固影响深度 H 与强夯工艺有密切关系，一般按梅那氏（法）公式估算 $$H = K\sqrt{Gh}$$ 式中　K——经验系数，对饱和软土为 0.45～0.50，对饱和砂土为 0.5～0.6，对填土为 0.6～0.8，对黄土为 0.4～0.5； 　　　　G——夯锤重（t）； 　　　　h——落距（m）
强夯施工技术参数的选择	操作方法要点	（1）强夯前应平整场地，周围做好排水沟，按夯点布置测量放线，确定夯位。地下水位较高在表面铺 0.5～2.0m 中（粗）砂或砂石垫层，以防设备下陷和便于消散强夯产生的孔隙水压，或采取降低地下水位后再强夯 （2）强夯应分段进行，顺序从边缘夯向中央。对厂房柱基亦可一排一排夯，起重机直线行驶，从一边向另一边进行，每夯完一遍，用推土机整平场地，放线定位，即可接着进行下一遍夯击 （3）夯击时应按试验和设计确定的强夯参数进行，落锤应保持平稳，夯位应准确。夯击坑内积水应及时排除，坑底土含水量过大时，可铺砂石后再进行夯击，离建筑物小于 10m 时应挖防震沟
	质量控制	（1）强夯前场地应进行地质勘察，通过现场试验确定强夯参数（试夯区面积不小于 20m×20m） （2）夯击前后应对地基土进行原位测试，包括室内土分析试验，野外标准贯入，静力（轻便）触探，旁压仪（或野外荷载试验），测定有关数据，以检验地基的实际影响深度。检验点数，每个建筑物的地基不少于 3 处，检测深度和位置按设计要求确定

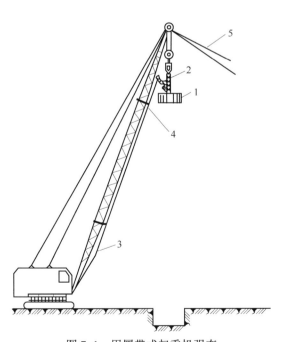

图 7-1　用履带式起重机强夯

1—夯锤；2—自动脱钩器；3—拉绳；　4—废轮胎；5—锚拉绳接推土机

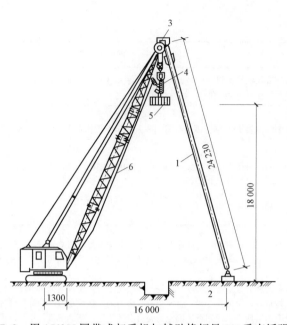

图 7-2　用 150kN 履带式起重机加辅助桅杆吊 12t 重夯锤强夯

1—φ28×8mm 钢管辅助桅杆；2—底座；3—弯脖接头；4—自动脱钩器；5—12t 重夯锤；6—拉绳

3. 堆载预压法（表 7-10）

表 7-10　　　　　　　　　　堆载预压地基原理、施工要点及质量控制

项次	项目	施 工 要 求
1	加固原理构造、特点及适用范围	（1）堆载预压加固地基系在软弱地基中人工设置排水通道，在地基上堆载加荷使孔隙水能较迅速排走，达到固结，提高承载力 （2）堆载预压法又分水平排水垫层堆载预压法和竖向排水堆载预压法两种。前者系在地表铺一层 0.5～1.0m 厚的砂垫层形成通畅的排水面，如图 7-3（a）所示；后者系在地基中设竖向砂井，砂井直径一般为 30～50cm，间距不小于 1.5m，深度应穿越压缩层或地基可能的滑动面。为保证排水畅通，在砂井顶部设置排水垫层如图 7-3（b）或纵横连通砂井的排水砂沟，砂垫层及砂沟的厚度为 0.5～1.0m，砂沟的宽度可取砂井直径的 2 倍，是应用较广泛的一种方式。近年在这一方法基础发展还出现了袋装砂井新方法，使砂井直径和间距大大缩小，可加快地基团结，砂袋井的直径为 7～12cm，间距为 1.5～2.0m，用相应的机械埋设，工效成倍增长 （3）堆载预压地基可加速饱和软黏土的排水固结，使沉降及早完成和稳定，同时可大大提高地基的抗剪强度和承载力，防止基土滑动破坏，再施工机具方法简单 （4）适于透水性低的饱和软弱黏性土，地基多用于处理机场跑道、水工结构、道路、路堤、堤坝、码头岸坡等工程地基。对于泥炭等有机质沉积特地基则不适用
2	工艺方法	（1）砂井的成孔方法一般有两种，一是沉管法（即用沉管灌注桩类似的机械和方法）；一是水冲法（用高压射水的水冲法），砂用中、粗砂，其含泥量不大于 3%。砂井施工要求：保证达到要求的灌砂密实度，自上而下保持连续，不出现缩颈，且不扰动砂井周围土的结构；砂井的长度、直径和间距应满足设计要求；砂井位置的允许偏差为该井的直径，垂直度的允许偏差为 1.5%，其实际灌砂量不得少于计算的 95% （2）堆载方式有两种，一是在正式建筑施工前，在建筑物范围内堆载（如堆土或砂石等材料），待沉降基本完成后，再把堆载卸走，再行施工上部结构；一是利用建筑物自身的重量（如筑堤坝、油罐试水等），更加直接、简便、经济，不用卸载
3	质量控制	施工期间应进行现场测试，包括① 边桩水平位移观测，主要用于判断地基的稳定性，决定安全的加荷速率，要求边桩位移速率应控制在 3～5mm/d；② 地面沉降观测，主要控制地面沉降速度，要求沉降速率不宜超过 10mm/d；③ 孔隙水压力观测，用计算土体固结度、强度及强度增长分析地基的稳定，从而控制堆载速率，防止堆载过多、过快而导致地基破坏

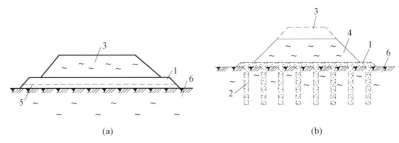

图 7-3　堆载顶压加固地基

（a）水平排水垫层堆载预压法；（b）竖向排水井堆载预压法

1—砂垫层；2—砂井；3—临时性填土；4—永久性填土；

5—遇很软弱地基时，埋设的荆笆、塑料编织网或土工织物；6—原土层

4. 振冲法（表7-11）

表7-11　　　　　　　　振冲法加固地基材料、机具要求及施工要点

项次	项目	施工方法要点
1	特点及适用范围加固原理、材料要求	（1）振冲法系利用振冲器在土中形成振冲孔，并在振动冲水过程中填以砂、碎石等材料，借振冲器的水平及垂直振动，振密填料，形成砂石桩体（亦称碎石桩法）与原地基构成复合地基，提高地基的承载力，是一种快速经济有效加固地基方法 （2）骨料可采用坚硬不受侵蚀影响的砾石、碎石、卵石、粗砂或砂渣等，粒径以 5～50mm 较合适，含泥量不宜大于 10%，不得含有杂质和土块 （3）振冲桩加固地基可节省三材，施工简单，加固期短，可因地制宜，就地取材，用碎石、卵石砂、矿渣等填料，费用低廉 （4）适于加固松散砂土地基；对黏性土和人工填土地基，经试验证明加固有效时，方可使用；对于粗砂土地基，可利用振冲器的振动和水冲过程使砂土结构重新排列挤密，而不必另加砂石填料（亦称振冲挤密法）
2	施工机具设备	（1）振冲器为一类似插入式混凝土振捣器的设备，其构造示意图如图 7-4 所示 （2）起重设备采用 80～150kN 履带式起重机或自制起重机具 （3）水泵要求流量 20～30m³/h，水压 0.6～0.8N/mm² （4）控制设备包括：控制电流操作台、150A 电流表、500V 电压表及供水管道、加料设备（吊斗或翻斗车）
3	操作工艺方法	（1）施工前应先进行振冲试验，以确定成孔施工合适的水压、水量、成孔速度及填料方法，达到土体密实度时的密实电流值和留振时间等 （2）振冲施工工艺如图 7-5 所示，先按图定位，然后振冲器对准孔点以 1～2m/min 的速度沉入土中，每沉入 0.5～1.0m，在该段高度悬留振 5～10s 进行扩孔，当孔内泥浆溢出时再继续沉入，使形成 0.8～1.2m 的孔洞，当下沉达到设计深度时，留振并减少射水压力（一般保持 0.1N/mm²），以便排除泥浆进行清孔。亦可将振冲器以 1～2m/min 的均速沉至设计深度以上 30～50cm，然后以 3～5m/min 的均速提出孔口，再同法沉至孔底，如此反复 1～2 次，达到扩孔目的 （3）成孔后应立即往孔加料，把振冲器沉入孔内的填料中进行振密，至密实电流值达到规定值为止。如此提出振冲器、加料、沉入振冲器振密、反复进行直至桩顶，每次加料高度 0.5～0.8m。在砂性土中制桩时，亦可采用边振边加料的方法 （4）在振密过程中宜小水量的喷水补给，以降低孔内泥浆密度，有利于填料下沉，便于振捣密实 （5）振冲造孔顺序方法可按表 7-12 选用
4	质量控制	（1）每根桩的填料总量和密实度（包括桩顶）必须符合设计要求或施工规范规定，一般每米桩体直径达 0.8m 以上所需碎石量为 0.6～0.7m³ （2）桩顶中心位移不得大于 D/5（D 为桩的直径）（按桩数 5% 抽查） （3）待桩完半月（砂土）或一月（黏性土）后方可进行载荷试验，用标准贯入、静力触探及土工试验等方法来检验桩的承载力，以不小于设计要求的数值为合格

表 7–12   振冲造孔方法的选择

造孔方法	步 骤	优 缺 点
排孔法	由一端开始，依次逐步造孔到另一端结束	易于施工，且不易漏掉孔位，但当孔位较密时，后打的桩易发生倾斜和位移
跳打法	同一排孔采取隔一孔造一孔	先后造孔影响小易保证桩的垂直度，但要防止漏掉孔位，并应注意桩位准确
围幕法	先造外围 2～3 圈（排）孔，然后造内圈（排）。采用隔圈（排）造一圈（排）或依次向中心区造孔	能减少振冲能量的扩散，振密效果好，可节约桩数 10%～15%，大面积施工常采用此法，但施工时应注意防止漏掉孔位和保证其位置准确

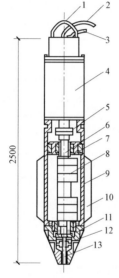

图 7–4　振冲器构造

1—吊具；2—水管；3—电缆；4—电机；5—联轴器；

6—轴；7—轴承；8—偏心块；9—壳体；10—翅片；

11—轴承；12—头部；13—水管

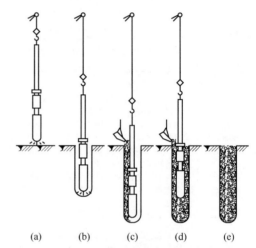

图 7–5　振冲碎石桩成桩工艺流程

（a）振冲器定位；（b）振冲下沉；（c）振冲至设计标高并下料；

（d）边振边下料、边上提；（e）成桩

5. 水泥粉煤灰碎石桩（CFG 桩，见表 7–13）

表 7–13   水泥粉煤灰碎石复合地基机具、材料及施工工艺要点

项次	项目	方 法 要 点
1	加固原理、特点及适用范围	（1）水泥粉煤灰碎石桩（简称"CFG 桩"）是由水泥、粉煤灰、碎石、石屑或砂加水拌和形成的高黏结强度桩，和桩间土、褥垫层一起形成复合地基，共同承担上部结构荷载 （2）适用于处理黏性土、粉土、砂土和已自重固结的素填土等地基 （3）桩顶和基础之间应设置褥垫层，褥垫层厚度宜取 0.4～0.6 倍桩径。褥垫层材料宜用中砂、粗砂、级配砂石和碎石等，最大粒径不宜大于 30mm （4）桩径：长螺旋钻中心压灌、干成孔和振动沉管成桩宜取 350～600mm；泥浆护壁钻孔灌注素混凝土宜取 600～800mm，对于桩长范围或桩端有承压水的土层，应首选泥浆护壁成孔灌注桩
2	机具及材料要求	（1）水泥粉煤灰碎石桩的施工设备常用长螺旋钻机、振动沉管打桩机。常用的长螺旋钻可分为四类：尖底钻头（适用于黏性土）、平底钻头（松散土层）、耙式钻头（含有大量砖瓦块的杂填土层）、筒式钻头（混凝土块、条石等障碍物） （2）施工前应按设计要求由实验室进行配合比试验，施工时按配合比配制混合料。长螺旋钻孔管内泵压混合料成桩施工的混合料坍落度为 160～200mm；振动沉管灌注成桩施工的混合料坍落度为 30～50mm

项次	项目	方 法 要 点
3	工艺操作要点	（1）水泥粉煤灰碎石桩复合地基施工，根据地下土质和水位情况，成桩工艺包括长螺旋钻孔灌注成桩，长螺旋钻孔管内泵压混合料灌注成桩，振动沉管灌注成桩，泥浆护壁成孔灌注成桩等 （2）应合理安排打桩顺序，从一侧向另一侧或由中心向两边顺序施打，避免桩机碾压已施工完的桩，或使底面隆起造成断桩 （3）待桩施工完成并达到一定强度后，（一般为桩体设计强度的70%），方可进行开挖。开挖时，宜采用人工开挖，也可采用小型机械和人工联合开挖，但应有专人指导，保证机械不碰撞桩头，同时也避免扰动桩间土 （4）褥垫层施工：当厚度大于200mm，宜分层铺设，每层虚铺厚度 $H=h/\lambda$，其中 h 为褥垫层设计厚度，λ 为夯实度（取0.87～0.90），宜采用静力压实至设计厚度 （5）施工过程中，保证钻杆（沉管）与底面垂直，垂直度偏差不大于1%。掌握好提拔钻杆的时间和速度 （6）成孔过程中，抽样做混合料试块，每台机械每台班应做一组（3块）试块（边长150mm立方块），标准养护，测定其立方体28d抗压强度。施工中应抽样混合料的坍落度
4	质量要求	（1）施工结束后，应对桩顶标高、桩位、桩体质量、地基承载力及褥垫层的质量做检查 （2）复合地基承载力试验应在施工结束28d后进行。试验数量宜为总桩数的0.5%～1%，但不应少于3处。有单桩强度检验要求时，数量为总数的0.5%～1%，且每个单体工程不应少于3点 （3）应抽取不少于总桩数的10%的桩进行低应变动力试验，检测桩身完整性

6. 深层搅拌法

见本书6.4 重力式水泥挡土墙。

第8章 绿色施工

8.1 绿色施工概念

绿色施工是指工程建设中，在保证质量、安全等基本要求的前提下，通过科学管理和技术进步，最大限度地节约资源并减少对环境负面影响的施工活动，实现节能、节地、节水、节材和环境保护（"四节一环保"）。实施绿色施工，应根据因地制宜的原则，贯彻执行国家、行业和地方相关的技术经济政策。绿色施工应是可持续发展理念在工程施工中全面应用的体现，绿色施工并不仅仅指在工程施工中实施封闭施工，没有尘土飞扬，没有噪声扰民，在工地四周栽花、种草，实施定时洒水等这些内容，它还涉及可持续发展的各个方面，如生态与环境保护、资源与能源利用、社会与经济的发展等内容。

绿色施工总体框架由施工管理、环境保护、节材与材料资源利用、节水与水资源利用、节能与能源利用、节地与施工用地保护六个方面组成，如图8-1所示。这六个方面涵盖了绿色施工的基本指标，同时包含了施工策划、材料采购、现场施工、工程验收等各阶段的指标的子集。

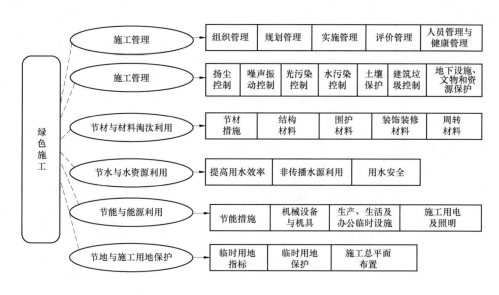

图8-1 绿色施工总体框架图

8.2 土方工程的绿色施工技术

8.2.1 环境保护技术要点

（1）扬尘控制。运送土方、垃圾、设备及建筑材料等，不污损场外道路。运输容易散落、飞扬、流漏物料的车辆，必须采取措施封闭严密，保证车辆清洁。施工现场出口应设置洗车槽；土方作业阶段，采取洒水、覆盖等措施；对粉末状材料应封闭存放；机械剔凿作业时可用局部遮挡、掩盖、水淋等防护措施；清理垃圾应搭设封闭性临时专用道或采用容器吊运；对现场易飞扬物质采取有效措施，如洒水、地面硬化、围挡、密网覆盖、封闭等，防止扬尘产生；改进施工工艺，采用逆作法施工地下结构可以降低施工扬尘对大气环境的影响，降低基础施工阶段噪声对周边的干扰。

（2）噪声与振动控制。在施工场界对噪声进行实时监测与控制。使用低噪声、低振动的机具，采取隔声与隔振措施，避免或减少施工噪声和振动。

（3）光污染控制。尽量避免或减少施工过程中的光污染。夜间室外照明灯加设灯罩，透光方向集中在施工范围；电焊作业采取遮挡措施，避免电焊弧光外泄。

（4）水污染控制。施工现场污水排放应达到相关标准；施工现场应针对不同的污水，设置相应的处理设施，如沉淀池、隔油池、化粪池等；污水排放应委托有资质的单位进行废水水质检测，提供相应的污水检测报告；在缺水地区或地下水位持续下降的地区，基坑降水尽可能少地抽取地下水；当基坑开挖抽水量大于 50 万 m³ 时，应进行地下水回灌，并避免地下水被污染。

（5）土体保护。保护地表环境，防止土体侵蚀、流失。因施工造成的裸土，及时覆盖砂石或种植速生草种，以减少土体侵蚀；因施工造成容易发生地表径流土体流失的情况，应采取设置地表排水系统、稳定斜坡、植被覆盖等措施，减少土体流失；沉淀池、隔油池、化粪池等不发生堵塞、渗漏、溢出等现象，及时清掏各类池内沉淀物，并委托有资质的单位清运；对于有毒有害废弃物如电池、墨盒、油漆、涂料等应回收后交有资质的单位处理，不能作为建筑垃圾外运，避免污染土体和地下水。

（6）建筑垃圾控制。碎石类、土石方类建筑垃圾可采用地基填埋、铺路等方式提高再利用率。

（7）地下设施、文物和资源保护。施工前应调查清楚地下各种设施，做好保护计划，保证施工场地周边的各类管道、管线、建筑物、构筑物的安全运行；施工过程中一旦发现文物，立即停止施工，保护现场通报文物部门并协助做好工作；避让、保护施工场区及周边的古树名木。

8.2.2　节材与材料资源利用技术要点

（1）节材措施。材料运输工具适宜，装卸方法得当，防止损坏和遗撒，根据现场平面布置情况就近卸载，避免和减少二次搬运；采取技术和管理措施提高模板、脚手架等的周转次数；提倡就地取材。

（2）结构材料。尽量使用散装水泥；推广使用高强钢筋和高性能混凝土，减少资源消耗；推广钢筋专业化加工和配送；优化钢筋配料和钢构件下料方案；优化钢结构制作和安装方法，钢支撑宜采用工厂制作，现场拼装；宜采用分段吊装安装方法，减少方案的措施用材量；基坑逆作法施工时，采用"二墙合一"地下连续墙作围护结构，一柱一桩竖向支承，地下水平结构兼作支撑等措施，通过一料多用的方法减少结构材料的投入。

（3）周转材料。应选用耐用、维护与拆卸方便的周转材料和机具；优先选用制作、安装、拆除一体化的专业队伍进行模板工程施工；模板应以节约自然资源为原则，推广使用定型钢模、钢框竹模、竹胶板；在施工过程中应注重钢构件材料的回收，包括围护工法桩和逆作法施工阶段的一柱一桩所采用的钢材料。

8.2.3　节水与水资源利用技术要点

（1）提高用水效率。施工现场喷洒路面、绿化浇灌不宜使用市政自来水。现场搅拌用水、养护用水应采取有效的节水措施，严禁无措施浇水养护混凝土；现场机具、设备、车辆冲洗用水必须设立循环用水装置。施工现场建立可再利用水的收集处理系统，使水资源得到梯级循环利用。

（2）非传统水源利用。处于基坑降水阶段的工地，宜优先采用地下水作为混凝土搅拌用水、养护用水、冲洗用水和部分生活用水；现场机具、设备、车辆冲洗、喷洒路面、绿化浇灌等用水，优先采用非传统水源，尽量不使用市政自来水；大型施工现场，尤其是雨量充沛地区的大型施工现场建立雨水收集利用系统，充分收集自然降水用于施工和生活中适宜的部位。

8.2.4　节能与能源利用的技术要点

（1）节能措施。优先使用国家、行业推荐的节能、高效、环保的施工设备和机具，如选用变频技术的节能施工设备等；在施工组织设计中，合理安排施工顺序、工作面，以减少作业区域的机具数量，相邻作业区充分利用共有的机具资源；安排施工工艺时，应优先考虑耗用电能的或其他能耗较少的施工工艺，避免设备额定功率远大于使用功率或超负荷使用设备的现象。

（2）机械设备与机具。选择功率与负载相匹配的施工机械设备，避免大功率施工机械设备低负载长时间运行。机电安装可采用节电型机械设备，如逆变式电焊机和能耗低、效率高的手持电动工具等，以利节电；机械设备宜使用节能型油料添加剂，在可能的情况下，考虑回收利用，节约油量；合理安排工序，提高各种机械的使用率和满载率，降低各种设备的单位耗能。

（3）施工用电及照明。临时用电优先选用节能电线和节能灯具，临电线路合理设计、布置，临电设备宜采用自动控制装置。采用声控、光控等节能照明灯具；照明设计以满足最低照度为原则。

8.2.5 节地与施工用地保护的技术要点

（1）临时用地指标。要求平面布置合理、紧凑，在满足环境、职业健康与安全及文明施工要求的前提下尽可能减少废弃地和死角。

（2）临时用地保护。应对深基坑施工方案进行优化，减少土方开挖和回填量，最大限度地减少对土地的扰动，保护周边自然生态环境；红线外临时占地应尽量使用荒地、废地，少占用农田和耕地；工程完工后，及时对红线外占地恢复原地形、地貌，使施工活动对周边环境的影响降至最低；利用和保护施工用地范围内原有绿色植被。对于施工周期较长的现场，可按建筑永久绿化的要求，安排场地新建绿化。

（3）施工总平面布置。施工总平面布置应做到科学、合理，充分利用原有建筑物、构筑物、道路、管线为施工服务；基坑土方施工组织时应合理布置土方堆场和进出土运输线路，科学控制出土方量，优化运距节省油耗；施工现场搅拌站、仓库、加工厂、作业棚、材料堆场等布置应尽量靠近已有交通线路或即将修建的正式或临时交通线路，缩短运输距离。

8.3 爆破施工绿色技术要求

8.3.1 爆破地震的控制

爆破地震对环境的影响可能造成对周围建（构）筑物的损伤和影响，为人们所关注，是爆破危害控制的主要项目。

1. 爆破地震强度预报

我国采用保护对象所在地振动速度作为爆破振动判据的主要指标。按下式计算

$$V = K\left(\frac{Q^{1/3}}{R}\right)^a$$

式中　Q——最大一段安全起爆药量（kg）；

　　　R——爆源到保护物的距离（m）；

　　　K、a——可按表 8-1 选取，也可通过类似工程选取或现场试验确定。

表 8–1	爆区不同岩性的 *K*、*a* 值与岩性的关系		
岩　性	*K*	*a*
坚硬岩石	50～150	1.3～1.5
中硬岩石	150～250	1.5～1.8
软岩石	250～350	1.8～2.0

2. 爆破振动安全允许标准

爆破安全规程规定，采用保护对象所在地振动速度和主振频率。振动安全允许标准表 8–2。

序号	保护对象类别	安全允许振速（cm/s）		
		<10Hz	10～50Hz	50～100Hz
1	土窑洞、土坯房、毛石房屋①	0.5～1.0	0.7～1.2	1.1～1.5
2	一般砖房、非抗震的大型砖块建筑物①	2.0～2.5	2.3～2.8	2.7～3.0
3	钢筋混凝土结构房屋①	3.0～4.0	3.5～4.5	4.2～5.0
4	一般古建筑与古迹②	0.1～0.3	0.2～0.4	0.3～0.5
5	水工隧道③	7～15		
6	交通隧道③	10～20		
7	矿山巷道③	15～30		
8	水电站及发电厂中心控制室设备	0.5		
9	新浇大体积混凝土④ 龄期：初凝～3d 龄期：3～7d 龄期：7～28d	2.0～3.0 3.0～7.0 7.0～12		

表 8–2　　　　　　　　　　爆破振动安全允许标准

① 选取建筑物安全允许振速时，应综合考虑建筑物的重要性、建筑质量、新旧程度、自振频率、地基条件等因素。
② 省级以上（含省级）重点保护古建筑与古迹的安全允许振速，应经专家论证选取，并报相应文物管理部门批准。
③ 选取隧道、巷道安全允许振速时，应综合考虑构筑物的重要性、围岩状况、断面大小、爆源方向、地震振动频率等因素。
④ 非挡水新浇筑大体积混凝土的安全允许振速，可按本表给出的上限值选取。

3. 降低爆破地震效应的措施

（1）采用微差爆破，与齐发爆破相比，平均降振率为 50%，微差段数越多，降振效果越好。

（2）采用预裂爆破，起到降振效果，降振率可达 30%～50%。

（3）限制一次爆破的最大用药量。

8.3.2　爆破空气冲击波控制

（1）爆破冲击波的传播及危害范围，受地形因素的影响。因此，在不同地形条件下其安全距离可适当增减。如峡谷地形爆破，沿沟的纵深方向或沟的出口方向增大 50%～100%；山坡一侧爆破，山后影响较小，在有利的地形条件可减小 30%～70%。

（2）降低爆破冲击波的主要措施。露天爆破，合理确定爆破参数、选择微差起爆方式、保证合理的填塞长度和填塞质量等；对建筑物拆除爆破、城镇浅孔爆破，做好爆破部位的覆盖防护；井巷掘进爆破，要重视爆破空气冲击波的影响。实际工作中，可采用许多措施防护空气冲击波，如在爆区附近垒砖墙、砂袋墙，砌石墙等，还可以砌筑中间注满水的两道混凝土墙——"夹水墙"。

8.3.3 爆破个别飞散物的控制

1. 爆破个别飞散物的安全允许距离

爆破个别飞散物主要在高速爆轰气体作用下，介质碎块自填塞不良的炮孔及介质裂隙（缝）中加速抛射所造成。爆破安全规程规定：爆破个别飞散物对人员的安全距离不应小于表 8–3 的规定；对设备或建筑物的安全允许距离，应由设计确定，并报单位总工程师批准。

表 8–3　　　　　　　　　　爆破个别飞散物对人员的安全允许距离表

爆破类型和方法		个别飞散物的最小安全允许距离（m）
1. 露天土岩爆破[①]	破碎大块岩矿： 裸露药包爆破法； 浅孔爆破法	400 300
	浅孔爆破	200（复杂地质条件下或未形成台阶工作面时不小于 300）
	浅孔药壶爆破	300
	蛇穴爆破	300
	深孔爆破	按设计，但不小于 200
	深孔药壶爆破	按设计，但不小于 300
	浅孔孔底扩壶	50
	深孔孔底扩壶	50
	硐室爆破	按设计，但不小于 300
2. 爆破树墩		200
3. 森林救火时，堆筑土壤防护带		50
4. 爆破拆除沼泽地的路堤		100
5. 拆除爆破、城市浅孔爆破及复杂环境深孔爆破		由设计确定

① 沿山坡爆破时，下坡方向的飞石安全允许距离应增大 50%。

施工条件对个别飞散物距离的影响很大。当单耗药量过高或抵抗线过小，以及药包位置不当时，容易产生爆破飞散物。若填塞质量不好，或药包起爆间隔时间过大，造成后排抵抗线大小与方向失控，个别飞散物距离往往大于设计安全距离，甚至出现严重的后果。

2. 爆破个别飞散物的控制和防护

（1）精心设计，选择合理的抵抗线 W 和爆破作用指数 n；精心施工，药室、炮孔位置测量验收严格，是预防飞散物事故的基础工作。装药前，应校核各药包的抵抗线，如有变化，修正装药量。

（2）注意避免药包位于岩石软弱夹层或基础的接打面，以免薄弱面冲出飞散物。慎重对待断层、软弱带张开裂隙、成组发育的节理、覆盖层等地质构造，采取间隔填塞、避免过量装药等措施。

（3）保证填塞质量、填塞长度，填塞物中不能夹杂碎石。采用不偶合装药、挤压爆破和毫秒延时爆破等措施。选择合理的延迟时间，防止前排爆破后，造成后排最小抵抗线大小与方向失控。

（4）控制爆破施工中，应对爆破体采取覆盖和对保护对象采取防护措施；覆盖范围，应大于炮孔的分布范围；覆盖时要注意保护起爆网路，捆扎牢固，防止覆盖物滑落和抛散，分段起爆时，防止覆盖物受先爆药包影响，提前滑落、抛散。

（5）在重点保护物方向及飞散物抛出主要方向上，设立屏障．材料可以用木板、荆笆或铁丝网，屏障的高度和长度，应能完全挡住飞散碎块。

8.3.4 爆破对环境影响的控制

对露天深孔爆破，有害气体、粉尘、噪声对环境、人体影响应引起重视，特别是凿岩粉尘的控制，对近体操作人员影响不可忽视，应用新技术、新设备，坚持湿式凿岩作业。隧道施工中，实行标准化施工，严格按表 8-4～表 8-6 中要求控制有害气体的含量，防止人员中毒。

表 8-4　　　　　　　　　　中毒程度与 CO 浓度的关系表

中毒程度	中毒时间	CO 浓度	
		mg/L	（按体积计算）%
无征兆或有轻微征兆	数小时	0.2	0.016
轻微中毒	1h 以内	0.6	0.048
严重中毒	0.5～1h	1.6	0.128
致命中毒	短时间内	5.0	0.400

表 8-5　　　　　　　　　　中毒程度与 NO_2 浓度的关系

NO_2 浓度（%）	人体中毒反应
0.004	经过 2～4h 还不会引起中毒反应现象
0.006	短时间呼吸器官有刺激作用，咳嗽，胸部发痛
0.01	短时间内对呼吸器官起强烈刺激作用，剧烈咳嗽，声带痉挛性收缩、呕吐、神经系统麻木
0.025	短时间内很快死亡

表 8-6　　　　　　　　　　　地下爆破作业点有害气体允许浓度表

有害气体名称		CO	N_nO_m	SO_2	H_2S	NH_3
允许浓度	按体积（%）	0.002 40	0.000 25	0.000 50	0.000 66	0.004 00
	按质量（mg/m³）	30	5	15	10	30

第9章 土石方工程施工案例

9.1 某山区大面积场平工程土方施工案例

9.1.1 编写依据

（1）《工程测量规范》（GB 50026—2007）

（2）《土方与爆破工程施工及验收规范》（GB 50201—2012）

（3）《建设工程项目管理规范》（GB/T 50326—2017）

（4）《建筑边坡工程技术规范》（GB 50330—2013）

（5）《建筑施工土石方工程安全技术规范》（JGJ 180—2009）

（6）《建筑地基处理技术规范》（JGJ 79—2012）

（7）《电力工程地基处理技术规程》（DL/T 5024—2016）

（8）该工程地质勘察报告、场平工程相关图纸、施工合同等

9.1.2 项目概况

本工程为某特大型换流站项目的场平工程，项目位于皖南山区，占地面积约 37.68hm²。场地地貌为丘陵，自然地面坡度 10°～25°、标高 51.0～89.0m，设计场平标高 76.1m。建设场地呈中部高，南、北两侧低，以东北角最低，为人工水塘，站区场平工程最大挖方深度约 14.0m，最大填方深度约 22.0m。站区地形图如图 9–1 所示。全站土方工程量（不含进站道路）：挖方 1 291 416m³，填方 1 290 592m³，土石方工程挖填量基本满足自平衡。

地基土主要为冲洪积相砂卵石层和坡残积相黏性土，下伏基岩为风化红层砂岩，沟、谷低地零星分布极少的新近沉积黏性土。地下水情况主要为第四系松散土类孔隙水与碎屑岩类基岩裂隙水，主要受大气降水补给，水位标高 51.0～67.0m，水位埋深 0.4～5.0m。场地挖方区基础埋深以内无稳定地下水分布，该地段可不考虑地下水的作用。

9.1.3 施工部署

1. 施工内容

换流站工程的场平土方工程施工，主要涉及站址土石方开挖、运输、回填、平整、压实

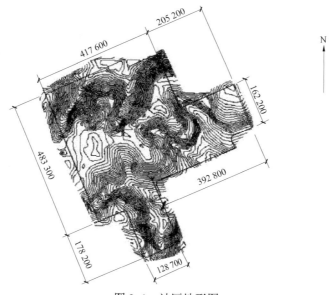

图 9-1　站区地形图

等工作。需要考虑满足总体规划，施工工艺，排除雨水等要求，并尽量做到挖、填平衡，减少运土量。通过统筹安排，合理确定土方调配方案。

2．施工流程

（1）编制施工方案。为保证场平工程的顺利进行，开工前应做好收集工程信息及相关资料、现场踏勘、补充测量等基础工作，在充分论证的基础上编制科学的施工方案。编制施工方案的流程如图 9-2 所示。

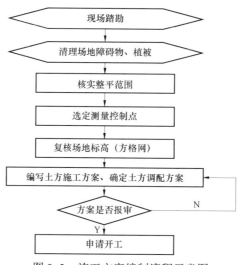

图 9-2　施工方案编制流程示意图

（2）确定施工流程。土方挖运填均采用机械化施工，主要施工过程有挖土机挖土、自卸车运土、卸土、推土机分层平整、压路机碾压、强夯处理等施工过程交叉进行。施工流程如图 9-3 所示。

由于地表上有大量灌木、杂草，在进行大面积土方挖填前，须要清理植被及树根、草根等表层根植土，平均清表厚度30cm。根据现场情况，采用分区施工的原则组织施工。先开展直流场和综合办公区两块先行用地区域的植被清理，再逐步将站址范围内的障碍物、植被清理完毕；先进行挖方区域的植被清理，再进行填方区的清理工作，不可交叉进行。清理出的植被及地表土先在站内分区域集中堆放，再使用挖掘机装车运往站区西北侧临时堆放区集中堆放。

由于站址地势起伏较大，在进行大面积清理工作时应修筑临时道路，便于车辆机械上下运输。临时道路做法是把站区原有的中部和站区西侧的乡村道路拓宽至6m，利用挖掘机碾压压实、平整，道路范围内如有软弱区域或坑洼处则使用大块石头、碎石进行换填。中部和站区西侧道路为植被清理阶段的运输主干道，在挖方区和填方区分别铺设临时支运输道路，如图9-4所示。植被清理阶段临时道路能满足车辆通行即可，临时运输道路坡度不得大于10°。

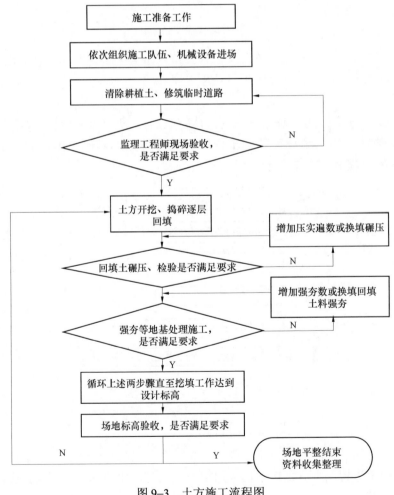

图9-3 土方施工流程图

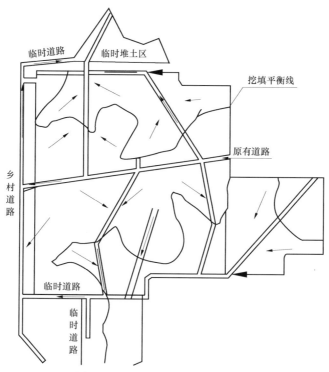

图 9-4　土方临时运输道路示意图

（3）确定施工范围。根据设计院给定站区西北角基准点和水准点（E01～E07 点），建立闭合场区征地线控制网和控制高程网，放出围墙拐点及先行区边界桩。先将电气加工区先行用地区域土方挖运至强夯试夯区，即进站道路东侧的两处试夯试验区。

站址南北两侧多为填方区，因填方区边坡需要压实、强夯后进行修坡方可保证边坡稳定，因此在进行土方回填时需要在图纸设计的边坡以外再多回填 2～3m 的宽度，待压实、强夯后再挖除修坡。如图 9-5 所示。

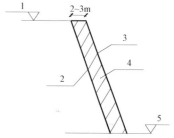

图 9-5　填方边坡处填土示意图

1—站内场地设计标高；2—设计边坡位置；
3—边坡实际回填位置；4—夯实后修坡部分；
5—站外场地标高

（4）方格网复核。在工程征地线内设置土方测量控制方格网，土方测量方格网按 10m×10m 设置，具体布置按照设计院的土方平衡图的方格网进行，便于各点标高与图纸设计标高进行比对。在监理单位的见证下复核现场实际土方的挖填量，如与图纸相差较大，应及时与设计、建设单位联系，协商解决方案。

将设计院给出的标高控制点引入站内的挖填平衡位置，利用全站仪精确测定场区方格网各角点的标高，根据角点标高确定现场实际的土方挖填量。

（5）耕植土清运。方格网测定后，进行场地耕植土清除工作，同时清除残留在土中的根系和淤泥等。清理时应分区域进行清理，首先清运先行用地区域，再将其他区域全面清理。耕植土清理采用机械辅以人工将耕植土按照区域归聚成堆，最后运出站外，根据设计要求站址内的表层 30cm 厚耕植土全部运往站外西北侧临时用地区域集中堆置处理，经晾晒、根系分拣后作为工程后期绿化用土。地表耕植土清理并压实基底后，经设计和监理单位验收方可进行下步工作。

站址范围内植被较多，且耕植土中有大量树根，经实地勘察总计约有 20 万 m^3 耕植土需要清运。清理耕植土与现场植被采用流水作业方式进行，即清理一部分植被后紧接开展耕植土外运工作，可共用临时运输道路。

（6）临时堆土区。站区外的西北侧临时堆土区占地面积 $1.382hm^2$，站址内的地表植物、耕植土等都将运往该临时堆土区。临时堆土区地势为北高南低，南侧低矮区相较于站区征地红线周围平均高出 2～3m。为防止临时堆土区土方坍塌、滑落并结合水土保持的相关要求在临时堆土区南侧边缘（站区征地红线）设置浆砌块石挡土墙，挡土墙采用 MU30 块石、M7.5 水泥砌筑，砌筑时上下错缝、内外搭接，使砌块嵌紧密实、砂浆饱满并用砂浆勾凸缝，挡土墙墙根外侧砌筑排水沟并用 1:2 水泥砂浆抹面 20mm 厚，排水沟带有一定坡度并在排水沟南侧设置 $0.8m×0.8m×0.8m$ 沉淀池，如图 9–6 所示。

在临时堆土区堆放土方时，堆土坡小于 1:3，并在坡面上播撒草籽并覆盖一层土工布。

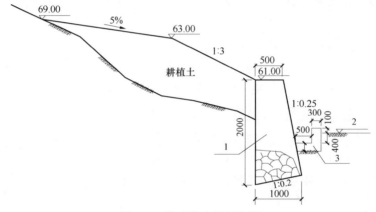

图 9–6　临时堆土区挡土墙
1—浆砌块石挡土墙；2—自然地面；3—浆砌块石排水沟

3. 土方的调配方案

（1）土方量及施工阶段划分。根据设计院提供的方格网进行土方工程量计算，并根据施工单位复核的测量数据核算现场各施工阶段和施工区域的土方工程量。核算结果见表 9–1。

表 9–1　　　　　　　　　　　　场区土方工程量核算结果一览表

类别	挖方（m^3）	填方（m^3）	备　　注
站区土方量	1 148 943	1 160 011	含站区及临建边坡
进站道路土方量	17 300	900	—
临建土方量	63 677	103 681	—
预留绿化耕植土	—	26 000	—
松土和压实	1 291 416	1 290 592	最终松散系数：1.05
场地初平土方量平衡	1 291 416－1 290 592＝824		基本平衡

考虑本工程工期紧、土方工程量大、露天作业和工程所在地雨水天气较多等因素，为不影响工程建设工期，并根据建设单位场平工程分区移交的相关要求，全站土方挖填分两个阶段进行：第一阶段包括进站道路及道路东、西两侧办公区和电气加工、直流场南北两侧回填区、东南角水塘北侧填方区等；第二阶段包括站区其他全部区域均能开展施工。

（2）各阶段施工部署。

第一阶段：可施工区域约21hm²，包括先行用地3.45hm²，临时租地3.33hm²，直流场至集中办公区区域约4.67hm²，直流场北侧4.10hm²，东南侧池塘北岸滤波器场原始道路南半部5.33hm²，分为南、北和进站道路3个工作面，如图9-7所示。该阶段土方工程量为挖方93万m³、填方52万m³，按挖填平衡考虑实际可挖土52万m³、填土52万m³计算，施工时将直流场挖方区土方就近向南北两侧填方区回填；将进站道路西侧挖土就近向东侧填方区回填。施工时根据试夯方案的要求在进站道路区域及直流场南侧选2个试夯点，做强夯试验，试验具体根据设计院的要求实施。第一阶段计划在6月上旬完成。

第二阶段：5月上旬开始，全站土方挖填工作均可展开，站区其他区域同时进行土方施工。第二阶段主要面积约为18hm²，划分为D1、D3两个区段同时进行。其中D1区挖方工作量为26万m³、填方为36万m³；D3区挖方10万m³、填方28万m³。另外第一阶段区域还有约20万m³余土，需往D1区、D3区调配。第二阶段计划在7月10日完成。

挖填工作有效工期共计70d，7月10日前结束，不考虑阴雨等恶劣天气的影响，计划在天气良好时安排晚上加班施工，确保各阶段的施工进度。

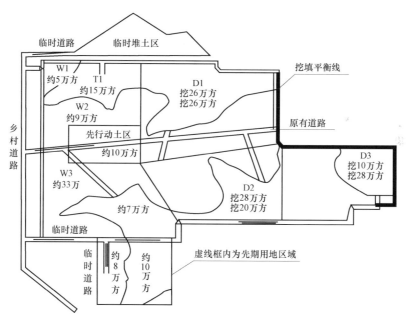

图9-7　挖填土方施工分区示意图

（3）土方运输方案。各施工区域大面积场平施工阶段，需要根据每块挖填区域设置临时场区运输道路，并尽可能利用原有道路。修筑挖方区临时道路时在挖方区设置20m×20m回车场地，便于运输车辆调头，填方时将土方卸载至道路附近再使用推土机、压路机推平、碾压，挖填区域道路应在挖填平衡线处形成循环，便于车辆通行。土方运输道路必须保证自卸汽车作业时，重车下坡、空车上坡，路面坡度不超过 10°。因此，应合理安排土方调配方案。

4. 施工机械、设备、仪器配置计划

（1）挖掘机配备计算。根据业主项目部的要求该换流站场平土方平整工作需在 2016 年 7 月底完成，要求项目部每天挖填方量约 2 万 m³。根据项目部前期的土方机械市场调研考察结果，土方开挖拟选用的挖掘机为 200 型、320 型两种，平均产量分别为 1150m³/d、1350m³/d。

进站道路试夯区土方工程量为挖方约 8 万 m³，填方约 10 万 m³。该区域因为试夯的要求必须在 5 月 7 日前完成回填压实工作。安排 8 台 200 型挖掘机，每天挖土约 9200 m³，需要 9d，满足要求。

第一阶段（不含进站道路区域面积约 15.6ha）土方工程量为挖方 62 万 m³，填方为 42 万 m³。11 台 320 型挖掘机一天挖土 14 850m³，4 台 200 型挖掘机一天挖土 4600 m³，则每日挖土量为 19 450m³，需 16d；但土方压实是填方区关键工作，经过现场测算每天的压实量为挖方量的 2/3，第一阶段压实需要 24d（16÷2/3）；强夯施工分两层进行，每层 8m，两次强夯施工需要 10d 时间，该阶段共需 34d，预计在 6 月 11 日完成第一阶段区域场地平整工作。

第二阶段挖方工程量 56 万 m³，填方量为 64 万 m³（从 W3 区调配 20 万 m³），分为 D1、D3 两个区段。机械分布为：D1 区，挖方工作量为 26 万 m³，填方为 36 万 m³，布置 10 台 320 型挖机，此区域每天共挖 13 500m³，压实量为挖方量 2/3，综合考虑压实强夯等施工工序需 38d；同时，D3 区，挖方 10 万 m³，填方 28 万 m³，布置 5 台 200 型挖机，此区域每天共挖 5750m³，压实量为挖方量 2/3，综合考虑压实强夯等施工工序需 36d。

另有第一阶段区域还有约 20 万 m³ 余土，考虑布置 3 台 200 型挖机，4 台 320 型挖机，每天共挖 8850m³，为不影响 D1、D2 区强夯作业，需 43d 完成。

在第二阶段施工的 43d 内，其中在 5 下旬至 6 月上旬两阶段施工区域有交叉时间，施工高峰期为 25d 左右，现场配备挖掘机共计 37 台。

整个土方挖填工作有效工期控制在 70d 以内，计划在 7 月 10 日前完成全站的土方施工。

（2）自卸汽车计算。现场采用自卸汽车运土，自卸料斗尺寸为 5.4m×2.3m×1.2m，每车运土按 15 m³ 计算，一台 200 型挖机开挖土方，一个小时能装满自卸汽车 8 车次。每辆汽车在场区每小时运输两次，一台汽车每天运土 360m³（2×15×12）。

进站道路及办公区需要自卸汽车数量，按照土方总量 8 万 m³、工期 9d、自卸车每天运土 360 m³ 估算，需要 25 辆自卸车配合挖掘机，为每台挖机配 3～4 辆自卸汽车。

第一阶段按照土方总量 62 万 m³、工期 36d、自卸车每天运土 360 m³ 估算，需要 47 辆配合挖掘机，约为每台挖机配 4 辆自卸汽车。

第二阶段按照土方总量 56 万 m³、工期 43d、自卸车运土同前，需要 36 辆配合挖掘机，每台挖机配 4 辆。

第一、第二阶段交叉作业期间，共需要 83 辆自卸汽车。

（3）推土机计算。推土机主要任务是将自卸汽车的卸土摊铺平，其数量原则上是挖掘机数量的一半，第二阶段的回填量较大，应适当在每个回填区段增加 3 台。具体安排为进站道路及办公区配备 4 台推土机、第一阶段施工配备 8 台推土机、第二阶段配备 10 台推土机。

两阶段交叉作业时配备 18 台推土机，因原始填方区均带有坡度，现场推土机使用履带式推土机。

（4）压路机计算。根据现场回填碾压方法，以虚铺 250mm 的标准进行分层回填，每回填两层（500mm 厚）开始进行碾压，碾压次数为 6 遍。振动压路机作业宽度是 2.1m，每小时行 4km，一天工作 12h 能碾压约 15 000m²。

压路机数量应根据各回填区面积进行配备，保证每天能碾压回填场地完成。为此，各区段配置数量：进站道路及办公区配备 3 台压路机；第一阶段区域为配备 6 台压路机进行碾压；第二阶段 D1 区配 4 台、D3 区配 4 台，计 8 台压路机。第一、第二阶段交叉作业时，配备 14 台压路机。

以上，所有施工机械、设备、仪器必须保证性能良好，在施工中能正常使用，并经常检查与保养，确保使用中的准确与安全。土方施工阶段机械配置，详见表 9–2；劳动力安排详见表 9–3。表中施工机械及劳动力安排按标准正常情况考虑，实际施工期间，如雨季较长，影响工期，可相应增加施工机械和劳动力数量。

表 9–2　　　　　　　　　　土方施工阶段机械设备配置一览表

序号	机械名称	工期及配备数量														备注
		4月			5月			6月			7月			8月			
		1~10	11~20	21~30	1~10	11~20	21~31	1~10	11~20	21~30	1~10	11~20	21~31	1~10	11~20	21~31	
1	挖掘机	2	4	7	4	4	12	12	12	8	8	8	4	3	3	3	中型200型
2	挖掘机	0	0	0	11	11	25	25	25	14	14	14	3	—	—	—	大型320型
3	自卸汽车	15	15	20	24	47	83	83	83	36	36	24	24	15	10	10	容量15m³
4	强夯机	—	—	4	2	2	2	10	10	10	10	10	10	2	2	2	根据试夯结果配置
5	推土机	1	1	4	4	8	18	18	18	10	10	5	4	3	3	3	履带式
6	压路机	—	—	4	4	6	14	14	14	8	8	5	4	3	3	3	18T双轮单滚
7	破碎机	—	—	—	2	2	2	3	3	3	3	3	2	2	1	1	根据开挖具体情况
8	工程指挥车	2	2	2	2	2	2	2	2	2	2	2	2	2			
9	全站仪	2	2	2	2	2	2	2	2	2	2	2	2	2	2	2	TCR402
10	经纬仪	4	4	4	4	4	4	4	4	4	4	4	4	4	4	4	DJ6
11	水准仪	8	8	8	8	8	8	8	8	8	8	8	8	8	8	8	DSZ2

表 9–3　　　　　　　　　　　　　　　土方施工阶段劳动力安排一览表

工种	按工程施工阶段投入劳动力情况		
	施工准备阶段（4月份）	场平施工阶段（5～7月）	竣工验收阶段（8月）
测工	8	8	4
混凝土工	5	6	3
瓦工	2	120（主要为毛石工）	20
木工	2	10	2
钢筋工	—	10	3
机械操作工	30	130（车辆、机械司机）	30
水电工	3	5	2
普工	20	60	20
合计	70	349	82

5. 场平土方开挖技术措施

（1）依据设计院给定的国家永久性控制坐标和水准点，从站区西北角围墙桩将先行区标高和坐标控制点引测至现场，设立坐标及高程控制桩，并做好保护。按换流站的总平面布置，用全站仪定出围墙的角点桩，确定施工区域。在确定的施工区域内复测场地方格网，记录数据并上报相关单位备案，作为计算挖、填土方量和施工控制的依据。根据站区土方图纸确定开挖深度、回填高度及控制高程，然后施放灰线及开挖线。

（2）在挖方区边界根据方格网设置高程控制桩（位于挖填平衡线上），并在控制桩上挂线，点线相连，挂线时要预留一定的碾压下沉量 3～5cm，使其碾压后的高程正好与设计高程一致。在开挖过程中要不断地符合校正，发现错误及时进行调整纠正，确保标高、坡度的准确。

（3）场地边坡开挖应采取沿等高线自上而下，分层、分段依次进行。在边坡上采取多台阶同时进行机械开挖时，上台阶应比下台阶开挖进深不少于 20m，以防塌方。边坡台阶开挖，做成一定的坡势，以利泄水，必要时边坡下部设置排水沟，以保证坡脚不被冲刷、不积水。站区四周均有挖方区，施工时根据图纸设计要求的永久性边坡进行开挖，按照设计要求的坡度进行放坡开挖。场区内临时性挖方边坡根据规范要求，边坡坡度为 1:1.00～1:1.50。

（4）在地下水位以下挖土，应在做好排水措施，如在开挖过程中遇到大量地下水则会同各参建单位协商解决方案，少量地下水则设置排水、集水井进行抽水。

（5）本工程站址地貌为丘陵，地表土以下为卵石，根据图纸要求用于回填的卵石粒径不得小于 200mm，大于 200mm 的石块必须破碎至符合要求后方可进行回填。在施工过程中做好挖机破碎头和破碎机配合施工的准备，项目部现已与当地一采石场联系商定，安排专业碎石机械进场机械进场，粒径大于 500mm 石块用破碎机进行破碎至符合粒径回填要求。

6. 场平土方回填技术措施

（1）耕植土清理采用机械辅以人工将耕植土按照区域归聚成堆，最后运出站外，根据设计要求站址内的表层 30cm 厚耕植土全部运往站外西北侧临时用地区域集中堆置处理、晾晒、根系分拣，耕植土作为工程后期绿化用土，地表耕植土清理完成并压实基底后，经设计和监理单位验收合格方可进行下步工作。

（2）填方区清表后应对基底进行处理，现场采用压路机碾压 6~8 遍，如坡面大于 1/5，应修台阶。土方回填采用自卸汽车卸土，并配以推土机摊平。回填土每层虚铺厚度为 0.25m（为了过滤掉大块卵石），每虚铺回填二层使用压路机碾压 6~8 遍。设置一定数量标识杆，按照每层 0.25m 进行回填标注。填土时可利用推土机、压路机临时碾压回填行驶道路，作为临时道路向回填场地内的延伸。

（3）施工顺序。填方区清表→基层碾压→接槎处理→卸料→推土机整平→压路机初压→推土机精平→重型压路机复压→中型压路机终压。填方区土方回填施工顺序，如图 9-8 所示。

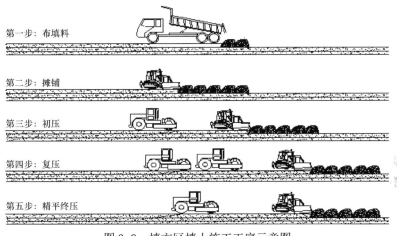

图 9-8　填方区填土施工工序示意图

（4）未经破碎的卵石、淤泥、耕植土以及有机物含量大于 5% 的土都不得作为填料，当回填料为卵石时，应有适当级配，在大块卵石中掺碎石土进行回填碾压。

（5）回填施工前，应根据现场的土质，随时测定最优含水量，根据实验结果控制回填土的实际含水量。

（6）本工程场地回填面积较大，分段分区填筑时每层接缝处应做成大于 1:1.5 的斜坡，碾迹重叠 0.5~1.0m，上下层槎缝距离不小于 1m。

（7）当回填区原始自然地面坡度大于 1:5 时，将斜坡挖成阶梯形，台阶高宽比 1:2，台阶高度不大于 1m。

（8）填土的最优含水率控制。本工程回填土主要以卵石土为主，回填土最优含水率根据现场试验后确定，回填的土石比例要符合图纸设计的要求。

（9）分层回填时，将透水性大的土层置于透水性较小的土层之下，不得混杂使用，边坡不得用透水性较小的土封闭，以利水分排除和基土稳定，并避免在填方内形成水囊和产生滑动现象；填土应从最低处开始，由下向上整个宽度分层铺填碾压。

（10）在碾压机械碾压之前，先用推土机推平。碾压机械压实填方时，应控制行驶速度，一般振动碾压不超过 2km/h，低速碾压 6 遍。应采用"薄填、慢驶、多次"的方法，第一遍采用静压方式，其他采用振动压实，确保压实密实度不小于 0.94。碾压方向应从两边逐渐压向中间，轮迹重叠宽度大于 0.5m，避免漏压。填方区从坡脚处逐层回填碾压合格后在进行削坡，以保证填方边坡及填方区的压实质量，在机械压不到的地方用人工补夯，边坡坡体压实系数不小于 0.94。

（11）土方调配作业必须分区域安排专人指挥，根据现场的区域划分，每个阶段在不同的挖填作业面分别安排 2～3 人，另外安排管理人员负责区域内的车辆运输。

7. 盲沟施工

（1）根据图纸要求，站内共有 5 道盲沟，共计 1350m，为 1300mm×800mm 碎石盲沟，盲沟四周铺设短纤针刺土工布（$300g/m^2$），施工时按照图纸标出得位置进行放线，现场实际在低洼区有冲沟，可清淤后改作盲沟。图纸会审时提出在临建区一侧增设一条盲沟，预留出位置，待设计出具正式版图纸组织施工。

（2）开槽时应同时采取防水、排水措施，避免槽底受水浸泡。应尽量缩短开槽的暴露时间。开槽后如不能立即进行下一道工序，应保留 10～30cm 的深度不挖，待下道工序施工前整修为设计槽底高程，同时应预留厚 20cm 左右的一层用人工清挖。严禁扰动槽底，如发生超挖，应按设计要求进行回填。

（3）开槽过程中，要经常检查槽帮是否稳定，一经发现变形、裂缝或支撑走动，必须立即停止施工，进行处理。

（4）沟槽开挖时应先压实两边土方，在沟槽开挖时利于沟槽成型。

（5）敷设土工布。人工将土工布铺入沟内，铺放土工布时沟面上要留有一定的土工布卷边，以包裹碎石填料。土工布之间留 30cm 搭接长度，以保证过滤效果。土工布敷设时采取适当的固定措施，防止碎石充填时移动土工布。土工布施工完毕，要加强成品保护。

9.1.4　强夯施工

根据设计图纸要求，站区深填地基采用强夯处理，强夯地基处理采用 6000kN·m 单击夯能。强夯分三层进行，分层厚度不大于 7m，分层强夯完成后进行 2000kN·m 低能满夯一遍；低于 55m 区域采用 2000kN·m 单击夯能，分层厚度不大于 3.5m，分层强夯完成后进行 1000kN·m 低能满夯一遍，强夯处理后的地基应满足设计及规范要求的承载力及压缩模量。

1. 施工前的准备工作

（1）建立场地测量控制基准点。每处强夯区域应设置至少 2 个通视的控制桩点，为施工期间半永久性测量固定基准点，作为施工放点、放线和监测之用。

（2）做好施工排水。施工期间正值雨季，强夯作业面土层应及时碾压密实，防止雨水渗透。施工区域四周设立临时排水沟，确保雨后场地无积水。

组织机械设备进场。施工机械主要有强夯机（含夯锤等）、推土机、压路机及运输车辆等。强夯机械及辅助设备，必须经过解体分部运进，到达施工现场，卸车后进行组装，组装完成后需进行调试和试运行。拟投入强夯施工机具的规格、性能、配套数量见表 9-4，劳动力安排见表 9-5。

表 9-4　　　　　　　　　　地基强夯处理施工配置的主要机械设备一览表

序号	设备名称	规格	数量	备注
1	抚顺履带强夯机	QUY-50t	5 台	配门架 3 套
2	宇通夯机	YTQH400	1 台	配门架 1 套
3	抚顺履带强夯机	HQY4000A	2 台	配门架 2 套
4	夯锤	48.5t	1 个	组合锤
5	夯锤	37.5	1 个	
6	夯锤	35	1 个	
7	夯锤	33	2 个	
8	夯锤	31.5	1 个	
9	夯锤	22	1 个	
10	夯锤	21	1 个	
11	夯锤	20	1 个	
12	夯锤	19	1 个	
13	夯锤	18	1 个	
14	夯锤	15	1 个	
15	全站仪	莱卡	1 台	
16	水准仪	S3	8 台	
17	水泵		3 台	

表 9-5　　　　　　　　　　强夯施工劳动力安排一览表

序号	班组	人数	工作内容
1	强夯施工一队	4	强夯施工、记录
2	强夯施工二队	4	强夯施工、记录
3	强夯施工三队	4	强夯施工、记录
4	强夯施工四队	4	强夯施工、记录
5	强夯施工五队	4	强夯施工、记录
6	强夯施工六队	4	强夯施工、记录
7	强夯施工七队	4	强夯施工、记录
8	强夯施工八队	4	强夯施工、记录
9	测量组	8	控制地形测量
10	专业电工	1	夜间照明

2. 强夯施工程序安排

（1）试夯。根据强夯施工要求，正式施工前应先进行试夯，并通过试夯区的夯击试验为正式工程夯提供参数和设计依据。本工程试夯区域位于进站道路东侧的联合办公区，共两个试夯场地，其大小为 100m（长）×50m（宽）×10m（填土厚）。试夯场地位于填方区，就近使用进站道路东侧挖方区出土进行回填，土方回填时按照 50cm 碾压 8 遍进行施工，压实系数 0.94 进行控制，待回填至试夯大纲要求的回土厚度后开始试夯。试夯按照隔行跳打的原则完成试夯区全部夯点的施工，两遍点夯之间的间歇时间，根据现场第一遍点夯的试验结果确定。

试夯施工计划于 5 月 19 日开始，施工时间需要 3～5 天，其间间歇期和静载试验约为 3 周，6 月 15 日出具试夯报告，现场施工根据业主项目部进度节点要求进行动态调整。

（2）正式施工。

1）工艺流程。强夯施工分两个步骤进行，点夯和满夯。其施工工艺流程为：场地平整→测量放线→标出夯点位置→测量夯前场地高程→夯机就位→安全检查→测量夯前锤顶高程→点夯→测量锤顶高程→质量检查、安全检查→确定锤击次数及控制标准→下一夯点施工→完成夯击→推土机整平场地→测量场地高程→满夯→完成夯击→推土机整平场地，压路机碾压→测量夯后场地高程。

2）第一层强夯。站址东北角分层碾压回填土至 55m 标高，采用 2000kN·m 单击夯能进行第一层强夯，本层强夯面积 3200m²，强夯区域如图 9-9 所示。

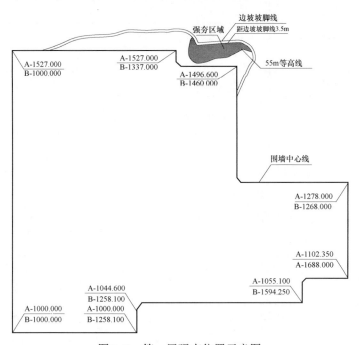

图 9-9　第一层强夯位置示意图

3）第二层强夯。2000kN·m 第一层强夯完成后，分层碾压回填土至 62m 标高，对填土采用 6000kN·m 单击夯能进行第二层强夯，本层强夯面积 36 670m²，强夯区域如图 9-10 所示。

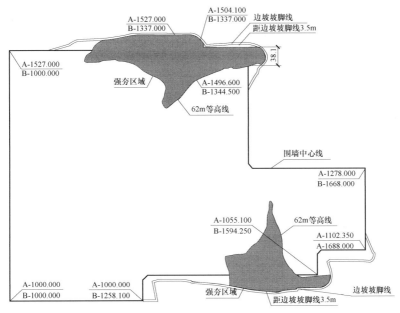

图 9-10　第二层强夯位置示意图

4）第三层强夯。 6000kN·m 对第二层强夯完成后，分层碾压回填土至 69m 标高，对回填土采用 6000kN·m 单击夯能进行填土第三层强夯，本层强夯面积为 79 940m²，强夯区域如图 9-11 所示。

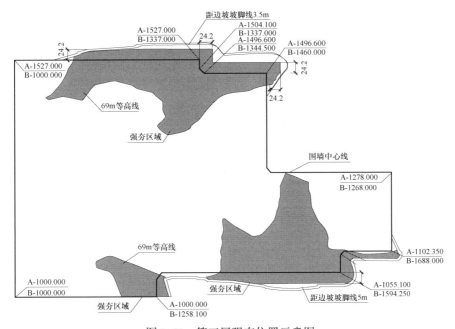

图 9-11　第三层强夯位置示意图

5）第四层强夯。6000kN·m 对第三层填土强夯完成后，分层碾压回填土至 75.45m 标高，对填土采用 6000kN·m 单击夯能进行第四层强夯，本层强夯面积 136 691m²，强夯区域如图 9-12 所示。

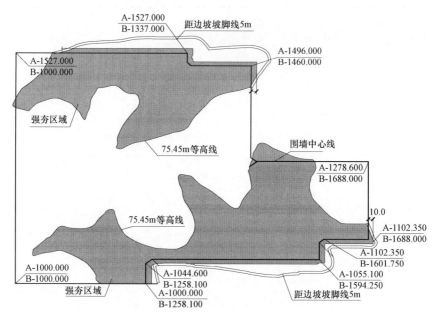

图 9-12　第四层强夯位置示意图

6）夯点的平面布置。2000kN·m 单击夯能夯点间距 3m，6000kN·m 单击夯能夯点间距 5m，如图 9-13 所示。每一层强夯均采用二次隔行跳打，第一次夯"●"的点，第二次夯"○"的点，夯点为等边三角形布置。

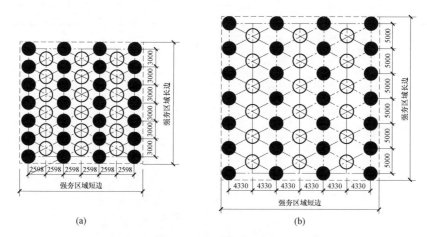

图 9-13　夯点位置示意图

（a）2000kN·m 强夯夯点布置示意图；（b）6000kN·m 强夯夯点布置示意图

3. 进度安排

每层点夯击数按设计要求执行，每层点夯完成后，分层碾压回填土至设计标高，再以对应的满夯单击夯能进行低能满夯，夯击数 4 次，夯击时点与点之间搭接 1/4 锤印，分两遍进行，每遍每点 2 击。计划 6000kN·m 每台机械每天施工满夯约 1500m² （约 70 个夯点）；2000kN·m 每台机械每天施工满夯约 800m² （约 100 个夯点）。

4. 强夯施工要点

（1）施工测量。根据建设单位给定控制点，按照施工图坐标点定位放线，采用经过标定全站仪测定方位，使用经过标定的 50m 钢卷尺丈量测距，设置牢固控制桩点。在现场周边设立主轴线及高程控制标记。

水准点的引入按建设单位提供的水准点，用经过标定的 DS3 水准仪和塔尺将设计要求的 ±0.000 引测到牢固的控制点上，作为施工中地面测量的依据。各水准点间保证无通视障碍，以便于直接进行水准点的相对复核。

（2）强夯施工参数选择。

1）夯锤。强夯采用铸铁夯锤，锤重 20～48.5t，直径 2.55m，最大提升高度 20m。根据不同的锤重、夯击能确定夯锤落距见表 9-6。

表 9-6   夯 锤 落 距 一 览 表

序号	锤重（t）	2000kN·m 夯能 夯锤落距（m）	6000kN·m 夯能 夯锤落距（m）
1	48.5	4.12	12.37
2	37.5	5.33	16
3	35	5.71	17.14
4	33	6.06	18.18
5	31.5	6.35	19.05
6	22	9.09	—
7	21	9.52	—
8	20	10	—
9	19	10.53	—
10	18	11.11	—
11	15	13.33	—

注：落距计算公式：$h=M/Tg$，其中 M 为单击夯能，T 为锤重，g 为重力加速度（g 取值 10kg/N）

2）单点夯击数的确定。单击夯能 6000kN·m 的区域，强夯每夯点击数为 12～15 击，且要满足收锤标准；单击夯能 2000kN·m 的区域，强夯每夯点击数为 10 击，且要满足收锤标准。每一层强夯点夯完成后应静置 5 天后再进行满夯。

3）每点收锤原则。最后两击的平均夯沉量不大于下列数值：单击夯能为 6000kN·m 为 350mm，单击夯能为 2000kN·m 时为 100mm；夯坑周围地面不应发生过大的隆起；不应因夯坑过深发生提锤困难。

（3）其他注意事项。

1）强夯施工应从填土最深处开始夯起，均匀向四周扩散夯击范围。

2）施工前应检查夯锤重量、尺寸、落距，以确保单击夯能符合设计要求。夯击时按规定的落距进行夯击，夯击位置要准确，落锤要平稳。

3）施工过程中有专人负责检查落距、夯击次数、夯击遍数、夯点位置、夯击范围等。

4）施工过程中对各项参数进行详细记录。强夯施工时对每一夯实点的夯击能量、夯击次数和每次夯沉量等做好详细的现场记录，夯点布置及夯点编号应事先编号，留存电子档。

5）在每一遍夯击前，对夯点放线进行复核，夯完后检查夯坑位置，发现偏差或漏夯及时纠正。当夯坑过深而发生起锤困难时停夯，向坑内填料直至与坑顶平，记录填料数量，如此重复直至满足规定的夯击次数及控制标准。

6）施工过程中，要避免重锤起吊后的旋转，防止锤底倾斜和夯击点不重合。当前一遍夯完后，需用新土或坑壁的土将夯坑填平，再进行下遍夯击施工，直至完成计划的夯击遍数。

7）严格遵守强夯施工程序及要求，做到夯锤升降平衡，对准夯坑，避免歪夯，禁止错位夯击施工，发现歪夯，立即采取措施纠正。

8）夯锤的通气孔在施工时保持畅通，如被堵塞，应立即疏通，以防产生"气垫"效应，影响强夯施工质量。

9）夯坑应当日施工，当日推平，以防下雨泡水。

5.强夯的质量检测

本工程强夯地基检测由设计院牵头组织，施工单位在施工过程中进行一般项目自检。施工过程中的偏差控制：夯点测量定位允许偏差±50mm；夯锤就位允许偏差±150mm；满夯后场地整平平整度允许偏差±100mm。强夯地基的质量检验评定标准见表9-7。

表9-7　　　　　　　　　　　强夯地基质量检查标准

项目	序号	检查项目	允许偏差或允许值		检查方法
			单位	数量	
主控项目	1	地基强度	设计要求		按规定方法
	2	地基承载力	设计要求		按规定方法
一般项目	1	夯锤落距	mm	±300	钢索设标志
	2	锤重	kg	±100	称重
	3	夯击遍数及顺序	设计要求		计数法
	4	夯点间距	mm	±500	用钢尺量
	5	夯击范围（超出基础范围距离）	设计要求		用钢尺量
	6	前后两遍间歇时间	设计要求		

9.1.5 工期安排

根据合同要求和现场施工情况，计划 4 月下旬开工，7 月底完成场平土方施工和强夯施工。4 月下旬从先行区 8.66hm² 区域树木清表及土方开挖开始，5 月中旬，全站范围内开始大面积土方施工。详细进度安排见表 9-8。

进度保证措施：当施工实际进度与计划进度出现偏差时，项目部将采取组织、管理、技术、经济等措施，对施工工期进行动态调整，及时纠偏，施工项目部主要通过以下四个方面的措施进行施工。

（1）做好雨季施工措施，设置临时排水沟、花纹钢板铺垫等措施，将天气对工期的影响降到最低。

（2）在确保安全的前提下，根据天气情况适当延长工作时间，组织做好夜间照明准备，根据需要开展夜间施工。

（3）加大人员机械投入力度，多开作业面，尽可能多工作面平行施工。

（4）强化施工工序衔接，把控好植被及耕植土清理、土方挖填运、强夯施工三个关键工作的流水作业，定期分析各工序的实际进度与合同工期之间的偏差，适时调整流水强度。

9.1.6 雨季及夜间施工措施

1. 雨季施工措施

（1）场地排水。本工程场地面积较大，4～8 月为当地雨季，施工现场采用排水明沟排水，沿临时道路两侧开挖排水明沟，阻断站区以外地表水流向站内，站区内部在进行土方回填施工时每 80m 设一道纵向的排水明沟，明沟深 30～40cm，宽 30cm，坡度 2‰，明沟过临时道路段埋设 300mm 钢筋混凝土管，使得地表水和雨水汇集至明沟，接入站外排水管，最终排至站区西北侧和东北侧的两处水塘，场地排水根据水土保持的要求要进行沉淀，在站外明沟的末端设置沉淀池，避免水土流失。

（2）雨季土方开挖、回填。土方开挖施工中，场区临时道路应保证车辆机械通行不陷。严格控制回填土的含水率，含水率不符合要求的回填土严禁进行回填，待雨后翻晒达到合格含水率后方可进行回填。

（3）施工过程中密切关注天气情况，现场提前准备雨季施工物资，在下雨前应将挖土区、碾压后的回填区及临时道路和即将用作回填的土堆覆盖彩条布防雨。

（4）雨季施工为保证车辆通行，可在主要道路路面铺设钢板。

（5）根据图纸设计在回填区回填前应施工 5 条盲沟，提高站区场地的排水效果，具体施工方法需见设计施工图。

2. 夜间施工措施

本工程土方施工量大、工期短，为确保按期完成业主项目部制定的节点计划，保证夜间施工安全与质量，夜间施工做如下安排。

表 9 - 8

场平工程施工进度计划横道图

序号	工程项目	持续天数	2016年 4月 10	20	30	5月 10	20	31	6月 10	20	30	7月 10	20	31	8月 10	20	31
1	施工准备	20															
2	四通一平工程办公区、加工区搭建	20															
3	各区域树木，并清除地表植被及附着物	20															
4	各区域方格网测量及计算场平土方量	30															
5	临时堆土区临时道路、挡土墙施工	25															
6	回填区盲沟施工	7															
7	进站道路及综合办公区（试务区）施工	9															
8	第一阶段区域、土方开挖、回填、强夯（230余亩）	37															
9	1000kV交流区、500kV滤波器区、（包含全站所有区域）土方开挖、运输、回填	53															
10	试夯施工	15															
11	强夯施工	70															
12	全站护坡及挡土墙施工	92															
13	站外排水	30															
14	进站道路	50															
15	水、电、通信施工	31															
16	验收、消缺	62															

注：1. 本进度计划是以施工图纸及工程施工合同为依据编写。

2. 计划开工日期为2015年04月22日，竣工日期为2016年8月底，其中土方挖填施工有效工期70天，强夯施工在7月31日完成。

（1）成立以项目经理为组长的夜间施工领导小组。并制定详细的人员工作安排，分工落实到人，各负其责。施工项目部建立夜间值班、交接班、巡查制度，加强夜间施工的管理和调度，领导小组组长或副组长及成员隔天轮流到场指挥。关注天气预报，有雨、大风、雷电等恶劣天气停止夜间施工。夜间施工阶段，作业人员和管理人员白天必须保证充足睡眠，并提供夜餐，不能两班倒连续作业。夜间施工做好晚交班早点名制度并在作业中保持通信畅通。制定周密的安全措施并在夜间施工前对全员进行专项技术交底。

（2）夜间土方开挖、回填的要求。夜间土方开挖作业施工现场设置明显的交通标志、安全标牌、警戒灯等，标志牌具备夜间荧光功能。危险临边区域使用钢管围栏并涂刷荧光漆，保证施工机械和施工人员的安全。如安排夜间作业，白天工作班结束后应用反光带将夜间施工范围、临时道路两侧圈定，禁止施工反光带以外的区域。夜间施工禁止人工开挖回填，个别区域如有需要可在第二天白班进行补充。

（3）夜间土方运输要求。夜间施工用的临时道路应在白班进行检查，垫平坑洼、换填软弱处，清除大块石头、车辆散落土方等障碍物，防止道路拥堵、翻车。夜间施工应减少工作强度，减少临时道路车辆流量，避免车辆相对行驶，施工班组增派监护人员在道路转弯处、上下坡等视野盲区巡视，加强交通指挥。项目部做好随时启动应急预案的准备，如遇车辆侧倾、翻车，必须立即启动应急预案进行抢救，在工程开工前组织人员进行人员抢救、机械伤害救助、设备脱险等项目的夜间应急演练。

（4）夜间照明要求。本工程在四通一平施工阶段，在站址征地线附近的临时用电电源旁边分别布置3座固定式照明灯塔（施工期间不拆、不移），灯塔高度为8m，每座灯塔上每个方向放置2盏1000W探照灯。场内照明，采用区域固定灯塔和移动照明相结合的方式，区域固定灯塔根据不同的施工阶段进行调整，原则上布置在区域土方挖填平衡线附近（计划场内布置8座区域照明灯塔），避免挖填作业对灯塔基础造成影响，每个灯塔配备专用的三级配电箱。移动式照明设置在靠近施工区域的地点作为补充照明。

本工程临时用电主要是照明用电，因场地挖填高度变化较大，不能地埋电缆，现场配备移动式照明设备采用架空线路，架空线路应沿挖填平衡线布置，并使用专用电杆架设，架空线路对施工场地和道路垂直距离不小于7m。所有架空线路导线采用绝缘铜或铝线，照明配电应单独设置，并有漏电保护、过负荷保护。本工程地势较为空旷，应在每座灯塔上安装防雷装置接地装置。

夜间施工用电设备必须有专人看护，确保用电设备及人身安全。

3. 土方施工质量标准及检验要求

（1）熟悉施工图和图纸交底内容，严格按照设计和规范要求进行施工。

（2）填土施工过程中应保证填土含水率和压实系数等参数符合要求；并严格把握回填土虚铺厚度，每层虚铺厚度控制在0.25m以内，每虚铺二层（0.50m）使用压路机碾压6遍。

（3）严把回填土料验收关，各种土料须经抽检合格方可使用，严禁用不合格土料回填。现场回填土含水率应经试验确定，严格按照雨季施工措施对已回填区、待回填区域和回填土料进行保护。

（4）土方开挖质量检验标准详见表9-9。填土工程现场质量检验标准详见表9-10。

表 9–9 土方开挖工程质量检验标准（mm）

项目	序号	检查项目	允许偏差或允许值					检查方法
			桩基、基坑、基槽	场地平整		管沟	地（路）面基层	
				人工	机械			
主控项目	1	标高	−50	±30	±50	−50	−50	水准仪
	2	长度、宽度（由设计中心线向两边量）	+200 −50	+300 −100	+500 −150	+100		经纬仪，用钢尺量
	3	边坡	设计要求					观察或者用坡度尺检查
一般项目	1	表面平整度	20	20	50	20	20	取样检查或直观鉴别
	2	基底土性	设计要求					水准仪及抽样检查

注：地（路）面基层的偏差只适用于直接在挖、填方上做地（路）面的基层。

表 9–10 填土工程质量检验标准（mm）

项目	序号	检查项目	允许偏差或允许值					检查方法
			桩基、基坑、基槽	场地平整		管沟	地（路）面基础层	
				人工	机械			
主控项目	1	标高	−50	±30	±50	−50	−50	水准仪
	2	分层压实系数	不小于 0.94					按规定方法
一般项目	1	回填土料	设计要求					取样检查或直观鉴别
	2	分层厚度及含水量	30					水准仪及抽样检查
	3	表面平整度	20	20	30	20	20	用靠尺或水准仪

（5）严格控制回填土密实度，在回填后要对各碾压层的回填土质量进行检验，满足要求后才能填筑上层。施工中应及时收集和整理各项资料，作为工程质量评定依据。

（6）停工待检点必须请监理工程师进行中间检查、复核。施工过程中，形成质量检查程序，做到每道工序须经验收合格填写完毕相关施工记录后，方可进行下道工序。

（7）现场为碎石、卵石土，碾压过后采用灌砂法（或灌水）进行压实度检验，按照 900m² 取样一组，每个碾压层不少于 1 组，取样部位应在压实后的下半部位。土方回填压实度试验需要监理项目部见证取样，每组取样位置、数量严格按照规范要求进行取样检验，并送至有资质的实验室检测。

9.1.7 特殊情况处理方法

（1）橡皮土处理。出现橡皮土的情况要暂停一段时间施工，橡皮土含水率会逐渐降低，待填土含水率降低至最佳含水率再碾压。天气晴朗时，最好将橡皮土翻开晾晒，加快填土含水增发速度。如该情况比较严重，翻开后掺入一定量碎石或石灰粉，改变土体结构再进行碾压。

（2）软弱层处理。回填时如遇软弱层，应减小回填分层厚度，增加碾压遍数；或换填碎石土或石灰粉再进行碾压。如遇大面积软弱层，则向监理项目部、设计院反应，采用变更区域强夯深度，更换重量大的夯锤，增加夯击能。

（3）特殊地质（冲沟、土洞、井等）。经勘查现场流水冲沟深度很浅，不超过 700mm，采用 3∶7 灰土逐层回填夯实，将原有地表水引入场地临时排水沟内。 回填区个别处有土洞，对于土洞的处理是先将土洞挖开，然后分层回填压实。现场勘查发现施工场地范围内有 4 座井，均位于挖方区，挖除时划定危险区域安排专人监护。

（4）白蚁防治。通过现场前期实地勘察，未发现地表下有白蚁巢穴。在施工开挖过程中如发现有白蚁灾害现象，立即向业主、监理项目部汇报情况并及时通报当地林业部门，请专业白蚁防治单位到现场处理。

9.1.8　安全文明施工

1. 安全施工

（1）基本规定。施工前应针对安全风险进行安全教育及安全技术交底。特种作业人员必须持证上岗，机械操作人员应经过专业技术培训。施工现场发现危及人身安全和公共安全的隐患时，必须立即停止作业，排除隐患后方可恢复施工。挖方区边坡应有临时排水防雨措施。并在开挖前清除边坡上松动的石块和可能崩塌的土体。

在土方施工过程中，发现墓、古物等地下文物或其他不能辨认的液体、气体及异物时，应立即停止作业，做好现场保护，并报有关部门处理后方可继续施工。

（2）机械设备安全措施。土石方施工的机械设备应有出厂合格证书。必须按照出厂施工说明书规定的技术性能、承载能力和使用条件等要求，正确操作，合理使用，严禁超载作业或任意扩大使用范围。机械设备应定期进行维修保养，严禁带故障作业。作业结束后应将机械设备停到安全地带。操作人员非作业时间不得停留在机械设备内。

作业时操作人员不得擅自离开岗位或将机械交于其他无证人员操作，严禁疲劳和酒后作业。严禁无关人员进入作业区和操作室。机械设备连续作业时，应遵守交接班制度。配合机械设备作业人员，应在机械设备的回转半径以外工作。雨期施工时，应及时清除场地和道路上的积水，并应采取有效的防滑措施。

有下列情况之一应立即停止作业：填挖区土体不稳定，有坍塌可能；地面涌水冒浆，出现陷车或因下雨发生坡道打滑；发生大雨、雷电、浓雾、水位上涨等情况；施工标志及防护设施被损坏；工作面净空不足以保证安全作业。

1）挖掘机作业。挖掘开动前，驾驶员应发出信号，确认安全后方可启动设备，设备操作过程中应平稳，不宜紧急制动。当铲斗未离开工作面时不得做回转、行走等动作。铲斗升降不得过猛，下降时不得碰撞车架或者履带。装车作业应在运输车停稳后进行，铲斗不得撞击运输车任何部位；回转时严禁从运输车驾驶室顶上越过。反铲作业时，挖掘机履带到工作面边缘的安全距离不应小于 1.0m。挖掘机在行驶和作业中，不得用铲斗调运物料，驾驶室外严禁站人。挖掘机作业后应停放在坚实、平坦、安全的地带。并将铲斗收回平放在地面上。

2）推土机作业。推土机工作时，严禁有人站在履带或刀片的支架上。推土机上下坡应用低速挡行驶，上坡过程中不得换挡，下坡过程中不得脱挡滑行。下陡坡时应将推铲放下接触地面。两台以上推土机在同一区域作业时，两机前后距离不得小于 8m，平行时左右距离不得小于 1.5m。

3）自卸车作业。自卸汽车向坑洼地区卸料时，应和边坡保持安全距离，防止塌方翻车。严禁在斜坡侧向倾卸。自卸汽车卸料后，应使车厢落下复位后方可起步，不得在未落车厢的情况下行驶，车厢内严禁载人。

4）压路机作业。压路机碾压工作面时，应经过适当平整。压路机工作地段的纵坡坡度不应超过其最大爬坡能力，横坡坡度不应大于 20°。严禁使用压路机拖带任何机械、物件。两台以上压路机在同一区域作业时，前后距离不应小于 3m。

（3）现场交通安全措施。临时道路坡度不应大于 10°，道路应在交叉路口设置交通指示灯。场地内有洼坑、暗沟时，应在平整时填埋压实，未及时填实的应做明显的警示标志。临时道路路面高于施工场地时，应设置明显可见的路险警示标志。

（4）现场临时用电。现场用电要规范，施工用电采用 TN-S 保护零线（PE 线）与工作零线（N 线）分开的系统（三相五线），三级配电，两级保护，实行一机一保护。并要经常性检查配电箱的接零接地。施工用电设施安装完毕后，应由专业班组或指定专人负责运行及维护。严禁非电气专业人员拆、装施工用电设施。

（5）现场消防防火措施。

1）因土方工程施工机械较多，需使用大量油料，油料取自当地加油站派遣的流动加油车，加油时车辆、机械应行驶至站区西侧车辆停放区进行操作。加工区危险品库内仅可存放少量的机械润滑油，禁止存放车辆机械的燃油。

土方施工车辆、机械设备均应配备车载专用灭火器材，施工项目部应定期检查灭火器材的有效期。施工现场应按照规范要求配备足够的灭火器和消防器材设施。

2）山火防治。项目部成立工作小组，曾强消防巡视，平时加强防火安全教育。土方施工前期，站区范围内有大量灌木杂草，场地清表时应加快进度，每工作班清理的树木应及时运走并集中堆放，安排专人管理，堆放区禁止各类动火作业。现场禁止焚烧植被、杂物，禁止吸烟，必须使用明火时应有动火作业票并安排专人看火，加强管理。

（6）现场防雷措施。施工现场周边地势较高并开阔，场平施工跨越春夏两季均为雷电多发季节。施工周期内应关注当地气象站播报的天气情况，大风、雷雨天气禁止土方施工。为防止天气突然变化，现场采用固定式灯塔结合避雷针的方式进行防雷接地，具体做法为，在灯塔周围打入 2.5m 长接地极，并用镀锌扁铁连成环形埋入地下 80cm 深，从灯塔顶端引直径 20mm 的镀锌圆钢与接地极镀锌扁钢环带连接。站外设置 3 个场区防雷接地点（固定式灯塔位置）。此外，利用场内区域固定式灯塔设置场内防雷接地点，布置在挖填平衡线附近。

（7）其他安全注意事项。项目总工要在施工前对施工人员进行安全技术交底，项目部专职安全员要对施工全过程进行监控，一旦发现不符合安全要求的施工操作，要进行制止并处以处罚。安全员认真做好安全监护工作，在施工过程中要对施工人员进行安全教育，防患于未然。每天上班前，施工队长对本班工人进行当天任务安全技术交底。要求与每一位机械操作驾驶员签订车辆安全协议，规范驾驶员操作方法。根据现场的挖填工作面，每个工作面必须安排专人指挥自卸汽车等施工机械作业，确保现场施工有序进行。现场施工人员必须正确佩戴安全帽，严禁酒后作业。机械装土时应低于车厢10cm，以防运输过程中遗撒；施工过程中应注意避免扬尘、应采取遮盖、封闭等必要措施。

强夯施工必须设立安全警戒线，安全警戒线应标识明显，并设立警示标牌。严格遵守强夯施工程序及要求，做到夯锤升降平衡，对准夯坑，避免歪夯，禁止错位夯击施工。夯锤的通气孔在施工时保持畅通，如被堵塞，应立即疏通，以防产生"气垫"效应，影响强夯施工质量。六级以上大风天气，雾、雪、风沙扬尘、雷雨等天气，必须暂停施工。

（8）施工安全风险识别、评估及预控措施详见表9-11。

表9-11　四通一平施工阶段土方工程安全风险识别、评估及预控措施一览表

序号	工序	作业内容及部位	风险可能导致的后果	固有风险评定 D1	固有风险级别	预控措施
一、施工用电布设						
1.1	施工用电布设	1.1.1 施工准备	触电	63	2	编制施工专项安全技术措施方案，并履行编审批手续。
		1.1.2 敷设直埋电缆	触电	63	2	（1）电缆中必须包含全部工作芯线和用作保护零线或保护线的芯线；需要三相四线制配电的电缆线路必须采用五芯电缆 （2）电缆直接埋地敷设的深度不应小于 0.7m。严禁沿地面明设，并应避免机械损伤和介质腐蚀。埋地电缆路径应设方位标志 （3）埋地电缆的接头应设在地面上的接线盒内，接线盒应能水、防尘、防机械损伤，并应远离易燃、易爆、易腐蚀场所 （4）架空电缆应沿电杆、支架或墙壁敷设，并采用绝缘子固定，绑扎线必须采用绝缘线，固定点间距应保证电缆能承受自重所带来的荷载，最大弧垂距地不得小于 2m
		1.1.3 配电箱及开关箱安装	触电	63	2	（1）配电系统应设置配电柜或总配电箱、分配电箱、开关箱，实行三级配电。配电系统宜三相负荷平衡。220V或 380V 单相用电设备宜接入 220 / 380V 三相四线系统；当单相照明线路电流大于 30A 时宜采用 220 / 380V 三相四线制供电 （2）总配电箱应设在靠近电源的区域，分配电箱应设在用电设备或负荷相对集中的区域，分配电箱与开关箱的距离不得超过 30m；开关箱与其控制的固定式用电设备的水平距离不宜超过 3m，距离大于 3m 时应使用移动式开关箱（或便携式卷线盘）；移动式开关箱至固定式开关箱之间的引线长度不得大于 30m，且只能用橡套软电缆 （3）配电箱、开关箱的电源进线端严禁采用插头和插座做活动连接。移动式配电箱、开关箱的进、出线应采用橡皮护套绝缘电缆，不得有接头 （4）漏电保护器应装设在总配电箱、开关箱靠近负荷的一侧，且不得用于启动电气设备的操作。开关箱中漏电保护器的额定漏电动作电流不应大于 30mA，额定漏电动作时间不应大于 0.1s。使用于潮湿或有腐蚀介质场所的漏电保护器应采用防溅型产品，其额定漏电动作电流不应大于 15mA，额定漏电动作时间不应大于 0.1s。

序号	工序	作业内容及部位	风险可能导致的后果	固有风险评定 D1	固有风险级别	预控措施
1.1	施工用电布设	1.1.3 配电箱及开关箱安装	触电	63	2	总配电箱中漏电保护器的额定漏电动作电流应大于30mA，额定漏电动作时间应大于 0.1s，但其额定漏电动作电流与额定漏电动作时间的乘积不应大于 30mA·h （5）各级配电箱必须加锁，配电箱附近应配备消防器材
		1.1.4 保护接地或接零	触电	63	2	（1）在施工现场专用变压器供电的 TN-S 三相五线制系统中，所有电气设备外壳应做保护接零 （2）保护零线（PE 线）应由配电室（总配电箱）电源侧工作零线（N 线）或总漏电保护器电源侧工作零线（N 线）重复接地处专引一根绿黄相色线作为局部接零保护系统的保护零线（PE 线）。TN-S 系统中的保护接零（PE 线）除必须在配电室或总配电箱处做重复接地外，还必须在配电系统的中间处（二级配电箱处）和末端处（三级开关箱处）做重复接地 （3）在保护零线（PE 线）每一处重复接地装置的接地电阻值不应大于 4Ω；在工作接地电阻值允许达到 10Ω 的电力系统中，所有重复接地的等效电阻值不应大于 10Ω。重复接地线必须与 PE 线相连接，严禁与 N 线相连接。保护零线（PE 线）必须采用绝缘导线（绿黄双色）。保护零线（PE 线）应为截面不小于 2.5mm² 的绝缘多股铜线，手持式电动工具的保护零线（PE 线）应为截面不小于 1.5mm² 的绝缘多股铜线 （4）相线的颜色标记必须符合以下规定：相线 L1（A）、L2（B）、L3（C）依次为黄、绿、红色；N 线的绝缘颜色为淡蓝色；PE 线的绝缘颜色为绿黄双色。任何情况下上述颜色标记严禁混用和互相代用
		1.1.5 现场照明布置	触电、火灾	63	2	（1）照明开关箱内必须装设隔离开关、短路与过载保护电器和漏电保护器，照明灯具的金属外壳必须与 PE 线相连接，照明设备拆除后，不得留有可能带电的部分 （2）施工作业区采用集中广式照明，严禁使用碘钨灯。室外 220V 灯具距地面不得低于 3m，室内 220V 灯具距地面不得低于 2.5m，并不得任意挪动。普通灯具与易燃物距离不得小于 300mm；聚光灯等高热灯具与易燃物距离不宜小于 500mm，且不得直接照射易燃物 （3）高温、有导电灰尘、比较潮湿环境或灯具离地面高度低于 2.5m 等场所的照明，电源电压不应大于 36V；潮湿环境和易触及带电体场所的照明，电源电压不得大于 24V；特别潮湿场所、导电良好的地面、锅炉或金属容器内的照明，电源电压不得大于 12V。在坑井、沟道、沉箱内及独立高层构筑物上，应备有独立的照明电源 （4）电源线路不得接近热源或直接绑挂在金属构件上；在竹木脚手架上架设时应设绝缘子；在金属脚手架上架设时应设木横担。工棚内的照明线应固定在绝缘子上，距建筑物不得小于 2.5cm。穿墙时应套绝缘套管。管、槽内的电线不得有接头 （5）行灯的电压不得超过 42V，行灯电源线应使用软橡胶电缆。行灯应有保护罩。行灯电源必须使用双绕组变压器，其一、二次侧都应有熔断器。行灯变压器必须有防水措施，其金属外壳及二次侧绕组的一端均应接地。采用双重绝缘或有接地金属屏蔽层的变压器，二次侧不得接地

序号	工序	作业内容及部位	风险可能导致的后果	固有风险评定 D1	固有风险级别	预控措施
1.1	施工用电布设	1.1.6 施工用电系统的接火	触电火灾	126	3	（1）填写《安全施工作业票 B》，设专人监护 （2）电工必须经过按国家现行标准考核合格后，持证上岗工作；其他用电人员必须通过相关教育培训和技术交底，考核合格后方可上岗工作 （3）各类用电人员应掌握安全用电基本知识和所用设备的性能，接火前作业人员必须按规定穿戴和配备好相应的劳动防护用品，并应检查电气装置和保护设施，确保设备完好 （4）施工用电设施除经常性的维护外，还应在雨季和冬季前进行全面的清扫和检修；在台风、暴雨、冰雹等恶劣天气后，应进行特殊性的检查维护 （5）施工电源使用完毕后，及时拆除
二、土方工程施工						
2.1	地基强夯施工	地基强夯	机械伤害、触电	126	3	（1）编制专项施工方案 （2）填写《安全施工作业票 B》，作业前通知监理 （3）强夯前应清除场地上空和地下障碍物，严禁在高压输电线路下作业 （4）夯机应按性能要求使用，施工前专职安全员与机组人员共同检查设备情况，在施工过程中，必须分工明确，各负其责，专职安全员、维修工定期每班进行设备运转检查 （5）强夯作业必须有专人统一指挥，指挥人员信号要明确，不能模棱两可，吊车司机按信号进行操作，施工区域周围设置明显的隔离标志和警示标志，并安排专职安全人员不间断巡查，闲杂人员严禁进入施工区域 （6）夜间无足够照明时不能施工，雨季施工须有防雷措施
2.2	现场作业准备及布置	现场作业前准备及资源配置	触电机械伤害、物体打击	18	1	（1）编制站区道路施工作业指导书。对作业人员进行安全交底 （2）在施工作业前，作业人员应配备齐全安全防护用品 （3）在施工作业前，作业人员应将施工工器具准备齐全，并确保其状态良好 （4）现场作业时应将作业区域用栏杆、分隔网进行隔离，并设置明显标志，严禁非作业人员及车辆进入现场
2.3	站区三通一平工程	2.3.1 开挖深度在 3~5m（含 3m）之间的基坑挖土	坍塌	63	2	（1）编制专项施工方案 （2）填写《安全施工作业票 A》，作业前通知监理 （3）弃土堆高≤1.5m （4）一般土质条件下弃土堆底至基坑顶边距离≥1.2m （5）垂直坑壁边坡条件下弃土堆底至基坑顶距离≥3m （6）软土场地的基坑边则不应在基坑边堆土 （7）坑边如需堆放材料机械，必须经计算确定放坡系数，必要时采取支护措施 （8）挖土区域设警戒线，各种机械、车辆严禁在开挖的基础边缘 2m 内行驶、停放
		2.3.2 开挖深度在 1~3m 之间的基坑挖土	坍塌	18	1	（1）弃土堆高≤1.5m （2）一般土质条件下弃土堆底至基坑顶边距离≥1.2m （3）垂直坑壁边坡条件下弃土堆底至基坑顶距离≥3m （4）软土场地的基坑边则不应在基坑边堆土。坑边如需堆放材料机械，必须经计算确定放坡系数，必要时采取支护措施 （5）挖土区域设警戒线，各种机械、车辆严禁在开挖的基础边缘 2m 内行驶、停放

序号	工序	作业内容及部位	风险可能导致的后果	固有风险评定 D1	固有风险级别	预控措施
2.3	站区三通一平工程	2.3.3 路基填压施工	机械伤害	27	2	（1）机械填压作业时，机械操作人员应持证上岗，作业过程设专人指挥。两台以上压路机同时作业时，操作人员应将各台压路机的前后间距保持在 4m 以上 （2）施工机械在停放时应选择平坦坚实的地方，并将制动器制动住。不得在坡道或土路边缘停车 （3）蛙式打夯机手柄上应包以绝缘材料，并装设便于操作的开关。操作时应戴绝缘手套。打夯机必须使用绝缘良好的橡胶绝缘软线，作业中严禁夯击电源线 （4）在坡地或松土层上打夯时，严禁背着牵引。操作时，打夯机前方不得站人。几台同时工作时，各机之间应保持一定的距离，平行不得小于 5m，前后不得小于 10m （5）打夯机暂停工作时，应切断电源。电气系统及电动机发生故障时，应由专职电工处理

2. 文明施工

（1）项目部服从业主、监理项目部对安全文明施工的管理，遵守承、发包合同中有关安全文明施工的各项条款。保证安全措施补助费和安全文明施工措施费全额用于本工程。

（2）施工现场入口处设置明显的施工企业名称、工程概况、现场平面布置图、项目组织机构、安全文明生产目标、纪律等标示牌。加强施工现场文明施工管理，建立文明施工体系，制定保证现场文明施工的目标、措施及制度。

（3）施工人员严格遵守安全文明生产纪律，进入施工现场，按要求统一着装和正确使用安全防护用品，禁止违章作业和违章指挥。在场平土方施工过程中如发现文物、古墓等，项目部应立即停止施工并报告当地文物保护部门。

（4）施工机械设备定点停放，材料工具摆放有序，标识明确，危险物品按规定运输、存放、领、退；车容机貌整洁，并按照有关规定设置足够有效的消防器材。生活、施工用电必须符合安全文明施工管理的要求。禁止野蛮作业、违章作业，要求作业机械和人员必须做到工完、料尽、场地清。

（5）项目部办公区保持清洁卫生，环境美化，食堂卫生。施工队按班组建设的要求图表上墙，各种账、表、册、卡齐全，摆放整齐有序。配备常用的医疗卫生设备及急救药品，采取适当的措施预防传染病。

（6）遵纪守法，尊重当地民风民俗，搞好与有关各方的关系。

9.1.9 环境保护、水土保持措施

1. 环境保护措施

（1）施工现场要保持洁净，做到下班前清理现场。做到每一分项工程完工后，余料清理干净，各种建筑垃圾要及时清理，当天挖填的土方要推平。严禁车辆等机械设备漏油漏水、防止水土污染。施工周转材料、车辆、机械应按照施工平面布置的要求堆放。

（2）在站外建立标准厕所。由于工作场地范围较广，可在工地根据需要设置多个流动厕

所，禁止随地大小便。生活污水及生产污水需引入临时污水处理池进行处理后向外排放，以免污染附近水源。为工地工作人员提供安全、卫生、清洁的食品和饮水，杜绝食物中毒和饮水传染疾病。工作人员进行定期体检，并提供必要的福利及卫生条件。食堂、餐厅中残余的食用油、剩饭菜等应专门收集处理，严禁倒入下水道，建立化粪池，减少厕所废水的污染。

（3）控制空气污染。不在现场焚烧有害物质。土方运输道路要经常洒水，在施工生产生活中尽量做到防尘，防止有害气体排放空中。强夯施工期间，若天气干燥，地面尘土较厚，落锤会扬起浓浓尘土，应在地面洒水，操作人员应佩戴防尘面罩。已经移交的场地和未进行挖填的场地应覆盖防尘网，控制站内场地扬尘。生产加工区及周围进行硬化，出口设车辆机械清洗设备，控制车辆扬尘。

（4）控制噪声。尽可能白天八小时工作时间内操作施工、夜班施工不超过十点，夜间施工要对附近居民进行通告。噪声控制标准为白天不大于 75dB，夜间施工不大于 55dB。强夯施工时，会产生一定的噪声，在离居民住宅楼附近施工时，宜避开休息时间，加强与居民的协商和沟通；对于施工区域临近建筑设施（30m）范围需采取减振防护措施或调整夯击能量，以便达到减小施工振动的影响。强夯施工会产生振动波，落锤为中心，半径 10～15m 圆周范围内影响较大，如周围有建筑物、煤气管道、高压水管、光缆和通信线路等通过时，应设立防振沟，确保安全。

（5）水污染防治。施工现场不进行砂石料清洗，清洗车辆使用循环水，产生的施工废水，应经工地建设集水池、沉淀池、排水沟等设施处理后再排入站外。施工现场排放的废水要做到清污分流、分质排放。妥善处理泥浆水，未经处理不得直接排入站外临时排水管网。定期在站外排水主管道进行采集取样送检，加强自控力度，同时配合当地环境监管部门做好施工现场环境检测工作。

（6）固体废弃物管理。做好固体废弃物的搜集、存放。废弃物产生后，应指定人员按不同类别和相应要求及时放置到站外临时存放场所，并根据固体废弃物分类，分不同储存区域，设专人管理。固体废弃物的最终处理：对于可回收利用的废弃物由项目部按照所能回收利用的情况进行分类处理；对危险的废弃物必须经项目安全管理部门制定处理措施，并按照规定的方法对其进行妥善处理；对一般不可用的固体废弃物（特别是建筑垃圾）应与当地的环保部门联系，取得指定的堆放位置进行处理。

所有的固体废弃物不得随意随地倒放，不得倾倒于当地的果地和路边，避免因此与当地的果农发生矛盾和污染当地的环境。

（7）化学品和危险品管理。管理对象包括油类、油漆、液化气、香蕉水、氧气、防锈漆等。化学品和危险品必须储存在专用仓库、专用场地或储存室（柜）内，并设专人管理（在加工区南侧空地上设置危险品库房，距离加工区 25m 以上）。控制各种化学品和危险品的使用量，化学品的发放由专人负责，并做好记录。

2. 水土保持措施

该换流站四通一平施工阶段主要施工区域为站址征地红线以内的土方挖填、站外临时堆土区、站址外综合办公区和电气加工区、进站道路南侧四通一平工程办公区和加工区。

（1）站区内。施工前剥离地表土，集中堆放在临时堆土区，并采取编织袋装土拦挡，彩条布覆盖、排水沟、沉砂池等临时防护措施。站区设地表水临时排水沟，并设置沉砂池，本工程四周均设计有护坡或挡土墙，能有效阻止水土流失。工程主体施工完成后，进行土地整治，回覆开工时剥离的耕植土，植乔灌草绿化。

（2）进站道路两侧。施工前剥离表土，集中堆放，并采取编织袋装土拦挡和彩条布覆盖，边坡采用植草防护，施工结束后道路两侧进行土地整治，回覆表土，植灌木和撒播草籽。

（3）站外办公区、加工区。施工前剥离表土就近集中堆放，高度不超过 2m，采用放缓坡、撒播草籽、拦挡、排水沟、沉沙池等措施队堆土进行水土保持。办公区室外硬化场地采用植草砖铺设，工程结束后可将植草砖回收，在将剥离的耕植土还平。加工区场地和办公区室内硬化待工程结束后进行破除，破除的混凝土碎块联系地区当地新型建材厂家进行回收，最后将剥离的耕植土回填还平。

（4）站外临时堆土区。根据图纸设计临时堆土区在南侧与换流站征地红线交界处有浆砌块石挡土墙、排水沟和沉砂池，堆土坡面上植草并覆盖土工布，能有效防止临时堆土的水土流失。待换流站主体工程施工完成后，将临时堆土区的耕植土运往站内进行表层绿化回填。在工程建设周期内，安排专人对临时堆土区进行管理，禁止建筑垃圾、污染物入内。

9.1.10　组织措施

1. 作业组织管理机构

为便于施工现场各项管理工作的开展和各项质量安全责任制度的落实，确保施工质量安全，针对本工程的特点，项目部组建了一套管理精干和具有丰富施工经验和施工管理能力的项目管理班子，实行项目经理责任制，由项目经理、项目技术负责人、各部室主任及各专业施工员等组成的管理班子。

2. 作业人员要求及资格

（1）施工人员要经过安全培训，考试合格后，具备上岗资格，并了解相应的施工及验收规范及本企业技术标准；作业组长具有初中以上文化程度，从事建筑施工三年以上，并熟悉相应的施工及验收规范及本企业技术标准。

（2）特殊工种作业人员，必须经过培训，持证上岗。包括机械操作工、电焊作业工、电工等。

（3）施工方案一经批准，施工作业前由项目经理或项目总工主持，向项目部所有参加施工的技术人员、管理人员及全体施工作业人员进行交底，并做好交底记录和全员签字。

（4）需要办理安全施工作业票的项目施工前，应由施工负责人填写安全施工作业票，经施工项目部技术员和安全员审查，施工项目经理签发，施工负责人向全体作业人员交底后实施。一张施工作业票只能填写同一作业地点的同一类型作业内容，并可连续使用至该项作业任务完成。对施工周期超过一个月或重复施工的施工项目，技术人员应根据人员、机械（机具）、环境等条件的变化情况，完善措施，重新报批，重新办理作业票，重新交底。

3. 作业活动的分工和责任

（1）项目经理全面负责本工程的施工管理工作，在计划、布置、检查施工时，把安全文明施工工作贯穿到每个施工环节，在确保安全的前提下组织施工，对进入现场的生产要素进行优化配置和动态管理，努力提高经济效益。

（2）项目副经理负责安全、质量、施工进度、文明施工、物资、设备等项工作，解决施工过程中存在的问题，科学组织、合理调配工程资源，确保本工程各项计划的顺利完成。

（3）项目总工主持工程技术管理工作，对工程安全、质量、文明施工、环境保护等方面的工作，进行现场的监督指导和具体负责。

（4）技术员负责技术措施的编写，现场技术交底，设计变更的实施，施工过程控制和监督。检查施工过程是否与施工安全技术措施要求一致。

（5）质量员负责现场材料的质量把关，监督和检查施工质量，执行"三级质量检验"制度，对施工过程进行跟踪记录。

（6）安全员按照安全技术交底，现场监督检查施工人员及施工环境是否满足安全要求进行施工。有权制止和处罚违章作业及违章指挥行为；有权根据现场情况决定采取安全措施；对严重危及人身安全施工，有权指令停止施工，并立即报告领导研究处理；监督检查班组每日"三查三交"站班会，确保安全管理人员与工人"同进同出"。

（7）施工负责人根据技术人员交底要求布置具体的生产，严禁擅自更改措施。

（8）作业班组长负责作业班组的班前会和"三交三查"，以及日常作业安全监护工作。

9.2　某路堑开挖专项施工方案

9.2.1　编制依据

本工程的施工图设计、招投标文件、施工合同及相关施工规范、规程等。

9.2.2　工程概况

1. 项目简介

本合同段为某高速公路项目第八合同段，起点里程桩号 K28+950，终点里程桩号为 K31+500，全长 2.55km。其中，设有分离式大桥 3 座（单线 2357.12m）、分离式隧道一座（单洞 1389m）、切路堑一段（长 250m）、高填路堤一段（长 200m）。

该高速公路项目由××省发展和改革委员会批准建设，本项目建设相关单位分别为：

建设单位：××省高速公路建设开发总公司

设计单位：××省交通规划勘察设计院

监理单位：××工程咨询有限公司

施工单位：××公司

2. 技术标准

主要设计标准：本项目主线按双向四车道高速公路标准建设，设计时速80km/h，整体式路基全幅宽 24.5m，其中中间带宽 3m（中央分隔带宽 2m，行车道左侧路缘各宽 0.5m），行车道宽 2×2×3.75m（单向 2 车道），行车道右侧硬路肩各宽 2.5m，土路肩各宽 0.75m，整体式路基超高方式为中央分隔带保持水平，两侧行车道各自形成独立超高体系，分别绕中央分隔带边缘旋转，硬路肩与行车道横坡相同。

3. 设计情况及工程数量

本标段共设挖方路堑 5 处，分别为标头（接第七标）路堑、纳洞大桥与王家寨大桥连接段路堑、王家寨大桥与苗岭隧道连接段路堑、苗岭隧道与苗寨大桥连接段路堑、标尾段（接第九标）深切路堑段。各路段路堑设计情况见表 9–12。

表 9–12　　　　　　　　第八标段标路堑设计及土方工程量一览表

序号	设计里程	边坡级数	防护类型	挖方数量（m³）	
				石方	土方
1	ZK28+950–ZK29+002 K28+950–K28+987	1	H=10m 挡墙，拱形骨架内草灌护坡	1815	8128
2	ZK29+168–ZK29+227K29+193–K29+258	1	路堑三维植被网，拱形骨架内草灌护坡，抗滑桩	12 119	9915
3	ZK29+953–ZK29+966K29+944–K29+955	2	路堑三维植被网拱形骨架内草灌护坡，拱形骨架内草灌护坡	2387	1953
4	ZK30+640–ZK30+684K30+670–K30+702	2	拱形骨架内草灌护坡	11 017	9014
5	ZK30+930–ZK31+228K31+028–K31+240	6	路堑三维植被网，方格骨架草灌护坡，钢筋混凝土方格骨架锚杆护坡	300 407	245 969
合计				327 745	274 979

本标段内主要路堑为标尾 ZK30+930–ZK31+180 左侧深路堑，其余段落短，工程量小，故在本方案编制中以标尾深切路段为代表，对路堑开挖施工工艺进行编制。标尾深切路段中心最大切深 40.54m，边坡最大切方高度 56.16m，设计为 6 级边坡，如图 9–14 所示。边坡切割线路左侧山脊，防护处理措施为：放缓、加强防护。各级边坡坡度及对应防护内容见表 9–13。

表 9–13　　　　　　　　ZK30+930–K31+180 深挖路堑设计概况

边坡级数	设计坡度	边坡防护类型	防护面积	主要工程数量
1	1:0.75	钢筋混凝土方格骨架锚杆护坡	3125m²	R235 钢筋 21 415.9kg，锚杆总长 3037.5m，C25 现浇混凝土 413.4m³，喷撒草灌籽 2278.1m²
2	1:0.75	钢筋混凝土方格骨架锚杆护坡	3125m²	R235 钢筋 21 415.9kg，锚杆总长 3037.5m，C25 现浇混凝土 413.4m³，喷撒草灌籽 2278.1m²
3	1:0.75	路堑方格骨架内草灌护坡	2418m²	M7.5 浆砌片石 312.4m³，喷撒草灌籽 1414m²，种植土 192.4m³，挖土 184.7m³
4	1:1	路堑方格骨架内草灌护坡	1838m²	M7.5 浆砌片石 260.3m³，喷撒草灌籽 1216m²，种植土 165.5m³，挖土 158.8m³
5	1:1	路堑方格骨架内草灌护坡	1060m²	M7.5 浆砌片石 150.2m³，喷撒草灌籽 701.6m²，种植土 95.5m³，挖土 91.6m³
6	1:1.25	路堑三维植被网护坡	336.2m²	三维土工网垫 411.8m²，开挖回填土方各 4.2m³，喷撒草灌籽 336.2m²

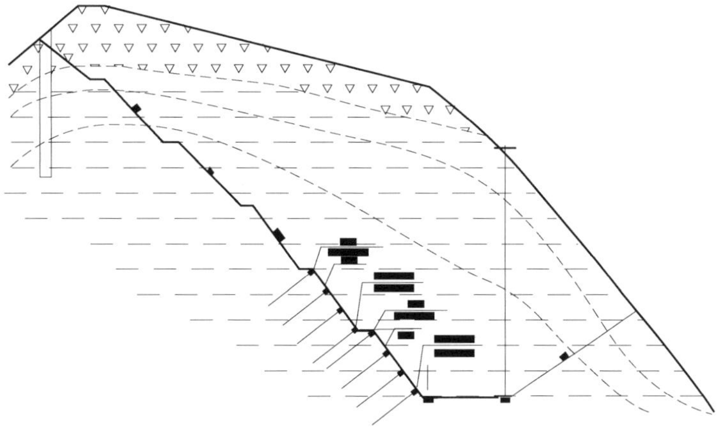

图 9-14　ZK30+930-K31+180 深挖路堑设计断面图

4. 自然地理特征

（1）地形地貌。本标段处于武陵山脉腹地，主要为中低山地貌，地势总体西高东低。地形受岩性和构造控制极为明显，形成一系列北东向平行相间排列的雁行山地和盆地，段内岭谷相间、切割深密。地表溪流切割剧烈、水系发育，呈树枝状和格状分布。沿线山高林密，无地方道路到达红线，施工条件较难。标尾段深挖路段长 250m，最大挖深 56.16m，施工区域地势起伏大，土石方运输便道均盘山修筑，便道坡陡弯急，施工较为困难，安全要求较高。

沿路线地形起伏大，最大标高 732.6m，最低标高 487.1m。低洼地段堆积有冲积层，标尾路堑段北侧山体基本为基岩裸露，主要由志留系的泥质页岩和砂质页岩等组成；南侧覆盖层较厚，平均厚度达 4m，以松散土夹石为主。ZK30+930-ZK31+180 左侧深切路段边坡切割一处山脊，山顶高程 610m，山体四周植被茂密，以灌木乔木为主，山脚四周为农田。

（2）气象、气候。本项目所处地区属中亚热带山区季风湿润气候区，四季分明，热量较足，雨量充沛，水热同步，温热湿润；夏无酷暑，冬少严寒，垂直差异悬殊，立体气候特征明显，小气候效应显著。因地势影响，气候层次分明，小气候特征突出。区域内雨量充沛，雨量集中春、夏，多见秋旱，降水一般随海拔上升而增加。由于路线走廊内沿线高差较大，峡谷和山沟众多，雨雾气候现象明显，部分地段会出现冰冻现象。

（3）水文。沿线主要为冲沟中的溪流，水面窄，水位受大气降水影响大，雨季水位抬升很快，旱季水量较少，主要补给来源为大气降水和地下暗河。沿线地下水有覆盖层中的孔隙潜水和基岩裂隙水，冲沟中的漂石层内孔潜水丰富，地下水位较浅，主要受大气降水和地表水的补给。沿线风化基岩裂隙发育，部分地段受构造影响，岩体破碎，内部往往有较丰富的基岩裂隙水。

本标段所在区域雨水充沛、四季分明，年降水量 1359.6～1686.21mm，四月至八月为雨季，降雨量占全年的 60%，十二月至翌年一月降水较少，年蒸发量 1102.4～1258.4mm，年均气温 17℃左右，一月份最冷，平均气温 -1.0℃，七月份最热，平均气温 29℃，最高气温可达 39℃以上，全年主导风向为偏北风。沿线水系主要为冲沟中的溪水，源头部分为地下暗河。

本标段线路走位较高，挖方段落均远离河流、溪沟，施工过程中基本无地下水干扰；但由于施工便道盘山修筑，便道通行受雨水影响较大，施工组织安排上，尽可能安排在枯水季及雨水偏少时期进行施工。

（4）地质岩层。标段内大部分地段有基岩出露，沿线出露地层从新到老依次有：第四系、三叠系、二叠系、志留系、奥陶系、寒武系等地层。其中以志留系、奥陶系最发育，其次为寒武系地层。主要地质构造以东北向和北东向构造行迹为主，其次为西北向构造。

断裂和褶皱：标段内断裂和褶皱主要发育东北、北北东二组，断裂大多具压扭性，线性分部特征明显，构造走向与路线走向大多夹角较大；新构造运动：根据线路穿越地区的地质、地貌和水系等调查，标段区域内新构造运动主要表现为间歇式抬升为主。

沿线挖方路基地段主要为强—中风化岩石组成。K30+930—K31+180 左侧深挖路堑边坡切割一处山脊，岩质边坡，岩质为泥质页岩，以薄层状为主，岩层倾向与边坡呈大角度相交，不会影响到边坡的稳定，但边坡岩体裂隙发育，其中一组基本为顺坡向，裂隙倾角陡立上部强风化和中风化层内裂隙面呈张开状，对边坡的稳定性不利，泥质页岩为较软岩，抗风化能力差，边坡开挖后，岩石迅速风化变软，结构面遇水强度显著降低。

5. 施工条件

（1）施工准备。本项目自进场以来，一直在为主体工程的施工生产做着准备工作。截至目前，针对路堑施工，已完成准备工作有：红线用地征拆工作已完成，红线内清表工作已结束，路基红线内所有坟墓迁移工作完成。标段内共进场土方协作队伍一支，负责标段内除隧道进出口段外的全部路基施工（隧道进出口路基段落短，由隧道施工队施工），截至目前通往各路段的便道已全部修筑完成，由于挖填方路基高差大，便道均盘山修筑，坡陡弯急，便道背山侧均已做安全防护，安全警示标志齐全。

标尾深切路段山顶原有移动信号塔一座，截至目前信号塔主塔已拆迁完毕，通信设备正在迁移过程中，预计 2013 年 8 月上旬可全部拆迁完毕，目前该段路堑已满足爆破施工条件；信号塔拆除后原信号塔旁设有基站一座，施工现场通信信号良好，能够满足施工通信要求。

项目部炸药库已于 7 月初正式启用，可为深路堑开挖提供足够数量的爆破器材。

（2）沿线建筑材料调查。本标段路堤填料取自标段内的路堑挖方，路基防护利用路基爆破后岩质新鲜坚硬的石料。路堑开挖中所用炸药由××民用爆破器材有限公司提供，炸药供应量充足，能够满足现场施工需求。

9.2.3 施工计划

1. 工期安排

本标段路堑开挖施工工期为：2013 年 7 月 25 日—2014 年 3 月 31 日，工期 249 天。详细进度计划见表 9-14。

（1）施工任务划分。根据项目路堑开挖施工计划的安排，结合项目三座桥梁分布特征及桩基工程数量，共安排 1 个土石方作业队伍进行路基施工，隧道洞口两端路堑开挖由隧道队进行施工（长度短、工程数量少，与洞口工程明洞开挖同步施工）；任务划分及安排见表 9-15。

表 9－14

路堑开挖施工计划横道图

序号	段落里程	单位	数量	工期(d)	开始时间	完成时间	2013年 7	8	9	10	11	12	2014年 1	2	3
一、路堑开挖															
1	ZK28+950~ZK29+002 K28+950~K28+987	m³	9943	4	2014.02.27	2014.03.03								▮	
2	ZK29+168~ZK29+227 K29+193~K29+258	m³	2 2034	8	2014.02.18	2014.02.26								▮	
3	ZK30+930~ZK31+228 K31+028~K31+240	m³	546 376	192	2013.7.25	2014.02.17	▮								
4	ZK29+953~ZK29+966 K29+944~K29+955	m³	4340	6	2014.02.20	2014.02.26								▮	
5	ZK30+640~ZK30+684 K30+670~K30+702	m³	20 031	28	2013.08.05	2013.09.02		▮							
二、路堑防护															
6	K28+950~K31+500	m	2550	212	2013.09.01	2014.03.31									

表 9–15 路堑开挖施工任务划分表

序号	施工队名称	段落里程桩号	计划完工日期	备注
1	路基施工队	ZK28+950–ZK29+002 K28+950–K28+987	2014.03.03	优先安排标尾段路基施工
		ZK29+168–ZK29+227 K29+193–K29+258	2014.02.26	
		ZK30+930–ZK31+228 K31+028–K31+240	2013.02.17	
2	隧道施工队	ZK29+953–ZK29+966 K29+944–K29+955	2014.02.26	与隧道明洞开挖等同步施工
		ZK30+640–ZK30+684 K30+670–K30+702	2013.09.02	
3	边坡防护施工队	K28+950–K31+500	2014.3.31	边坡及时防护

（2）路堑施工进度指标。根据路基工程地质情况及施工队所投入的机械人员设备情况，土方队路堑开挖单天可完成土方开挖 3500m³，石方开挖 2500m³；隧道施工队受机械设备限制，土方每天按 1000m³、石方按每天 600m³ 测算，各段落路基施工进度指标见表 9–16。

表 9–16 路堑开挖施工进度指标

里程段落	设计工程量（m³）		完成开挖天数			施工工期		备注
	土方	石方	土方	石方	合计	开始	完工	
ZK28+950–ZK29+002 K28+950–K28+987	8128	1815	3	1	4	2014.02.27	2014.03.03	路基施工队
ZK29+168–ZK29+227 K29+193–K29+258	9915	12 119	3	5	8	2014.02.18	2014.02.26	
ZK30+930–ZK31+228 K31+028–K31+240	245 969	300 407	71	121	192	2013.07.25	2014.02.17	
ZK29+953–ZK29+966 K29+944–K29+955	1953	2387	2	4	6	2014.02.20	2014.02.26	隧道队
ZK30+640–ZK30+684 K30+670–K30+702	9014	11 017	10	18	28	2013.08.05	2013.09.02	

注：春节放假期间已在施工工期中考虑，放假时间按 15 天计算。

（3）施工工期安排。综合考虑路基土石方机械人员投入及现场施工环境，结合本地区气候特征，标段内各段路堑开挖及防护施工计划制定如下。

路基施工队。计划工期 2013.7.25—2014.3.3，施工任务为标头接 7 标段路堑、纳洞与王家寨大桥间路堑及标尾深切路堑段，施工内容包括挖土方 264 012m³，挖石方 314 341m³。

隧道施工队。计划工期 2013.8.5—2013.9.02/2014.2.20—2014.2.26，施工任务为庙岭隧道进出口连接路基段开挖，施工内容包括挖土方 10 967m³，挖石方 13 404m³。

路堑防护施工队。计划工期 2013.9.1—2014.3.31，施工任务为标段内所有路堑边坡防护施工。

2．劳动力计划

标段内路堑开挖施工采用架子队管理模式，项目部成立路基土石方施工与防护施工架子队，负责标段内各段路堑开挖及其附属工程施工；根据施工工程量与施工进度计划安排机械设备班组与防护作业班组人员，人员配置见表9-17。

表9-17   路堑开挖人员配备明细表

序号	名称	数量（人）	备　注
1	路基施工班组	28	负责除隧道洞口段路基外全部土石方施工
2	隧道开挖班组	18	负责接隧道洞口段路基土石方施工
3	石方爆破人员	16	负责石方爆破施工的钻眼、装药及爆破施工
4	路基防护作业班组	45	负责路堑开挖过程中边坡及时防护施工
	总计	107	

3．施工材料与设备计划

（1）主要机械设备配置。路堑开挖施工所需投入的机械设备见表9-18。

表9-18   路堑开挖施工主要机械设备配置表

序号	机械设备名称	规格型号	单位	数量	备注
1	挖掘机	小松215	台	1	土石方装运
2	液压炮机	小松220	台	1	解炮用
3	挖掘机	小松220	台	3	土石方装运
4	自卸车	20T	辆	8	土石方运输
5	压路机	徐工20T	台	1	路堑段便道修筑
6	羊角碾	徐工20T	台	1	路堤填筑
7	推土机	山推160	台	1	土石方装运
8	潜孔钻孔	φ110	台	1	爆破钻孔
9	空压机（柴油）	10m³/min	台	2	爆破钻孔
10	气腿式凿岩机	YT-28	套	6	爆破钻孔
11	防爆运输车		辆	2	爆破物品运输
12	起爆器	KG-500	套	2	爆破作业

（2）施工材料计划。路堑开挖施工过程中所用材料主要为爆破用品，标段内共有石方开挖 327 745m³，初步估算，φ32mm 硝铵炸药用量约 120 吨（按爆破每立方石方需硝铵炸药约 0.4kg 估算），毫秒电雷管约 8000 发（每孔按 15kg 炸药计算，单孔用雷管 1 支）。

9.2.4 施工工艺技术

1. 施工方案选择

根据标段内各段路基的工程地质特点，本标段路堑开挖施工采用挖掘机直接挖除和岩石钻爆法爆破后再用挖掘机挖除两种方法。

土质路堑及软石和强风化岩石路堑的开挖方法根据路堑深度和纵向长度，结合土石方调配，开挖可选择横挖法、纵挖法和纵横混合开挖法，土方路堑用推土机、挖掘机、自卸汽车将挖土方装运至填方段作路堤填料，对土质坚硬地段采用推土机松动器松土施工，遇局部岩层坚硬地段采用潜孔钻机打眼，松动爆破施工。岩石路堑开挖采用分区块爆破施工，岩性边坡采用光面爆破（预裂）爆破施工，以严格控制边坡超挖、欠挖。

路堑深度超过挖掘机最大工作高度时，开挖作业面遵循垂直方向分层原则拉槽分层开挖，路堑拉槽分层开挖如图 9-15 所示。

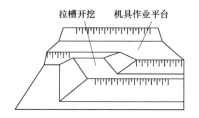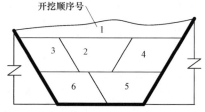

图 9-15　路堑拉槽开挖示意图

路堑宽度超过挖掘机作业半径 2 倍（≥2R）时，开挖作业面遵循横向分区并自中间部位开始拉槽（纵向设台阶）开挖的原则。

路堑长度超过深度 10 倍或路堑高度超过 10m 时，根据爆破开挖不影响相邻段施工原则，沿路基中线方向分段布置作业面，根据机械配备和工期要求做到多工作面同时作业，以便保证施工工期和提高施工工效。

2. 施工准备工作

（1）技术准备。

1）会同有关单位搞好现场交接工作。交接工作的重点是施工测量与相关设计资料的移交，详细复核地界是否满足施工要求，检查复核各桩位的坐标及高程。

2）规划现场临时用电线路、临时用水管线和其他临时设施的布设。

3）工程技术人员认真学习施工设计图纸，了解施工图纸的设计意图，全面熟悉和掌握施工图纸的总体与细部内容。

4）编制施工方案。阐明施工工艺和主要项目的施工方法，劳动力组织和工程进度，质量和安全的保证措施。收集路堑开挖（尤其是路堑爆破）施工的各种经验性资料，针对本工程的特点和难点，因地制宜提出相应的措施。

5）技术交底。在工程开工前，项目总工程师分别组织参加施工的人员进行技术交底，应结合具体操作部位，关键部位和施工难点的质量要求，操作要点及注意事项进行交底。现场技术人员同班组长和质检人员接受交底后要认真反复学习，技术主管要组织全部作业工人对交底进行学习，施工过程中认真贯彻执行交底内容。

6）测量放样。各段路堑开挖施工前，技术人员需对路堑开挖边界进行放样测量并及时向开挖班组人员、现场带班人员及领工员交底，测量桩位要求标识显著，班组作业过程中注意对测量成果的保护。

（2）资源准备。

1）施工机械设备与材料准备。路堑开挖施工中，计划投入的施工机械主要为土石方开挖施工所需的装运设备、爆破设备等。

施工前需根据设计情况，提前对路堑开挖所需炸药用量做好计划，根据施工进度分批进场，编制火工品材料计划表。对火工品材料的入库、保管和出库、运输制定完善的管理办法，同时加强防盗、防火的管理，确保火工品供应满足现场施工需求。

2）人员准备。人员进场计划详见本章 9.2.7 "劳动力计划"。

（3）现场准备。路线范围内清表工作已完成，坡积腐殖土已全部运弃至指定弃土场，砍树挖根工作已完成；挖方盘山便道修筑完成，便道排水设施、安全防护措施均已完成；路堑顶截（排）水沟已施工完成。

（4）试验准备工作。本标段路堑开挖土石方主要用于标段内路堤填筑，路堑开挖前试验室需对路堑土石方进行试验，确定是否符合路堤填料要求，不合格土石方需弃方。

3. 施工方案及工艺流程

（1）软质路堑开挖。软质路堑主要指土质及能够直接采用挖掘机挖除的软岩路堑，软质路堑施工工程序为：测量放线→清除表土→施工截水沟→挖运土石方→清理边坡→复核边坡位置→重复挖运至设计标高→地基处理→检测。

1）软质路堑开挖方法。土质路堑及软石和强风化岩石路堑的开挖方法根据路堑深度和纵向长度，结合土石方调配，开挖可选择横挖法、纵挖法和纵横混合开挖法，土方路堑用推土机、装载机、自卸汽车将挖出的土方装运至填方段作路堤填料，对土质坚硬地段采用推土机松动器松土施工，遇局部岩层坚硬地段采用潜孔钻机打眼，松动爆破施工。

① 对软石和强风化岩石路堑选择挖掘机挖装，自卸汽车运输的方式进行开挖施工。

② 短而深的地段采用分层横向开挖法，每层 2m 左右。采用挖掘机、推土机配合自卸汽车运土。边开挖边修整边坡。

③ 长而深的路堑采用纵挖法，先沿路堑纵向挖掘通道，然后将通道向两侧拓宽，上层通道拓宽至路堑边坡后，再开挖下层通道，如此纵向开挖至路基标高。

④ 路堑开挖较浅采用单层或双层横向全宽掘进方法，对路堑整个宽度，沿路线纵向一端或两端向前开挖。

2）软质路堑施工作业要点。

① 开挖过程中经常放线检查路堑的宽度、边坡坡度，在机械开挖时坡面预留 30cm 采用人工刷坡，刷坡工作紧跟，开挖坡面严禁超挖，保持坡面平顺。

② 开挖出的土石运到弃土场或填筑路基。耕植土储存于指定地点用于复耕或植被护坡。弃土场在施工完成后，及时进行地表种植土的覆盖和植被防护，防止水土流失。

③ 路堑开挖须严格控制路基设计标高，严禁超挖、乱挖、扰动边坡，高边坡须进行变形观测，及时掌控变形情况。为保证路基基底处理的质量，机械开挖应预留 70～100cm（或按地基设计处理的有关规定执行），在地基施工完毕后再开挖至设计标高。以确保后续地基处理质量。

④ 对坡面中已经出现的坑穴、凹槽应进行杂物清理，用护坡的同标号浆砌片石或混凝土嵌补整平。

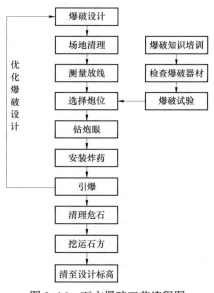

图 9-16　石方爆破工艺流程图

（2）石方路堑开挖。

1）石方路堑施工工艺流程。

① 石方路堑爆破程序。施爆区管线调查→爆破设计→爆破设计审批→清除施爆区覆盖层和强风化岩→钻机定位、钻孔→爆破器材检查与试验→炮孔检查与废渣清除→装药并安装引爆器材→设置安全岗→炮孔堵塞→撤离施爆区内人员→起爆→清除瞎炮→解除警戒→测定爆破效果。流程图如图 9-16 所示：

② 路堑开挖全过程主要工序有：施工准备（含爆破设计、修筑便道、机械进场等）→机械钻孔→人工装药→起爆→装运石渣→下一循环爆破→边坡整修、防护与加固→路面整修→边沟开挖、成型→验收。

2）石方路堑开挖方法。开挖石方采用台阶松动控制爆破，小型潜孔钻机配合风动凿岩机钻孔，坡面预留光爆层，详见"爆破专项施工方案"。

4. 爆破专项施工方案

（1）总体方案。本标段爆破石方共 32.8 万方，石方爆破均为切割或削平山脊，山体边坡陡，山脚凹地以农田为主，为控制施工过程中滚石及飞石对农田的破坏，爆破施工方案确定极为重要，根据施工现场实际地形进行爆破设计，将爆破区域分块施工，竖向分层进行松动爆破施工作业。施工前，先采用挖掘机从大里程侧沿着山脊向小里程方向开挖，直至开挖出工作面。机械无法开挖时，再采取爆破施工，先施工背向山坡侧断面，待背坡侧断面施工形成拉槽后，再爆破开挖临坡侧断面，落石方向为已形成的拉槽侧。路堑边坡采用光面爆破施工。具体实施步骤如下。

1）将爆破区域从断面上分块，按照由内向外先后实施爆破，施工顺序按图 9-17 中编号顺序施工。

2）沿高度方向分层，即采用台阶深孔爆破，因山坡爆破高度不一，具体高度可根据实际情况调整。

3）设计爆破顺序。最小抵抗线方向指向两端，即平行于线路走向，以使主要爆落岩石的方向避开线路右侧山坡方向。

4）为保障爆落岩石能够及时清理，每次起爆的炮孔数目不宜过多，初步设计 10～15 个，

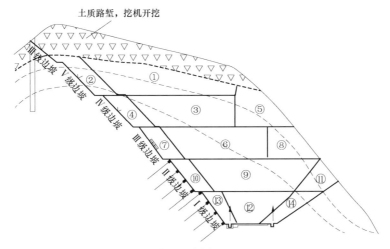

图 9-17 爆破区域划分（K30+960）

注：图示编号顺序为路堑爆破施工顺序，边坡侧边坡区块采用光面爆破，山体右侧区块采用定向爆破。

具体视现场情况而定。

5）临坡面光面爆破及山坡侧爆破施工采用分段微差逐孔起爆，临空面侧炮孔先爆，靠近边坡及山坡外侧炮孔最后起爆。

6）起爆时间由多方协商后确定，为保证爆破施工安全，爆破时间尽量安排在白天进行。

7）在实施正式爆破作业前，先行试爆。按设计的爆破参数，采用较小的炸药单耗，较少的炮孔（2～3个）进行爆破试验，视实际爆破效果对爆破参数（主要是爆破用药量）进行调整。即尽可能的机械清理，减少爆破工作量。

（2）爆破施工工艺流程。爆破施工工艺流程：施工准备→钻孔作业→装药→堵塞→敷设网络→爆破防护→警戒起爆→爆破检查、爆破总结。

（3）爆破参数设计。

1）钻孔直径 d。孔径主要取决于梯段的台阶高度、岩石性质、钻孔机械类型、破碎程度和施工速度。一般钻机型号确定了，其钻孔直径也就确定了。较大钻孔直径，可以减少钻孔数目，提高爆破产量，应尽可能采用较大直径钻头，本标段路堑开挖设计采用潜孔钻钻头的直径为$\phi 100$mm，实际的钻孔直径 $d=100\sim 102$mm；边坡侧光面爆破及临近山坡侧定性爆破采用 YT-28 凿岩机钻孔，选用直径为$\phi 50$mm 钻头。

2）梯段（或台阶）高度 H。根据爆破山体情况和路堑边坡台阶设计高度，将爆破区域分为若干个台阶进行施工，单区块爆破台阶高度约为 10m。

3）底盘抵抗线 W_d。在深孔台阶爆破中，为避免留底、残埂、一般以底盘抵抗线代替最小抵抗线。W_d 的选择，必须适合岩石特性，所用炸药的特性和数量及炮孔直径大小等。底盘抵抗线过大，爆破质量恶化，特别是在厚层岩石中将产生根底，后冲作用大，其至出现硬埂，单位耗药量也将显著增加；如果底盘抵抗线过小，爆破能量将得不到充分利用，爆破时沿抵抗线方向的岩石将过度破碎，大部分高压气体进入大气，并造成岩块大量抛掷和抛掷过远，爆堆分散不集中，装岩生产率降低。同时，会使炮孔数目增加，每延米爆破量减少，致使单位体积岩石的钻孔费增大等。

有经验公式表明当钻孔直径为 $d=80\sim150mm$ 时，底盘抵抗线 W_d 与台阶高度 H 的关系式为

$$W_d \leq (0.28\sim0.35)H \tag{9-1}$$

因要求爆后块度小于 1000mm，而岩石坚固性系数较大，所以系数取下限值，即 $W_d=0.28H=0.28\times10=2.8m$

W_d 值也可按下式计算

$$W_d=Kd \tag{9-2}$$

式中　　d——钻孔直径；

K——与岩石性质有关的系数，其选值范围见表 9-19。

表 9-19　　　　　　　　　　　底板抵抗线的岩石系数

岩石坚固性系数 f	6	8	10	12
系数 K	$41\sim43$	$38\sim40$	$35\sim37$	$30\sim34$

标段内石质路堑以泥质页岩为主，岩体较坚硬，坚固性系数 f 介于 $8\sim10$ 之间，系数 K 取值 38 计算，则 $W_d=Kd=3.8m$。

综上两式的计算，结合现场实际情况，底盘抵抗线 W_d 取值 3.3m。

4）孔距 a 和排距 b。在露天台阶深孔爆破中，随着岩石爆破机理的不断研究和实践经验不断丰富，在孔网面积不变的情况下，适当减小底盘抵抗线 W_d 或排距 b 而增大孔距 a，即采用小抵抗大孔距微差爆破技术，可以有效降低大块率，改善爆破破碎效果。

中间松动爆破区炮孔间距 $a=3.5m$，排距 $b=3.0m$；光面爆破及临坡面爆破设计一排炮孔，炮孔间距 $a=3.0m$。

5）超深 h。超深的作用是克服底盘岩石的夹制作用，使爆后不留根底。钻孔超深度取决于岩性、岩石的层理、节理等，并与抵抗线、台阶高度等参数有关，由经验公式计算

$$h=(0.15\sim0.35)W_d \tag{9-3}$$

或

$$h=(0.1\sim0.2)H \tag{9-4}$$

式（9-3）、式（9-4）中，当岩石松散、节理发育时，可取小值；当台阶高度大、抵抗线大，岩石坚硬时，可取大值。

根据式（9-3）、式（9-4），并结合实际条件，边坡处及临坡区块取 $h=0.5m$；拉槽段落处取 $h=1.0m$。

6）孔深 L。本工程拟采用垂直钻孔法进行施工，孔深根据下式计算

$$L=H+h \tag{9-5}$$

7）单孔装药量 Q。在深孔爆破中，单位耗药量 q 值，一般根据岩石的坚固性、炸药种类、施工技术和自由面数量等因数综合确定。而单孔装药量与炸药的单耗有关。

对于多排微差爆破，每孔装药量由下式计算。

第一排　　　　　　　　　　　$Q=qaW_dh \tag{9-6}$

第二排　　　　　　　　　　　$Q=KqabH \tag{9-7}$

式中　q——单位耗药量（kg/m³），取值见表9-20。

　　　a——孔距（m）；

　　　H——台阶高度（m）；

　　　K——考虑受台阶各排孔的岩渣阻力作用的装药量增加系数，一般取值1.1~1.2。

表 9-20　　　　　　　　　　　　岩石坚固性系数与炸药单耗的关系

岩石坚固性系数 f	3~4	4~6	6~9	9~12
单位耗药量 q（kg/m³）	0.3~0.35	0.35~0.4	0.4~0.5	0.5~0.55

采用松动爆破时，应取上表中的较小值；光面及定性爆破时取值可适当增大。

8）装药结构。装药结构采用耦合装药，根据现场实测，按此设计的爆破参数，单孔连续装药后，孔口尚有3.0~4.0m，正合炮孔堵塞长度的要求，堵塞材料可就地取材，用岩粉和岩屑均可。

用成品药卷制作起爆药包，每组两卷，分别插入一发非电雷管，然后固定结实牢靠。

起爆药包置于靠近眼底部位，即采用反向传爆。先装入一定量的炸药，放置起爆药包，再继续装药到设计值，最后孔口堵塞。

各段具体炮孔间距、排距，如图9-18所示。

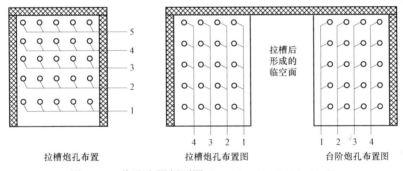

拉槽炮孔布置　　　　　拉槽炮孔布置图　　　　　台阶炮孔布置图

图 9-18　炮孔布置剖面图（ZK30+930-ZK31+180）

注：编号为起爆顺序。

（4）爆破作业技术。

1）爆破器材的管理及使用。本工程所有爆破作业均采用机械钻眼，炸药采用硝铵炸药，雷管采用毫秒延期电雷管，实施毫秒微差爆破。路堑爆破所用爆破器材由项目部炸药库集中供应。

①　爆破器材的购买。本项目部所用全部爆破器材及照应均由××公安局指定供应商提供，由民爆公司运送至项目部炸药库。

②　爆破器材的运输。运输爆破器材时，必须严格遵守下列规定。

a. 运输车必须符合国家有关运输规则的安全要求。

b. 货物包装应牢固、严密，性质相抵触的爆破器材不准混装在同一车厢内，装爆破器材的车厢内不准同时载运旅客和其他易燃、易爆物品。

c. 装卸爆破器材，应当尽量在白天进行，由专人负责组织和指导安全操作。项目部及劳务队参与装卸人员必须懂得装卸爆破器材的常识，事先必须经过教育，严禁无关人员进入装卸现场。严禁摩擦、撞击、抛掷爆破器材，遇雷雨或暴风雨时禁止装卸爆破器材。

d. 在公路上运输爆破器材时，车辆必须限速行驶，多辆车同时运输炸药时前后车辆应当保持避免引起殉爆的距离。

e. 运输爆破器材的途中需要停歇时，要远离村庄密集和人烟稠密地区，且必须设专人看管，严禁无关人员进入现场，严禁在爆破器材附近吸烟或用火。

f. 严禁使用汽车的拖斗、自卸汽车、自行车、独轮车运载。

③ 爆破器材的使用。

a. 使用爆破器材的单位，必须经上级主管部门审查同意，并持说明使用爆破材的地点、品名、数量、用途等的文件和安全操作规程，向本地县公安局申请领取《爆破物品使用许可证》后方可使用。

b. 接触和使用爆破器材的人员必须是经过国家机关培训，持有效证件，其他人员禁止接触。

c. 使用爆破器材时，必须建立严格的领取、清退制度并做好台账。爆破员领取爆破器材时必须经组长或现场负责人签字批准。领取数量不得超过当班使用量，剩余的当天必须退回。

d. 爆破员在领取爆破器材后应按规定要求运输和临时保管，按照设计要求进行装药，警戒和哨声及时合理。

e. 凡在爆破后的剩余材料应及时退还给爆破器材储存库，并做好签字手续，保管好台账。

2）钻孔。在爆破工程技术人员的指导下，严格按照爆破设计进行布孔、钻孔作业，布孔根据地形情况主要采用矩形布孔。布孔时特别注意确定前排孔抵抗线，防止前排孔抵抗线偏大或过小，偏大将影响爆破质量，使坡角产生根底，影响铲装；偏小会造成炮孔抛掷（飞石），容易出现爆破事故。在布孔时，还应特别注意孔边距不得小于 2m，保障钻孔作业设备的安全。

在钻孔时，应该严格按照爆破设计中的孔位、孔径、钻孔深度、炮孔倾角进行钻孔。对孔口周围的碎石、杂物进行清理，防止堵塞炮孔。对于孔口周围破碎不稳固段，应进行维护，避免孔口形成喇叭状。钻孔完成后，应对成孔进行验收检查，确定孔内有无积水及积水深度，对不合格的应进行补孔、补钻、清孔。

3）装药。

① 爆破器材检查。装药前首先对运抵现场的爆破器材进行验收检查、数量是否正确，质量是否完好，非毫秒电雷管是否同厂、同批、同牌号的雷管，各雷管的段数是否符合规定值，对不合格的爆破器材坚决不能使用。

② 装药。本标段爆破采用岩石硝铵炸药，装药作业须在爆破工程技术人员的指挥下，严格按照爆破设计进行，装药前应检查孔内是否有水，积水深度，有无堵塞等，检查合格后方能进行装药作业，并做好装药的原始记录，包括每孔装药量、出现的问题及处理措施。装药应用木制长杆或竹制长杆进行，控制其装药高度，装药过程中如发现堵塞时应停止装药并及时处理，严禁用钻具处理装药堵塞的炮孔。光面爆破炮孔装药结构图如图 9-19 所示。

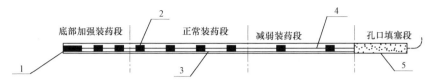

图 9-19　光面（预裂）爆破炮孔装药结构图

1—底部药包；2—炸药卷；3—竹片或板条；4—导爆索；5—砂性土填塞

4）堵塞。堵塞材料采用岩粉或岩屑进行堵塞，堵塞长度严格按照爆破设计进行，填塞长度宜为炮孔直径的 8～20 倍，不得自行增加药量或改变堵塞长度，如需调整，应征得爆破技术人员和监理工程师的同意并做好变更记录，堵塞时应防止堵塞悬空，保证堵塞材料的密实，不得将导线拉得过紧，防止被砸断、破损。

（5）爆破网路敷设。装药、堵塞完成后，严格按照爆破设计进行网路连接，采用非电导爆管连接起爆网络，孔外控制微差起爆。导爆索连接网络图如图 9-20 所示。

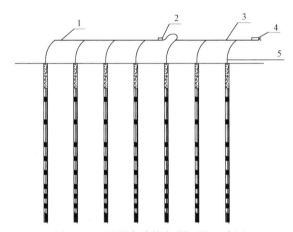

图 9-20　导爆索连接起爆网络示意图

1—导爆索连接点；2—孔外接力分段雷管；3—铺设地面的导爆索主线；4—引爆雷管；5—孔内药串引出的导爆索

1）设置警戒、起爆。严格按照爆破设计的警戒范围布置安全警戒，警戒时，警戒人员从爆区由里向外清场，所有与爆破无关的人员、设备撤离到安全地点（及安全距离 50m 以外）并警戒。确认人员设备全部撤离危险区，具备安全起爆条件时，爆破工作管理人员才能发出起爆信号。爆破员收到起爆信号后，才能进行爆破器充电并将主线接到起爆器上，充好电后，进行起爆。爆破后，严格按照规定的等待时间，检查人员进入爆区进行检查，确认安全后，方准发出解除警戒信号。

2）爆破检查、总结。起爆 5 分钟及炮烟散尽后，爆破负责人对爆破现场进行检查，如出现瞎炮要设立防护标志，禁止在其附近作业，做到未经处理不得解除警戒信号。瞎炮由爆破技术员当场处理，确认瞎炮孔内的爆破线路检查完好，可重新起爆，重新起爆前应检查瞎炮的抵抗线情况，并布置警戒。如孔内线路遭破坏时，距瞎炮净空小于 30cm 的地方打平行孔将其引爆，严禁用拉动脚线的方法将雷管取出。处理非抗水硝铵炸药的盲炮，可将填塞物掏出，再向孔内注水，使其失效，但雷管必须回收。

爆破结束后，爆破工程技术人员应认真填写爆破记录，爆破施工结束后需进行爆破总结，同时进行爆破安全分析，提出施工中的不安全因素和隐患及防范办法，提出改善施工工艺的措施；对照监测报告和爆后安全调查，分析各种有害效应的危害程度及保护物（人员施工机械）的安全状况，如实反映出现的事故，处理方法及处理结果，总结经验和教训，指导下一步施工。

3）危石清理。清理线路上的落石及路堑坡面上的危石，利用机械对爆破后的靠近路堑边坡一侧堑顶的石碴进行清理、运输，保证爆破施工结束后坡面无危石。

4）点外清碴。由于标尾深路堑为切割山脊开挖，右侧山坡陡峭，山坡下方为农田。施工过程中难免会有部分落石滚入田中，故在施工过程中，劳务队伍需安排专人对落入农田的石块及碎土进行清理。

5. 路堑开挖断面控制

挖方断面坡脚边线按欠挖宽度进行控制，欠挖控制线范围以内土体用机械开挖，欠挖控制线与边坡成型控制线之间的土体留存待人工刷坡处理。

为保证断面几何尺寸准确无误，直线段边桩设置间距20m，曲线段边桩设置间距10m。每隔20～50m用标竿和红色施工绳做成标准几何断面。

6. 深路堑边坡沉降观测

深路堑施工时遵循"不破坏就是最大的保护"为原则，以路基稳定为前提，具体施工时严格注意以下事项。

（1）施工开挖前，在坡顶设置观测桩，如图9-21所示，施工严格按照逐级开挖、逐级观测、防护、观测稳定下边坡开挖的工艺进行，严禁全断面开挖。

（2）边坡开挖过程中对坡顶外大于50m范围内进行定期调查，主要调查地表土体有无裂缝，有裂缝发生时及时排除裂缝中的水并封堵裂缝，防止地表水下渗。

（3）施工时严禁使用大爆破，结合具体的地质条件，边坡形式选用预裂爆破、光面爆破等措施。

（4）边坡开挖过程中须严格遵循"分级开挖、分级稳定、坡脚预加固"原则，采取随挖随支护的施工方法，严禁一次开挖到底，应开挖一级，支护一级，然后再开挖下一级。

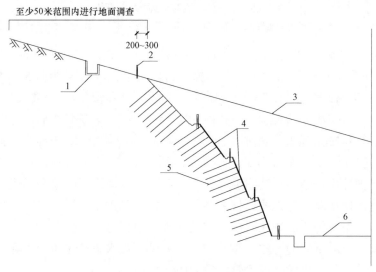

图9-21　深路堑边坡沉降观测及防护示意图

1—截水沟；2—观测桩；3—原地面线；4—坡面观测；5—锚杆；6—路基

9.2.5 施工安全保证措施

1. 安全管理目标（略）
2. 安全保证体系（略）
3. 安全责任制度（略）
4. 安全技术措施

（1）一般安全措施。

1）严格按照批准的计划和施工方案组织施工，坚决杜绝无计划进行营业线施工，严格按照与各设备管理单位签订的安全协议和划定的界线施工。每次封锁计划由现场施工负责人把关，发布施工命令组织施工，没有施工负责人下发施工命令，任何人禁止施工，安全监督体系成员随时跟踪检查、督促。

2）根据施工培训计划，施工之前，利用晚上时间对现场作业人员进行爆破施工安全教育，并做好相应记录，并对学习者进行考核，考试合格后方可进行爆破作业施工。

3）施工作业中按规定着装、佩戴必备的防护用品和防护用具，严格执行安全技术操作规程。抓好现场管理，搞好文明施工。现场管理是做好安全工作的一个重要环节，各种交通、施工信号标识明晰，各施工工序有条不紊，施工现场秩序井然，做到文明施工。

4）与劳务队队长及管理人员签订施工安全协议，明确双方的安全责任和义务。

5）严格执行劳动安全防护措施：防车辆伤害、防止高处坠落、防止机具伤害。

（2）爆破安全措施。

1）成立爆破安全监督小组。

① 成立爆破过程安全监督小组，小组成员由项目部安质部和民爆公司共同组成，小组成员 4 人，对于爆破过程全程监督。

② 检查爆破作业的程序，对不符合批准程序的爆破工程，有权停止其爆破作业，并向项目经理报告。

③ 监督作业人员按设计施工；审验从事爆破作业人员的资格，制止无证人员从事爆破作业；发现不适合继续从事爆破作业的，收回其安全作业证。

④ 监督不得使用过期、变质或在未经批准在工程中应用的爆破器材；监督检查爆破器材的使用、领取和清退制度。

⑤ 监督、检查执行爆破规程执行的情况，发现违章指挥和违章作业，有权停止其爆破作业，并向项目经理报告。

2）爆破飞石防护措施。

① 在满足工程要求情况下，尽量减少爆破作业指数，并选用最佳的最小抵抗线。

② 在设计前一定要摸清被爆介质的情况，详尽地掌握被爆体的各种有关资料，然后进行精心设计和施工。注意避免将药包布置在软弱夹层里或基础的结合缝上，以防止从这些薄弱面处冲出飞石。

③ 浅孔爆破时，尽量不用导爆索起爆系统。实践证明，导爆索起爆系统使炮孔起爆的同

步性增加，从而增大了同段起爆的爆破能量。此外，它还容易破坏堵塞的炮眼，减弱堵塞作用，从而产生大量的飞石。

④ 设计合理的起爆顺序和最佳的延期时间，以尽量减少爆破飞石。

⑤ 装药前要认真复核孔距、排距、孔深和最小抵抗力线等，如有不符合要求的现象，应根据实测资料采取补救措施或修改装药量，严格禁止多装药，做好炮孔的堵塞工作，严防堵塞物中夹杂碎石。

⑥ 在控制爆破中，对被爆体采取炮衣覆盖。

⑦ 在临近重要建筑物、村镇附近的矿山进行二次破碎时，采用机械破碎方法破碎。

3）爆破震动的控制措施。

① 为了确保爆区周围人和机械设备的安全及工业生产的经济性，必须将爆破地震的危害严格地控制在允许范围之内。对此，主要采取以下方法控制爆破地震危害，采用深孔松动控制爆破，合理布置爆破连接、起爆网路。

② 选用适当的装药结构。实践证明，装药结构对爆破地震效应有明显的影响，装药越分散，地震效应越小。

③ 采用微差爆破技术。微差爆破以毫秒级的时间间隔分批起爆装药，大量的试验研究表明，在总装药量和其他爆破条件相同的情况下，微差爆破的振速比齐发爆破可降低 40%～60%。

④ 采用预裂爆破或开挖减振沟。预裂爆破和开挖减振沟都是使地震波达到裂隙面或沟道时发生反射，以减少透射到被保护地段（如边坡）的地震波能量。

⑤ 调整爆破工程传爆方向，以改变与被保护物的方位关系。

⑥ 充分利用地形地质条件，如河流、深沟、渠道、断层等，都有显著的隔震减震作用。

4）早爆安全控制措施。

爆炸材料（雷管或装药）比预期时间提前发生爆炸的现象称为早爆。对此应采取以下措施防止早爆事故。

① 使用电雷管起爆时，爆破主线、区域线、连接线，不应与金属管物接触，不应靠近电缆、电线、信号线等。

② 电雷管在接入网路前，脚线应短路。

③ 装药、连线人员应穿不产生静电的工作服。

④ 在距电雷管 15m 范围内，禁止使用无线通信工具。

⑤ 工作面所用炸药、雷管应分别存放在加锁的专用爆破器材箱内，不应乱扔乱放。爆破器材箱应放在稳定、无机械电器设备的地点。每次起爆时都应将爆破器材箱放置于警戒线以外的安全地点。

⑥ 所有人员撤出警戒区域后，方能在爆破作业领导人的指示下，将爆破母线与发爆器相连接。

5）爆破警戒与信号控制措施。

① 爆破工程开始时必须确定四周爆破危险区和警戒点，并设置明显的标志。

② 在起爆前，警戒区四周必须派设警戒人员，警戒人员必须手持红旗和喊话筒（或口笛）

以便显示标志和传达信号。使危险区内所有作业人员及管理人员都能清楚地听到和看到。

③ 应使全体施工人员和其他单位的人员事先知道警戒范围、警戒标志和音响信号的意义，以及发出信号和时间。

④ 第一次信号—预告信号：所有与爆破无关人员应立即撤出危险区以外，或撤到指定的安全地点，向危险区边界派出警戒人员。

⑤ 第二次信号—起爆信号：确认人员、设备全部撤出危险区，具备安全起爆条件时，方向准许发出起爆信号，根据这个信号准许爆破员起爆。

⑥ 第三次信号—解除警戒信号：未发出警戒信号前，岗哨应坚守岗位，除爆破工作领导人批准的检查人员以外，不准备任何人进入危险区。经检查确认安全后方可发出解除警戒信号。

⑦ 在爆破时对道路路口进行警戒封路，并通知工地里人员撤离至安全警戒距离外。

6）爆破物品安全管理措施。

① 爆破物品运抵仓库后，仓管员须对爆破物品进行清点，对购买票据进行核实，无误后方可入库。

② 应认真填写入库单，入库单应由清点仓管员及送达人签字。

③ 入库时按爆破品的摆放的相关规定摆放爆破物品。

④ 出库时须有具备爆破资格的人方可领用。

⑤ 领用时应认真填写出库单，并由领用人、仓管员签字。

⑥ 领用人、仓管员须对所出库的爆破物品进行认真核实与出库单所列物资相吻合，方可取走。

⑦ 爆破材料的领取，应由装炮负责人按一次需要填写领药凭证到库提取，炸药和雷管严禁由一人同时搬运，搬炸药与拿雷管的人员同行时，两人之间的距离不得小于 50m，爆破材料应直接送达工地，存放在指定地点随用随取，领到爆破器材后，应直接送到爆破地点，严禁乱丢乱放，放炮后的剩余材料应经专人检查核对后及时交送到库。

7）炸药库（保存）管理制度。

① 严格遵守《中华人民共和国民用爆炸物品安全管理条例》及项目部安全管理制度。

② 库房远离人员密集区，并保持消防道路通畅。

③ 库房内外严禁烟火，周围严禁堆放木材、干草、生石灰等易燃品。

④ 库房自然通风良好，做好防潮、防漏、防盗工作。

⑤ 库房由双人双值班管理，确保 24 小时不离人。

⑥ 严禁无关人员进入库区，严禁把容易引起烧烧、爆炸的物品带入仓库，严禁在库房内住宿和进行其他活动。

⑦ 库房配备一定数量的安全消防器材，并做到常使用，常检查确保万无一失。

⑧ 库房内存放的爆炸物品数量不得超过设计容量，炸药、雷管必须分库存放，决不允许混装存放，库房内严禁存放其他物品。

⑨ 炸药在搬动和领用过程中必须轻拿轻放，严禁跌、打、碰及靠近高温、热源。

⑩ 变质和过期失效的爆炸物品，及时清理出库。在征得项目经理部批准后，予以销毁，

销毁严格遵守爆炸物品销毁制度。

⑪ 组织专人对炸药库进行例行检查，检查情况向项目安全领导小组汇报。对查出的安全隐患及时消除，严防不安全事故发生。

每个仓库或药堆至小型工矿企业围墙或 100～200 住户村庄边缘的距离，不小于表 9-21 的规定。

每个仓库或药堆至其他保护对象的允许距离，按表 9-22 确定各该保护对象的防护等级系数，并以规定的系数乘以表 9-21 规定的距离来确定。

表 9-21　　　　　　　地面爆破器材库或药堆至村庄边缘的安全允许距离

存药量（t）	≤200 >150	≤150 >100	≤100 >50	≤50 >30	≤30 >20	≤20 >10	≤10 >5	≤5
安全允许距离 a（m）	1000	900	800	700	600	500	400	300

表 9-22　　　　　　　　　　各种保护对象的防护等级系数

被保护对象	防护等级系数
≤10 户的零散住户	0.5
10～50 户的零散住户	0.6
50～100 户的村庄	0.8
100～200 户的村庄，小型工矿企业的围墙	1.0
乡、镇的规划边缘	1.2

8）爆破器材的运输管理。

① 外部运输爆破器材时，严格遵守《中华人民共和国民用爆炸物品管理条例》。

② 需要购置爆破器材时，项目经理指派专人前往。领取爆破器材时，认真检查爆破器材的包装、数量和质量，如果包装破损和数量、质量不符合，立即报告上级主管部门和当地县（市）公安局。

③ 禁止用翻斗车、自卸汽车、拖车、拖拉机、机动三轮车、人力三轮车、自行车和摩托车运输爆破器材。装卸爆破时，遵守下列规定。

a. 设有专人在场监督。

b. 设置警卫，禁止无关人员在场。

c. 禁止爆破器材与其他货物混装。

d. 认真检查运输工具的完好状况和清除运输工具内的一切杂物。

e. 严禁摩擦、撞击、抛掷爆破器材。

f. 硝化甘油类炸药或雷管的装运量，不准超过运输工具额定载重量。

g. 爆破器材的装载高度不得超过车厢边缘，雷管或硝化甘油类炸药的装载高度不得超过二层。

h. 分层装载爆破器材时，不准站在下层箱（袋）上去装上一层；用吊车装卸爆破器材时，一次起吊的重量不得超过设备能力的 50%。

i. 遇雷雨或暴风雨时，禁止装卸爆破器材； 爆破器材的装卸工作，尽量在白天进行。

④ 装卸爆破器材的地点设有明显的信号：白天悬挂红旗和警告标志,夜晚设足够的照明,并悬挂红灯。爆破器材运送时,包装箱（袋）及铅封必须完整无损。雷管箱（盒）内的空隙部分,用泡沫塑料之类的柔软材料塞满。装卸和运输爆破器材时,严禁烟火和携带发火物品。装有爆破器材的车,在行驶途中必须遵守下列规定。

a. 有押运人员。

b. 按指定路线行驶。

c. 不准在人多的地方、交叉路口和桥上（下）停留。

d. 车用帆布覆盖，并设明显的标志。

e. 非押运人员不准乘坐。

f. 运输硝化甘油类炸药或雷管等感度高的爆破器材时，车厢底部铺软垫。

（3）施工用电安全保证措施（略）。

（4）工地防火安全措施（略）。

（5）路堑施工安全技术措施。

1）应根据施工方案严格施工，不得违章操作。同时加强施工组织管理，明确施工责任，加强监督管理力度，并在施工中出现问题时多与设计单位沟通，发现问题，及时解决。

2）各种机具设备和劳动保护用品定期进行检查和必要的试验，保证其处于良好状态。

3）施工中经常和气象部门联系，及时掌握气温、暴雨、水文等预报，做好防范工作。

4）施工现场设有安全标志。危险地区悬挂"危险"等警告标志，夜间设红灯示警。场地狭小，须设临时交通指挥。

5）路堑地段开挖后可能出现小规模的表层溜坍的，坡面应及时防护，并做好堑坡排水工程。

6）土石方运输施工制定防止机械车辆倾翻措施。

7）路堑开挖时，经常注意坡面的稳定，及时发现处理裂缝或危石、危土。路堑开挖自上而下分层进行，严禁全断面开挖、掏底开挖，按设计坡度开挖坡面，及时消除坡面上的松动块石，开挖后及时施工边坡挡护工程。

8）在开挖过程中，密切注视局部崩塌落石现象，如发现有崩坍迹象且危及施工时，暂停开挖，所有人员和机具撤至安全地点。排除隐患确保安全后，再行施工。降水较为集中的季节，做好临时排水工作，防止水流入滑坡体内加剧滑动，设必要的观测点，观测变形体的动态变化，及时处理分析测量数值。

9）雨季路基施工要加强排疏地表、地下水，对路堑地段边坡应加强观测，针对出现的情况应及时采取措施处理，确保安全施工。

（6）保证石质路堑边坡平整、稳定的措施。

钻孔前使光面部位岩面达到较好平整度，用人工清除浮渣，然后定线画出每个炮孔位置。为保证光面孔的方向及偏角，在光面孔的两端事先埋置两根 3m 长的钢管，其方向与坡度经测量精确测定后，在其钢管上下两端各拉一条弦线，并在弦线上按孔位打上标记，固定所有光面孔的坡度及方向。钻孔机械就位即按上下弦线及标记调整钻杆精确对位。为保证光面爆破的效果，先进行小规模的试爆，确定合理的间距及装药范围。

（7）爆破事故处理安全保证措施。

爆破过程中，炮孔装药未能被引爆，称为拒爆，拒爆的炮孔（眼）称为盲炮或瞎炮。爆破后，爆破员和安全员就应进入现场检查有无盲炮，如果有，首先应确定其盲炮的类型。盲炮有三种类型：

1）全拒爆。雷管未爆，因而炸药也未爆。

2）半爆。雷管爆炸了，但炸药未被引爆。

3）残爆。雷管爆炸后，只引爆了部分炸药，剩余部分炸药未被引爆。

发现盲炮时可用木、竹工具，轻轻地将炮孔内填塞物掏出，用药包诱爆；也可在安全地点外用远距离操纵的风水喷管吹出盲炮内填塞物及炸药，但应回收雷管。

按照确定的处理方法精心组织，细心操作。对砸断的导爆管部分切除，重新连接好。若最小抵抗线有变化，一定要加大警戒范围。现场处理完毕，按正常爆破一样进行清场，派出警戒、发出各种信号后起爆。重新爆破后，要回到现场检查处理结果，直到全部盲炮处理完后，才能循环到下一炮施工。

若无盲炮，以最后一响算起，经 5min 后才准进入爆破地点检查，若不能确认有无盲炮应经 15min 后才能允许进入爆区检查。处理盲炮尚应注意以下事项。

1）施工前和施工中，应该对储存的爆破器材做定期检验，应选用合格的炸药和雷管以及其他爆破材料。一旦发现盲炮，应严格按《爆破安全规程》（GB 6722—2014）中规定执行。

2）发现有盲炮或怀疑有盲炮，应立即报告，并及时派有经验的当班爆破员处理。处理盲炮时无关人员不准在场，在危险区边界设警戒并严禁进行其他作业，禁止拉出或掏出起爆药包。

3）电力起爆发生盲炮时，须立即切断电源，及时将爆破网路短路。盲炮处理后，应仔细检查爆堆，将残余的爆破器材收集起来并采取相应的预防措施，盲炮应在当班处理，当班未处理完的应将盲炮情况在现场交接清楚由下一班继续处理。

（8）各工序主要施工安全保证措施。

1）炮孔检查。

① 炮孔深度检查。浅孔用炮棍检查，深孔用重锤测尺检查。发现有卡孔时，浅孔可用炮棍清理，深孔用重锤反复冲击障碍物清理炮孔，无效时可用钻机清孔或重新打孔。超深的孔应回填到位，浅孔应用风、水吹到设计孔深，吹不到设计孔深的应用钻机加深或重新钻孔。对倾斜孔还应检查倾斜度是否符合设计要求。

② 排净孔内积水。若排不净时，改用抗水炸药。

③ 发现有不合设计要求者，应采取补孔、重新设计装药结构等办法进行补救。

2）装药。

① 装药原则。装药工作由有爆破操作合格证的专业人员执行，装炮区内，严禁吸烟点火，非装炮人员在装炮开始前，必须撤出装炮地点，装炮完毕必须检查并记录装炮个数、地点，以便起爆后核对有无瞎炮，并进行处理。严格按设计装药，严禁多装药。

② 装药方法。采用炮棍装药时，炮棍一般用木棍、竹竿或塑料制作，不许用铁棍，直径

比炮孔小 10～20mm，以便为出孔线（电线、导火索、导爆索）留有空隙。不允许直接捣固起爆药包。在装药过程中要获得良好的装填质量，一次只能压装一个药卷。大中孔药卷采用炮锤装药，炮锤用木筒或竹筒、铜筒灌铅制成，筒上有钩或环以便拴住绳子，绳上有刻度以便于量孔深，监测药卷是否装到位置。每个药卷都应用炮锤压实。

3）堵塞。为抑制飞石现象，炮孔回填堵塞必须有足够的长度，最佳堵塞长度 $L \geqslant W$（B），即实际抵抗线（排距），但 L 长度不得小于 $0.7W$（B）。回填堵塞介质应是含有一定水分的土或岩屑（严禁采用石块堵塞），含水量多少是以手攥成团、手握松散为标准。回填堵塞时要边回填、边用炮棍捣固，若回填到炮孔口处再捣固将会降低回填堵塞质量。

4）起爆网路。

① 起爆网路设计：为了确保路堑边坡的稳定和附近人员、设备等的安全，放炮时必须考虑爆破振动的影响，切忌"万炮齐鸣"。"万炮齐鸣"有三害：一是爆破的破碎度不好，二是爆破振动大，三是飞石多、距离远。因此，在多个炮孔一次起爆时要做到各个炮孔或每组炮孔起爆都要有一定的时间间隔，其间隔时间应使各炮孔爆破振动不叠加。根据以往经验，在爆破振动安全允许的条件下，每个药包或每组药包进行微差起爆时，应以跳段安排起爆顺序，它比顺段更能控制飞石。

② 严格按设计要求安装起爆网路。关键爆破必须进行起爆网路试爆，试验场地选择安全平坦的地方。检查网路的起爆性能，避免出现盲爆。

③ 爆破用品使用前根据规定要求进行质量检验。

5）爆破。

① 施爆前，应对要进行爆破的建筑物的结构、材料进行严格的检查与了解，根据结构、材料与周围环境情况，确定保证安全施工的具体爆破拆除程序。

② 采用控制爆破，其炮眼的距离、深度、装药量、一次爆破量，应在开爆前计算确定。

③ 用非毫秒电雷管起爆，严禁用火雷管起爆。有无线电波干扰地段严禁用电雷管起爆。

④ 爆破指挥人员要在确认周围的安全警戒工作完成后方可发出起爆命令，并严格执行预报、警戒和解除三种统一信号，由爆破指挥人员统一发出，防护、警戒人员按规定信号执行任务，不得擅离职守。

⑤ 要指定专人核对装炮、点炮、响炮数量，或检查电爆网路、敷设起炮主线。起炮后确认炮数响完，并由爆破作业人员检查结束后，方可发出解除信号，撤除防护人员。

⑥ 受爆破影响的既有设备，必须在开工前迁移或做好防护，并对爆破后弃渣有可能覆盖线路的地段妥加保护。

⑦ 起爆药包必须在装药时制作，严禁事先做好放在一边，制作时，严禁直接用雷管插入起爆药包，必须用与雷管直径相同的木条或竹钎先在药包一端插一个深为 1.5 倍雷管长度的小孔，然后放入接好引线的雷管，封闭孔口。

⑧ 爆破作业时，每个爆破点的出入口应保持畅通无阻，以便遇到危险情况时，人员能迅速转移到安全地点。

⑨ 各种联络信号必须统一，不得与其他信号干扰或混淆。

⑩ 起爆工作应在值班干部监督和统一指挥下进行，行动一致，并与领队密切联系，不应

在夜间爆破。如必须在夜间爆破时，应采取可靠安全措施。

（9）施工机械安全控制措施（略）

5. 危险源辨识及安全风险评估

危险源辨识及安全风险控制见表9-23。

表9-23 路堑开挖危险源辨识表

活动类型		潜在危害因素	可能导致事故	控制措施	备注
物理性危险危害因素	设备设施缺陷	排水设施未先做或排水设施不完善，易导致地表水或地下水冲刷、侵蚀路基边坡，危及深路堑边坡稳定性	边坡失稳	按照施工图，结合现场，临时排水设施和永久设施相结合，保证排水畅通	
		边坡坡度不足，或现场地质与设计差没有调整坡度，对深路堑边坡稳定性有一定影响	边坡失稳	及时纠正边坡坡度，确保边坡的稳定	
		开挖平台过高，超过5m，防护跟不上，边坡易垮塌	坍塌伤害	严格控制平台开挖高度，分层分段开挖，每开挖完一层，及时防护一层	
		同一工点，分层开挖重叠作业	坍塌伤害	作业面相互错开	
		没有自上而下开挖，在高度超过3m或在不稳定土体之下掏挖作业	坍塌伤害	严禁在高度超过3m或在不稳定土体之下掏挖作业	
		在挖方边坡上发现有危岩、孤岩、滑坡等土体或岩（土）体倾向挖方一侧易引起滑移的软弱夹层、裂隙时，没有及时清除或其他措施	坍塌伤害	及时清除，或采取防护措施进行加固、防护	
		运输道路坡度过陡	行车安全	挖方运输道路坡度盘山修筑，尽可能减小便道纵坡，以防止惯性过大，造成车辆事故	
物理性危险危害因素	设备设施缺陷	运输车辆故障，如刹车不灵、方向盘过死	行车安全	加强对运输车辆维修保养，施工前对运输车辆进行检查，防止车辆事故发生	
		挖掘机故障	机械伤害	加强对挖掘机维修报验工作	
	防护缺陷	作业人员没有戴安全帽或没有正确戴安全帽	物体打击	按照《职业健康安全管理制度》的规定进行处理，加强安全教育及佩戴防护用品的教育	
		作业人员光脚或穿拖鞋作业	物体打击	按照《职业健康安全管理制度》的规定进行处理，加强安全教育及佩戴防护用品的教育	
	运动物危害	挖掘机工作中对周围作业人员的伤害	机械伤害	项目部配备专人监护，设立警戒区	
		拉土方车辆在施工场地的行使对作业人员的危害	机械伤害	项目部根据实际情况，设置安全标志，专人监护	
		铲车在施工现场的使用对作业人员的危害	机械伤害	项目部根据实际情况，设置安全标志，专人监护	
行为性危害因素	指挥失误	挖掘机在作业过程中，其他人员离挖掘机的距离过近	机械伤害	项目部配备专职人员进行现场监护	
		深路堑开挖前路基队没有对作业人员进行安全交底	违规操作	严格执行三级技术交底，尤其是对作业人员在岗前进行技术交底及培训	

190

活动类型		潜在危害因素	可能导致事故	控制措施	备注
行为性危害因素	操作错误	机械作业人员没有经过培训，无证上岗	机械事故	项目部组织，由建设行政主管部门进行培训，严禁无证上岗	
土石方爆破施工	操作错误	爆破作业人员无证作业	爆破伤害	严格执行持证上岗	
		无人指挥或指挥混乱	爆破伤害	严格按规定实行统一指挥	
		无安全警戒或警戒不到位	爆破伤害	按照爆破作业要求设立警戒	
	操作失误	装药量过大	爆破伤害	严格按照技术交底装药	
		装药量过小	开挖不到位	严格按照技术交底装药	
		爆破时无标志/信号	爆破伤害	派专人值班	
爆破器材的运输及使用	操作错误	不按规定要求运输爆破器材	爆炸伤害	严格按照爆破规程的要求运输爆破器材	
		不按规定要求装卸爆破器材	爆炸伤害	严格按照爆破规程的要求使用爆破器材	

6. 应急预案（略）

9.2.6 其他技术组织措施（略）

9.2.7 劳动力计划

根据施工安排及任务划分，路堑开挖所需投入人员见表9-24。

表 9-24　　　　　　　　劳动力配备表（按施工高峰期）

序号	工种	人数	现场职责	备注
1	施工总负责人	1	现场生产副经理	
	现场负责人	1	现场负责、指挥大型机械操作、石方爆破及土石方运输	
2	专职防护员	6	现场接车、防护等	
3	安全员	2	现场检查、巡检等	
4	技术员	4	现场检查炮孔、装药	
5	领工员	2	按要求安排各工序施工	
6	凿眼工	10	炮孔凿眼	
7	空压机操作手	4	石方破碎	
8	爆破员	6	石方爆破	
9	挖机司机	3	石方运弃、石方破碎	

序号	工种	人数	现场职责	备注
10	警戒人员	4	负责爆破周围警戒	
11	押运员	3	爆破器材押运，其中项目部一人	
合计		46		

　　路堑开挖施工中，劳务队投入作业人员28人。上表凿岩工、空压机操作手、爆破员、挖机司机全部为劳务队人员，警戒人员和押运员中各有1名项目部管理人员。

主　要　参　考　文　献

［1］仲景冰，余群舟. 土石方工程施工技术［M］. 北京：机械工业出版社，2003.

［2］张小林. 土石方工程施工与组织［M］. 北京：中国水利水电出版社，2013.

［3］江正荣. 建筑施工工程师手册（第四版）［M］. 北京：中国建筑工业出版社，2017.

［4］李大华. 现代建筑施工技术［M］. 合肥：安徽科学技术出版社，2002.

［5］编写组. 建筑施工手册（第五版缩影本）［M］. 北京：中国建筑工业出版社，2013.

［6］应惠清，谈至明. 土木工程施工［M］. 上海：同济大学出版社，2009.

［7］毛鹤琴. 土木工程施工［M］. 北京：中国建筑工业出版社，2007.

［8］俞家欢，于群. 土木工程概论［M］. 北京：清华大学出版社，2016.

［9］刘建航，侯学渊. 基坑工程手册［M］. 北京：中国建筑工业出版社，2004.

［10］James K. Mitchell. 岩土工程土性分析原理［M］. 高国瑞，等译. 南京：东南大学出版社，1988.

［11］北京土木建筑学会主编. 建筑施工安全技术手册［M］. 武汉：华中科技大学出版社，2008.